国家科学技术学术著作出版基金资助出版

国家重点研发计划项目"国家重要生态保护地生态功能协同提升
与综合管控技术研究与示范（2017YFC0506400）"成果

自然保护地功能协同提升研究与示范丛书

保护地生态资产评估和
生态补偿理论与实践

桑卫国　刘某承　等　著

U0287442

科学出版社

北　京

内 容 简 介

本书以多类型自然保护地及自然保护地区域的生态系统为着眼点,构建适用于我国的自然保护地生态资产评估方法,对生态系统现状进行健康诊断,提出相对应的生态系统服务功能综合提升技术。在此基础上结合自然保护地区域生态资产的时空分布与变化趋势,形成生态资产动态评估方法和技术标准,进而指导生成面向生态功能协同提升的多元化生态补偿模式。从生态系统角度为多类型自然保护地区域经济建设与自然生态保护协调发展创新技术研究提供理论依据和数据基础。

本书适合从事国家公园、自然保护区和自然公园等自然保护地管理和科研工作的人员参考使用,也适合生态学、林学和地理学等高年级学生作为专业参考书,同时适合国内图书馆馆藏。

图书在版编目(CIP)数据

保护地生态资产评估和生态补偿理论与实践/桑卫国等著. —北京:科学出版社,2022.3
　(自然保护地功能协同提升研究与示范丛书)
　ISBN 978-7-03-071902-7

Ⅰ.①保…　Ⅱ.①桑…　Ⅲ.①自然保护区–环境生态评价–研究–中国
②自然保护区–生态环境–补偿机制–研究–中国　Ⅳ.①S759.992

中国版本图书馆 CIP 数据核字(2022)第 043336 号

责任编辑:马　俊　李　迪　郝晨扬 / 责任校对:何艳萍
责任印制:吴兆东 / 封面设计:刘新新

科 学 出 版 社 出版
北京东黄城根北街 16 号
邮政编码:100717
http://www.sciencep.com

北京建宏印刷有限公司 印刷

科学出版社发行　各地新华书店经销
*
2022 年 3 月第 一 版　开本:787×1092　1/16
2022 年 3 月第一次印刷　印张:16 1/4
字数:300 000

定价:228.00 元
(如有印装质量问题,我社负责调换)

本书著者委员会

主 任

桑卫国

副主任

刘某承　萨　娜

成 员

桑卫国　刘某承　杨　伦

萨　娜　肖　轶　赵金崎

王佳然　张衍亮　马　婷

舒　航　贾　岛　邵宇婷

周晓莹　邢一明　杨丽雯

丛 书 序

自 1956 年建立第一个自然保护区以来，经过 60 多年的发展，我国已经形成了不同类型、不同级别的自然保护地与不同部门管理的总体格局。到 2020 年底，各类自然保护地数量约 1.18 万个，约占我国国土陆域面积的 18%，对保障国家和区域生态安全、保护生物多样性及重要生态系统服务发挥了重要作用。

随着我国自然保护事业进入了从"抢救性保护"向"质量性提升"的转变阶段，两大保护地建设和管理中长期存在的问题亟待解决：一是多部门管理造成的生态系统完整性被人为割裂，各类型保护地区域重叠、机构重叠、职能交叉、权责不清，保护成效低下；二是生态保护与经济发展协同性不够造成生态功能退化、经济发展迟缓，严重影响了区域农户生计保障与参与保护的积极性。中央高度重视国家生态安全保障与生态保护事业发展，继提出生态文明建设战略之后，于 2013 年在《中共中央关于全面深化改革若干重大问题的决定》中首次明确提出"建立国家公园体制"，随后，《中共中央国务院关于加快推进生态文明建设的意见》（2015 年）、《建立国家公园体制试点总体方案》（2017 年）和《关于建立以国家公园为主体的自然保护地体系的指导意见》（2019 年）等一系列重要文件，均明确提出将建立统一、规范、高效的国家公园体制作为加快生态文明体制建设和加强国家生态环境保护治理能力的重要途径。因此，开展自然保护地生态经济功能协同提升和综合管控技术研究与示范尤为重要和迫切。

在当前关于国家公园、自然保护地、生态功能区的研究团队众多、成果颇为丰硕的背景下，国家在重点研发计划"典型脆弱生态修复与保护研究"专项下支持了"国家重要生态保护地生态功能协同提升与综合管控技术研究与示范"项目，非常必要，也非常及时。这个项目的实施，正处于我国国家公园体制改革试点和自然保护地体系建设的关键时期，这虽然为项目研究增加了困难，但也使研究的成果有机会直接服务于国家需求。

很高兴看到闵庆文研究员为首席科学家的研究团队，经过 3 年多的努力，完成了该国家重点研发计划项目，并呈现给我们"自然保护地功能协同提升研究与示范丛书"等系列成果。让我特别感到欣慰的是，这支由中国科学院地理科学与资源研究所，以及中国科学院西北高原生物研究所和水生生物研究所、中国林业科学研究院、生态环境部环境规划院、北京大学、北京师范大学、中央民族大学、上海师范大学、神农架国家公园管理局等单位年轻科研人员组成的科研团队，克服重重困难，较好地完成了任务，并取得了显著成果。

从所形成的成果看，项目研究围绕自然保护地空间格局与功能、多类型保护地交叉与重叠区生态保护和经济发展协调机制、国家公园管理体制与机制等 3 个科学问题，综合了地理学、生态学、经济学、自然保护学、区域发展科学、社会学与民族学等领域的研究方法，充分借鉴国际先进经验并结合我国国情，从全国尺度着眼，以多类型保护地集中区和国家公园体制试点区为重点，构建了我国自然保护地空间布局规划技术与管理体系，集成了生态资产评估与生态补偿方法，创建了多类型保护地集中区生态保护与经济发展功能协同提升的机制与模式，提出了适应国家公园体制改革与国家公园建设新趋势的优化综合管理技术，并在三江源与神农架国家公园体制试点区进行了应用示范，为脆弱生态系统修复与保护、国家生态安全屏障建设、国家公园体制改革和国家公园建设提供了科技支撑。

欣慰之余，不由回忆起自己在自然保护地研究生涯中的一些往事。在改革开放之初，我曾有幸陪同侯学煜、杨含熙和吴征镒三位先生，先后考察了美国、英国和其他一些欧洲国家的自然保护区建设。之后，我和赵献英同志合作，于 1984 年在商务印书馆发表了《中国的自然保护区》，1989 年在外文出版社发表了 *China's Nature Reserve*。1984～1992 年，通过国家的推荐和大会的选举，进入世界自然保护联盟（IUCN）理事会，担任该组织东亚区的理事，并承担了其国家公园和保护区委员会的相关工作。从 1978 年成立人与生物圈计划（MAB）中国国家委员会伊始，我就参与其中，还曾于 1986～1990 年担任过两届 MAB 国际协调理事会主席和执行局主席，1990 年在 MAB 中国国家委员会秘书处兼任秘书长，之后一直担任副主席。

回顾自然保护地的发展历程，结合我个人的亲身经历，我看到了它如何从无到有、从向国际先进学习到结合我国自己的具体情况不断完善、不断创新的过程和精神。正是这种努力奋斗、不断创新的精神，支持了我们中华民族的伟大复兴。我国正处于一个伟大的时代，生态文明建设已经上升为国家战略，党和政府对于生态保护给予了前所未有的重视，研究基础和条件也远非以前的研究者所企及，年轻的生态学工作者们理应做出更大的贡献。已届"鲐背之年"，我虽然已不能和大家一起"冲锋陷阵"，但依然愿意尽自己的绵薄之力，密切关注自然保护事业在新形势下的不断创新和发展。

特此为序！

中国工程院院士

2021 年 9 月 5 日

丛 书 前 言

2016 年 10 月，科技部发布的《"典型脆弱生态修复与保护研究"重点专项 2017 年度项目申报指南》（以下简称《指南》）指出：为贯彻落实《关于加快推进生态文明建设的意见》，按照《关于深化中央财政科技计划（专项、基金等）管理改革的方案》要求，科技部会同环境保护部、中国科学院、林业局等相关部门及西藏、青海等相关省级科技主管部门，制定了国家重点研发计划"典型脆弱生态恢复与保护研究"重点专项实施方案。该专项紧紧围绕"两屏三带"生态安全屏障建设科技需求，重点支持生态监测预警、荒漠化防治、水土流失治理、石漠化治理、退化草地修复、生物多样性保护等技术模式研发与典型示范，发展生态产业技术，形成典型退化生态区域生态治理、生态产业、生态富民相结合的系统性技术方案，在典型生态区开展规模化示范应用，实现生态、经济、社会等综合效益。

在《指南》所列"国家生态安全保障技术体系"项目群中，明确列出了"国家重要生态保护地生态功能协同提升与综合管控技术"项目，并提出了如下研究内容：针对我国生态保护地（自然保护区、风景名胜区、森林公园、重要生态功能区等）类型多样、空间布局不尽合理、管理权属分散的特点，开展国家重要生态保护地空间布局规划技术研究，提出科学的规划技术体系；集成生态资源资产评估与生态补偿研究方法与成果，凝练可实现多自然保护地集中区域生态功能协同提升、区内农牧民增收的生态补偿模式，开发区内社区经济建设与自然生态保护协调发展创新技术；适应国家公园建设新趋势，研究多种类型自然保护地交叉、重叠区优化综合管理技术，选择国家公园体制改革试点区进行集成示范，为建立国家公园生态保护和管控技术、标准、规范体系和国家公园规模化建设与管理提供技术支撑。

该项目所列考核指标为：提出我国重要保护地空间布局规划技术和规划编制指南；集成多类型保护地区域国家公园建设生态保护与管控的技术标准、生态资源资产价值评估方法指南与生态补偿模式；在国家公园体制创新试点区域开展应用示范，形成园内社会经济和生态功能协同提升的技术与管理体系。

根据《指南》要求，在葛全胜所长等的鼓励下，我们迅速组织了由中国科学院地理科学与资源研究所、西北高原生物研究所、水生生物研究所，中国林业科学研究院，生态环境部环境规划院，北京大学，北京师范大学，中央民族大学，上海师范大学，神农架国家公园管理局等单位专家组成的研究团队，开始了紧张的准备工作，并按照要求提交了"国家重要生态保护地生态功能协同提升与综合管控技术研究与示范"项目申请书和经费预算书。项目首席科学家由我担任，项目设6个课题，分别由中国科学院地理科学与资源研究所钟林生研究员、中央民族大学桑卫国教授、北京师范大学曾维华教授、中国科学院地理科学与资源研究所闵庆文研究员、中国科学院西北高原生物研究所张同作研究员、中国科学院水生生物研究所蔡庆华研究员担任课题负责人。

颇为幸运也让很多人感到意外的是，我们的团队通过了由管理机构中国21世纪议程管理中心（以下简称"21世纪中心"）2017年3月22日组织的视频答辩评审和2017年7月4日组织的项目考核指标审核。项目执行期为2017年7月1日至2020年6月30日；总经费为1000万元，全部为中央财政经费。

2017年9月8日，项目牵头单位中国科学院地理科学与资源研究所组织召开了项目启动暨课题实施方案论证会。原国家林业局国家公园管理办公室褚卫东副主任和陈君帜副处长，住房和城乡建设部原世界遗产与风景名胜管理处李振鹏副处长，原环境保护部自然生态保护司徐延达博士，中国科学院科技促进发展局资源环境处周建军副研究员，中国科学院地理科学与资源研究所葛全胜所长和房世峰主任等有关部门领导，中国科学院地理科学与资源研究所李文华院士、时任副所长于贵瑞院士，中国科学院成都生物研究所时任所长赵新全研究员，北京林业大学原自然保护区学院院长雷光春教授，中国科学院生态环境研究中心王效科研究员，中国环境科学研究院李俊生研究员等评审专家，以及项目首席科学家、课题负责人与课题研究骨干、财务专家、有关媒体记者等70余人参加了会议。

国家发展改革委社会发展司彭福伟副司长（书面讲话）和褚卫东副主任、李振鹏副处长和徐延达博士分别代表有关业务部门讲话，对项目的立项表示祝贺，肯定了项目所具备的现实意义，指出了目前我国重要生态保护地管理和国家公园建设的现实需求，并表示将对项目的实施提供支持，指出应当注重理论研究和实践应用的结合，期待项目成果为我国生态保护地管理、国家公园体制改革和以国家公园为主体的中国自然保护地体系建设提供科技支撑。周建军副研究员代表中国科学院科技促进发展局资源环境处对项目的立项表示祝贺，希望项目能够在理论和方法上有所创新，在实施过程中加强各课题、各单位的协同，使项目成果能够落地。葛全胜所长、于贵瑞副所长代表中国科学院地理科学与资源研究所对项目的立项表示祝贺，要求项目团队在与会各位专家、领导的指导下圆满完成任务，并表示将大力支持项目的实施，确保顺利完成。我作为项目首席科学家，从立项背景、研究目标、研究内容、技术路线、预期成果与考核指标等方面对项目作了简要介绍。

在专家组组长李文华院士主持下，评审专家听取了各课题汇报，审查了课题实施方案材料，经过质询与讨论后一致认为：项目各课题实施方案符合任务书规定的研发内容和目标要求，技术路线可行、研究方法适用；课题组成员知识结构合理，课题承担单位和参加单位具备相应的研究条件，管理机制有效，实施方案合理可行。专家组一致同意通过实施方案论证。

2017年9月21日，为切实做好专项项目管理各项工作、推动专项任务目标有序实施，21世纪中心在北京组织召开了"典型脆弱生态修复与保护研究"重点专项2017年度项目启动会，并于22日组织召开了"国家重要生态保护地生态功能协同提升与综合管控技术研究与示范"（2017YFC0506400）实施方案论证。以孟平研究员为组长的专家组听取了项目实施方案汇报，审查了相关材料，经质疑与答疑，形成如下意见：该项目提供的实施方案论证材料齐全、规范，符合论证要求。项目实施方案思路清晰，重点突出；技术方法适用，实施方案切实可行。专家组一致同意通过项目实施方案论证。专家组建议：①注重生态保护地与生态功能"协同"方面的研究；②关注生态保护地当地社区民众的权益；③进一步加强项目技术规范的凝练和产出，服务于专项总体目标。

经过3年多的努力工作，项目组全面完成了所设计的各项任务和目标。项目实施期间，正值我国国家公园体制改革试点和自然保护地体系建设的重要时期，改革的不断深化和理念的不断创新，对于项目执行而言既是机遇也是挑战。我们按照项目总体设计，并注意跟踪现实情况的变化，既保证科学研究的系统性，也努力服务于国家现实需求。

在2019年5月23日的项目中期检查会上，以舒俭民研究员为组长的专家组，给出了"按计划进度执行"的总体结论，并提出了一些具体意见：①项目在多类型保护地生态系统健康诊断与资产评估、重要生态保护地承载力核算与经济生态协调性分析、生态功能协同提升、国家公园体制改革与自然保护地体系建设、国家公园建设与管理以及三江源与神农架国家公园建设等方面取得了系列阶段性成果，已发表学术论文31篇（其中SCI论文8篇），出版专著1部，获批软件著作权2项，提出政策建议8份（其中2份获得批示或被列入全国政协大会提案），完成图集、标准、规范、技术指南等初稿7份，完成硕/博士学位论文5篇，4位青年骨干人员晋升职称。完成了预定任务，达到了预期目标。②项目组织管理符合要求。③经费使用基本合理。并对下一阶段工作提出了建议：①各课题之间联系还需进一步加强；注意项目成果的进一步凝练，特别是在国家公园体制改革区的应用。②加强创新性研究成果的产出和凝练，加强成果对国家重大战略的支撑。

在2021年3月25日举行的课题综合绩效评价会上，由中国环境科学研究院舒俭民研究员（组长）、国家林业和草原局调查规划设计院唐小平副院长、北京林业大学雷光春教授、中国矿业大学（北京）胡振琪教授、中国农业科学院杨庆文研究员、国务院发展研究中心苏杨研究员、中国科学院生态环境研究中心徐卫华研究员等组成的专家组，在听取各课题负责人汇报并查验了所提供的有关材料后，经质疑与讨论，所有课题均顺利通过综合绩效评价。

"自然保护地功能协同提升研究与示范丛书"即是本项目成果的最主要体现，汇集了项目组及各课题的主要研究成果，是10家单位50多位科研人员共同努力的结果。丛书包含7个分册，分别是《自然保护地功能协同提升和国家公园综合管理的理论、技术与实践》《中国自然保护地分类与空间布局研究》《保护地生态资产评估和生态补偿理论与实践》《自然保护地经济建设和生态保护协同发展研究方法与实践》《国家公园综合管理的理论、方法与实践》《三江源国家公园生态经济功能协同提升研究与示范》《神农架国家公园体制试点区生态经济功能协同提升研究与示范》。

除这套丛书之外，项目组成员还编写发表了专著《神农架金丝猴及其生境的研究与保护》和《自然保护地和国家公园规划的方法与实践应用》，并先后发表学术论文107篇（其中SCI论文35篇，核心期刊论文72篇），获得软件著作权7项，培养硕士和博士研究生及博士后研究人员25名，还形成了以指南和标准、咨询报告和政策建议等为主要形式的成果。其中《关于国家公园体制改革若干问题的提案》《关于加强国家公园跨界合作促进生态系统完整性保护的提案》《关于在国家公园与自然保护地体系建设中注重农业文化遗产发掘与保护的提案》《关于完善中国自然保护地体系的提案》等作为政协提案被提交到2019～2021年的全国两会。项目研究成果凝练形成的3项地方指导性规划文件[《吉林红石森林公园功能区调整方案》《黄山风景名胜区生物多样性保护行动计划（2018—2030年)》《三江源国家公园数字化监测监管体系建设方案》]，得到有关政府批准并在工作中得到实施。16项管理指导手册，其中《国家公园综合管控技术规范》《国家公园优化综合管理手册》《多类型保护地生态资产评估标准》《生态功能协同提升的国家公园生态补偿标准测算方法》《基于生态系统服务消费的生态补偿模式》《多类型保护地生态系统健康评估技术指南》《基于空间优化的保护地生态系统服务提升技术》《多类型保护地功能分区技术指南》《保护地区域人地关系协调性甄别技术指南》《多类型保护地区域经济与生态协调发展路线图设计指南》《自然保护地规划技术与指标体系》《自然保护地（包括重要生态保护地和国家公园）规划编制指南》通过专家评审后，提交到国家林业和草原局。项目相关研究内容及结论在国家林业和草原局办公室关于征求《国家公园法（草案征求意见稿）》《自然保护地法（草案第二稿）（征求意见稿）》的反馈意见中得到应用。2021年6月7日，国家林业和草原局自然保护地司发函对项目成果给予肯定，函件内容如下。

"国家重要生态保护地生态功能协同提升与综合管控技术研究与示范"项目组：

"国家重要生态保护地生态功能协同提升与综合管控技术研究与示范"项目是国家重点研发计划的重要组成部分，热烈祝贺项目组的研究取得了丰硕成果。

该项目针对我国自然保护地体系优化、国家公园体制建设、自然保护地生态功能协同提升等开展了较为系统的研究，形成了以指南和标准、咨询报告和政策建议等为主要形式的成果。研究内容聚焦国家自然保护地空间优化布局与规划、多类型保护地经济建设与生态保护协调发展、国家公园综合管控、国家公园管理体制改革与机制建设等方面，成果对我国国家公园等自然保护地建设管理具有较高的参考价值。

诚挚感谢以闵庆文研究员为首的项目组各位专家对我国自然保护地事业的关注和支持。期望贵项目组各位专家今后能够一如既往地关注和支持自然保护地事业，继续为提升我国自然保护地建设管理水平贡献更多智慧和科研成果。

国家林业和草原局自然保护地管理司

2021 年 6 月 7 日

在项目执行期间，为促进本项目及课题关于自然保护地与国家公园研究成果的对外宣传，创造与学界同仁交流、探讨和学习的机会，在中国自然资源学会理事长成升魁研究员等的支持下，以本项目成员为主要依托，并联合有关高校和科研单位技术人员成立了"中国自然资源学会国家公园与自然保护地体系研究分会"，并组织了多次学术会议。为了积极拓展项目研究成果的社会效益，项目组还组织开展了"国家公园与自然保护地"科普摄影展，录制了《建设地球上最富人情味的国家公园》科普宣传片。

2021 年 9 月 30 日，中国 21 世纪议程管理中心组织以安黎哲教授为组长的项目综合绩效评价专家组，对本项目进行了评价。2022 年 1 月 24 日，中国 21 世纪议程管理中心发函通知：项目综合绩效评价结论为通过，评分为 88.12 分，绩效等级为合格。专家组给出的意见为：①项目完成了规定的指标任务，资料齐全完备，数据翔实，达到了预期目标。②项目构建了重要生态保护地空间优化布局方案、规划方法与技术体系，阐明了保护地生态系统生态资产动态评价与生态补偿机制，提出了保护地经济与生态保护的宏观优化与微观调控途径，建立了国家公园生态监测、灾害预警与人类胁迫管理及综合管控技术和管理系统，在三江源、神农架国家公园体制试点区应用与示范。项目成果为国家自然保护地体系优化与综合管理及国家公园建设提供了技术支撑。③项目制定了内部管理制度和组织管理规范，培养了一批博士、硕士研究生及博士后研究人员。建议：进一步推动标准、规范和技术指南草案的发布实施，增强研发成果在国家公园和其他自然保护地的应用。

借此机会，向在项目实施过程中给予我们指导和帮助的有关单位领导和有关专家表示衷心的感谢。特别感谢项目顾问李文华院士和刘纪远研究员、项目跟踪专家舒俭民研究员和赵景柱研究员的指导与帮助，特别感谢项目管理机构中国 21 世纪议程管理中心的支持和帮助，特别感谢中国科学院地理科学与资源研究所及其重大项目办、科研处和其他各参与单位领导的支持及帮助，特别感谢国家林业和草原局（国家公园管理局）自然保护地管理司、国家公园管理办公室，以及三江源国家公园管理局、神农架国家公园管理局、武夷山国家公园管理局和钱江源国家公园管理局等有关机构的支持和帮助。

作为项目负责人，我还要特别感谢项目组各位成员的精诚合作和辛勤工作，并期待未来能够继续合作。

2022 年 3 月 9 日

本 书 前 言

本书针对国家公园、自然保护区和自然公园 3 种类型的自然保护地，论述如何建立适合我国自然保护地的生态系统健康评估体系，对维持自然保护地的生态系统健康、促进自然保护地的建设与可持续发展具有重要作用。同时叙述了开发自然保护地生态系统健康评估技术，建立自然保护地生态系统健康综合指数，划分自然保护地生态系统健康等级的过程，形成了多类型自然保护地生态系统健康评估技术指南。

本书叙述了自然保护地生态系统服务功能提升理论，形成了基于空间优化的自然保护地生态系统服务功能提升技术。本书提出了：①自然保护地景观空间配置优化——强调自然保护地的功能分区能最大程度地发挥生态系统的功能；②自然保护地生态系统结构优化——向结构完备、食物链齐全、生物多样性最高的生态系统目标调整，管理自然保护地的生态系统；③对自然保护地内退化的生态系统进行科学修复，提升生态系统的功能；④在自然保护地积极开展自然教育，树立全民生态意识，减少对生态系统的人为干扰和破坏，依靠生态系统的自我恢复能力，提升生态系统的功能。本书还提出了一种实现自然保护地生态系统服务功能提升的方法，建立了相对完整的"生态系统服务评估—空间优化—生态系统服务功能提升"技术体系，为自然保护地管理提供科学方法。

本书在考虑了自然保护区生态资产侧重生态系统保护、国家公园生态资产侧重自然和文化及生态教育、景观保护区生态资产侧重生态旅游和资源可持续利用、保育区生态资产（传统农业、林业）侧重产品（供给服务）和景观的基础上形成了多类型自然保护地生态资产评估技术。该技术在国家公园试点区和典型保护区应用。

本书发展和创新了自然保护地和国家公园生态补偿理论；提出了我国国家公园生态补偿的政策框架和关键技术；在考虑了多元补偿主体、多元补偿方式、多元融资渠道和长效补偿机制的条件下，构建了基于生态系统服务消费的生态补偿模式。

本书基于生态系统服务供给的机会成本推导生态系统服务的供给曲线。一方面从单个受偿者的微观经济决策的视角，探讨生态系统服务供给机会成本的空间分布；另一方面从区域的宏观经济行为的视角，探讨补偿标准与受偿者意愿的关系。根据受偿意愿与新增生态系统服务的供给模型，以及生态系统服务供给的机会成本模型，耦合形成了以生态功能协同提升为目标导向的生态补偿标准。形成的补偿模式和生态补偿标准应用于国家公园试点区，收到了较好的成效，预期将在自然保护地和国家公园其他区域试行。

生态系统的健康直接关系到人类社会经济的可持续发展，是国家发展和社会稳定的重要前提。自然保护地的健康发展在保护我国自然资源和生态环境、维护国家生态安全等方面发挥着极为重要的作用。自然保护地是重要的生态屏障，在维护国土空间安全方面也起着重要的作用。自然保护地一般都拥有完好的生态系统，其内部组分的健康直接关系到自然保护地的可持续发展。因此，建立适合我国自然保护地的生态系统健康评估体系，对自然保护地的生态系统健康进行综合评价，以期提高公众的环保意识，促进自然保护地的建设与发展。

本书通过对土地利用空间优化从而实现研究区域生态系统服务整体功能量的最大化，进而实现生态效益的最大化。

生态系统服务提升的限制因子包括自然条件限制因子和社会条件限制因子两大类型。自然条件限制因子包括地形地貌、降水、温度、河流等。社会条件限制因子包括经济和人口两大方面，如国内生产总值（GDP）、人口密度等。

本书说明了土地利用空间格局优化的数学表达、生态系统服务提升的目标函数和限制性条件、土地利用优化配置理论和方法，为制定提升自然保护地生态系统服务的土地利用优化配置方案奠定理论基础。

（1）空间格局优化的数学表达

本研究中，空间格局优化可以具体为自然保护地土地利用优化配置，自然保护地生态系统格局优化问题具体为自然保护地内生态系统类型的组合和数量关系。生态系统格局优化配置的目的是将各种生态系统类型分配到合适的位置，从而获得更大的生态效益。

（2）空间格局优化的目标函数

生态系统空间格局优化的目标函数是对自然保护地优化目标的公式化、定量化。目标函数是否能够精确地表达生态系统服务提升的含义，会影响结果的可靠性。借助 GeoSOS-FLUS 软件（土地利用情景模拟软件）等可以方便地计算自然保护地土地利用在多层次生态系统服务提升水平情境下的空间格局或者布局方案，为选择多样化的生态系统布局方案提供了方法和技术基础。

（3）空间格局优化的约束条件

自然因素的约束条件范围广泛，下至岩石圈表层，上至大气圈下部的对流层，包括全部的水圈和生物圈。在确定了自然因素约束条件的前提下，以各种土地利用类型的优化配置方案作为参数，使定性转换为定量，位置由定性的相对位置转化为数值的范围。另外，也可以在定量不同层次的生态系统服务提升水平和确定了自然因素约束条件的前提下，反推出不同土地利用类型的优化配置方案。社会经济因素的约束条件包括：人口数量、民族、宗教、农业、工业、交通、商业、相关的规划或者政策、区域经济发展状况、区域经济结构、居民收入、消费者结构等多方面。社会经济系统是一个以人为核心，包括社会、经济及生态环境等领域，涉及各个方面和生存环境的诸多复杂因素的巨型系统。它与物理系统的根本区别是社会经济系统中存在决策环节，人的主观意识对该系统具有极大的影响。社会经济因素约束条件体现的是社会经济系统中人类活动对生态系统及其服务水平的影响。自然因素约束条件和社会经济因素约束条件体现了可持续发展理念中重要的两方面。

为了评估自然保护地生态资产现状、进一步加强自然保护地生态资源的保护，以及预测未来变化对生态环境可能产生的影响，本书探究了多类型自然保护地生态资产的经济评估方法，为多类型自然保护地管理提供定量价值参考。

多类型自然保护地生态资产评估一般分为 4 个阶段，分别为存量资产价值评估阶段、生态系统服务价值分析阶段、生态产品价值评估阶段、生态资产核算阶段。根据实际情况与生态系统的自然状态，建立区域性评估现状清单，通过调查研究确定评估的重点，建立合理的评估体系，确定评估工作事宜，开展生态资产评估工作，形成工作方案和技术方案，进行定量分析。对各区域进行调查摸底，深入了解自然资源分布、生态系统服务情况，结合实际，按照保护地规划及相关政府管制要求，选择可推进实施的评估事项先行开展评估工作，评估各项生态资产。

本书划定自然保护地类型。按照自然生态系统原真性、整体性、系统性及其内在规律，依据管理目标与效能并借鉴国际经验，将自然保护地按生态价值和保护强度高低依次分为 3 类（国家公园、自然保护区、自然公园），分别进行生态资产评估。

依据不同类型自然保护地的特点与功能定位，生态系统服务价值的评估有所不同：对国家公园内主要的生态系统服务价值进行估算，主要包括固碳释氧、营养物质循环、涵养水源、土壤保持、空气净化、生物多样性、科研文化 7 个方面产生的服务价值。对自然保护区内主要的生态系统服务价值进行估算，主要包括土壤保持、固碳释氧、涵养水源、生物多样性、科研文化 5 个方面产生的服务价值。对自然公园内主要的生态系统服务价值进行估算，主要包括水源涵养、土壤保持、固碳释氧、空气净化、养分循环与积累、旅游、科研文化以及生物多样性 8 个方面产生的服务价值。

本书给出了多类型自然保护地生态资产评估体系，生态资产评估主要进行 3 个方面价值的估算。分别是：①生态资源存量资产价值评估。生态资源存量资产是指生态系统长期积累所形成的生态用地及其附着的水分、土壤和生物等的积累。②生态系统服务价值评估。生态系统服务是指人类从生态系统中获得的所有惠益，包括供给服务（如提供食物和水）、调节服务（如控制洪水和疾病）、文化服务（如精神、娱乐和文化收益）以及支持服务（如维持地球生命生存环境的养分循环）。③生态产品价值评估。生态产品主要指生态系统所提供的木材、农畜产品（粮食作物、经济作物、肉产品、奶产品等）等。

本书给出了国家公园生态补偿标准的测算方法，生态补偿标准是直接影响生态保护补偿政策实施效果的重要因素，其测算方法是生态保护补偿政策设计的核心技术之一。一般而言，生态补偿标准的测算方法主要包括：①按受偿者的保护成本计算。受偿者为了保护生态环境更改先行的生产方式或采取保护方式，需要投入人力、物力和财力，还可能使得生产行为的投入产出比降低，甚至可能损失一部分经济收入。②按激励受偿者的受偿意愿计算。受偿者作为生态保护的主体，其行为具有相当的主观性。同时，意愿调查获得的数据也能够反映受偿者自主提供优质生态系统服务的成本。③按受偿者产生的生态效益计算。这是目前使用较多的方法。总体来看，目前的核算方式都是基于单个要素考虑补偿的标准，而没有将成本投入与效益产出、生态补偿的受偿意愿与补偿意愿、生态系统服务的供给与消费耦合起来，导致从某个方面核算的标准很难得到另一方的认可，降低了补偿标准的可操作性。

因此，为了耦合受偿者的受偿意愿与生态环境效益供给的机会成本，本书构建了以生态功能协同提升为导向的国家公园生态补偿标准测算模型。

补偿标准关系到生态补偿实施的效率性问题。补偿过高，会造成补偿资金的浪费；补偿过低，则会损害受偿者的利益。

理论上生态补偿能够很好地提高禁牧草地的水源涵养量，但禁牧草地所能增加的水源涵养量随着禁牧比例的变化而变化，禁牧比例的大小则随着补偿标准的变化而变化。所以补偿标准直接决定了禁牧草地所能增加的水源涵养量。

生态系统服务的空间流动性是生态补偿主体确定、标准计算、资金筹措的重要依据。考虑到生态系统服务在区域内的自我消费和向区域外的"溢出"。为整合多渠道资金以系统开展补偿措施，在目前我国区域间的横向生态补偿实践中，多采取利益相关方共同出资构建生态补偿基金的方法，以达到资金使用效率的最大化。然而，这种出资比例来源于利益相关方的博弈和经济承受能力，缺乏坚实的科学支撑，导致生态补偿范围界定、生态补偿对象和补偿方式不科学、不完善等问题，造成当前"横向生态补偿机制"构建的尴尬困境，即生态保护者都在呼吁要得到补偿，但无法确定补偿方和补偿标准。

本书给出了多类型自然保护地区域生态补偿的主体界定和补偿模式，生态系统服务具有明显的方向性和区域性，不同类型的生态系统服务"溢出"的惠及范围不尽相同，生态补偿基金的构成比例应以生态系统服务的流动和消费为基础。

首先，基于生态系统服务流动的生态补偿基金模式，生态系统结构决定生态系统服务，这一过程在同一空间上实现；但是从生态系统功能产生到生态系统服务消费却可能发生在不同的空间上，使之成为横向生态补偿机制的理论基础。其次，不同类型生态系统服务溢出的惠及范围不尽相同，需要基于生态系统服务流向和范围识别横向生态补偿的主体。最后，基于消费不同种类生态系统服务的范围及其消费量确定国家、北京、张承（张家口、承德）三地的出资比例。

针对横向生态补偿基金的融资渠道，本书提出了基于生态系统服务流动与消费的利益相关方出资比例的测算办法，从而构建了生态功能区横向生态补偿模式。

本书是基于科技部重点研究与发展规划专项"典型脆弱生态修复与保护研究"项目："国家重要生态保护地生态功能协同提升与综合管控技术研究与示范"，课题二"多类型保护地区域生态资源资产评估与补偿方法研究"的研究成果。研究工作由中央民族大学和中国科学院地理科学与资源研究所完成。该研究以自然保护地生态功能协同提升为目的，根据自然保护地的生态系统健康现状，提出相应的健康诊断技术与服务功能提升技术，形成符合我国自然保护地的生态资产动态评估手段和技术体系，构建多元化生态补偿模式。为多类型自然保护地区域经济与自然生态协同提升提供理论和技术基础。研究课题包括 3 个子课题：保护地生态系统健康诊断与服务功能提升技术；保护地区域生态资产动态评估手段和技术标准；保护地区域面向生态功能协同提升的补偿模式。

本书由桑卫国、刘某承、杨伦、萨娜、肖轶、赵金崎、王佳然、张衍亮、马婷、舒航、贾岛、邵宇婷、周晓莹、邢一明、杨丽雯共同完成。

本书研究工作得到了科技部重点研究与发展规划项目和国家科学技术学术著作出版基金资助。感谢中国科学院地理科学与资源研究所的李文华院士、闵庆文研究员、钟林生研究员，北京师范大学的曾维华教授，中国科学院水生生物研究所的蔡庆华研究员，中国科学院西北高原生物研究所的张同作研究员，中国林业科学院李迪强研究员以及神农架国家公园杨万吉主任在成书过程中提供的帮助。还有很多提供过帮助的单位和个人不一一枚举，在此一并表示感谢！

鉴于作者水平所限，书中许多不足之处在所难免，恳请读者批评指正！

作　者

2021 年 12 月于北京

目　　录

第一章 自然保护地类型管理*

自然保护地是生物多样性保护的核心区域，是推进生态文明建设的重要载体，在维护国家生态安全中居于首要地位。我国经过 60 多年的努力，已建立数量众多、类型丰富、功能多样的各级各类自然保护地，在保护生物多样性、保存自然遗产、改善生态环境质量和维护国家生态安全方面发挥了重要作用。2013 年党的十八届三中全会首次提出建立国家公园体制，2015 年规划在"十三五"期间设立一批国家公园体制试点，2017 年中央全面深化改革领导小组第三十七次会议审议通过了《建立国家公园体制总体方案》，明确建立国家公园体制，2019 年《关于建立以国家公园为主体的自然保护地体系的指导意见》出台，提出"构建科学合理的自然保护地体系、建立统一规范高效的管理体制、创新自然保护地建设发展机制、加强自然保护地生态环境监督考核、保障措施"等意见以加快建立以国家公园为主体的自然保护地体系，提供高质量生态产品，推进美丽中国建设。在此背景下，鉴于我国当前自然保护地存在重叠设置、管理定位不清、权责不明、保护与利用难以平衡等实际问题和挑战，理顺我国既有自然保护地的类别，明确管理机制和资金保障机制显得尤为重要。

本章第一节明确了我国自然保护地的 5 种类型，分别是自然保护区、国家公园、自然公园、物种与种质资源保护区、生态功能保护区。国家公园作为自然保护地的一种类型，是我国生态文明制度建设的重要内容。公益性是国家公园最基本的属性，公众参与赋予了国家公园全民共有、共建和共享的深层次意义。目前，我国各个国家公园试点建设正在有效推进过程中，制定了相应的管理规章制度和资金机制，积极协调与社区的可持续性发展。然而，通过对试点建设工作考察发现，关于国家公园公益性的建设存在很多问题，其中的深度市场化造成某些具有国家意义的旅游资源演变成了商品。为正视国家公园公益性建设的重要性，从以人为本、经济低廉、公益教育、社会监督 4 个方面对我国国家公园的公益性建设进行探讨，以实现我国自然保护地体系的"保护为主"和"全民公益性优先"。

第二节从机构设置、权力配置、运行机制 3 个方面阐述我国国家公园的管理机制，同时基于国外国家公园的管理经验，对我国国家公园的管理机制进行讨论，提出我国向以国家公园为主体的保护地体系转变的过程中管理机制构建需要重视以下问题：国家公园行政管理机构的设立、监管机制的加强、法律法规的完善和

---

* 本章由桑卫国、赵金崎、张衍亮、舒航执笔。

土地权属问题。

第三节根据对美国国家公园特许经营和加拿大国家公园双线经营的保护地资金机制研究，以及我国《建立国家公园体制总体方案》里对财政保障的要求，将我国保护地的财政保障体制分为财政事权、资金保障和资金管理 3 个部分。在财政事权方面，分为"中央直管，委托省级政府管理""中央直管，多省政府跨区管理""省级政府垂直管理""省级政府直管，委托市、县政府管理"4类；在资金保障方面，我国国家公园的资金来源主要包括转移支付、特许经营收入、社会捐赠、生态补偿、其他收入等；在资金管理方面，提出我国的自然保护地特别是国家公园的财政管理实践一般按照"国家公园财政事权收归中央政府""国家公园投资渠道的构建""监督机制的构建""法律法规的建设"4个方面来进行。

第一节　自然保护地概述

一、自然保护地的概念及分类

1994 年，世界自然保护联盟（International Union for Conservation of Nature，IUCN）将自然保护地的概念定义为一个明确界定的地理空间，通过法律或其他有效手段得到认可、专用和管理，以实现对自然及其相关生态系统服务和文化价值的长期保护。

IUCN 自然保护地管理分类标准是目前世界上应用最为广泛、接受度最高的自然保护地分类模式，它按照保护的严格程度及人类活动的参与程度，将保护区域划分为严格的自然保护地、荒野保护地、国家公园、自然历史遗迹或地貌、栖息地/物种管理区、陆地景观/海洋景观和自然资源可持续利用自然保护地 6 类（表 1-1），该分类标准获得了联合国、《生物多样性公约》各缔约方和多国政府的认可，成为定义和记录自然保护地的国际标准（IUCN，2008）。基于 IUCN 自然保护地管理分类标准，以一类（Ⅰ）的自然保护区和二类（Ⅱ）的国家公园为主要形式开展自然生态系统与自然景观的保护工作，形成了国际上应用最为广泛的自然保护地管理体系（庄优波，2018；朱春全，2018）。

目前，学者多从自身专业角度出发，对我国自然保护地分类体系进行构想（陈耀华和焦梦菲，2020）。总体来看，自然保护地分类的主要依据可归纳为以下 3 类：①参照 IUCN 自然保护地管理分类标准，依据保护强度来划分自然保护地类型；②依据资源特点划分自然保护地类型；③依据功能定位划分自然保护地类型。

表1-1 世界自然保护联盟（IUCN）的自然保护地管理分类标准（IUCN，2008）

保护管理类别	目的	定义
Ⅰa 严格的自然保护地	主要用于科研的保护地	具有区域、国家、全球突出或典型的生态系统、物种（发生或聚集）和/或地理多样性特征，为保护生物多样性以及可能的地质/地貌特征而严格划定的保护区，严格控制和限制人类访问、使用和影响，以确保保护价值。主要用于科学研究和环境监测
Ⅰb 荒野保护地	主要用于保护荒野的保护地	广阔的未受干扰或只受轻微干扰的保持其自然特征与影响的陆地或海洋区域，区内无永久性或重要的住所，保护和管理的目的是维系自然状态
Ⅱ 国家公园	主要用于生态系统保护和游憩的保护地	具有如下功能的陆地、海洋自然区：①为保障当代人和后代人的利益，保护一种或多种生态系统的生态完整性；②拒绝与既定目的相抵触的开发或占据；③为精神的、科学的、教育的、游憩的和参观的机会提供基础，而所有这些都必须具有环境及文化上的和谐性
Ⅲ 自然历史遗迹或地貌	主要用于保护特殊的自然特征的保护地	含有一个或多个特殊的自然或自然文化特征的区域，因其固有的珍稀性、代表性、美学性质量或文化意义而具有突出的或独特的价值
Ⅳ 栖息地/物种管理区	主要通过管理的介入保护自然生境和生物物种的保护地	为维持自然生境或满足特殊物种的需求而引入的主动管理的陆地或海洋区域
Ⅴ 陆地景观/海洋景观	主要用于保护海陆景观和游憩的保护地	具有适当的海岸与海洋的陆地区域，长期以来在人与自然的相互作用下形成了明显的区域特征，具有重要的价值和生物多样性。此类地区保护、维持和进化的核心是保持人与自然间传统相互作用的完整性
Ⅵ 自然资源可持续利用自然保护地	主要用于自然生态系统可持续利用的保护地	区内包含优越的、几乎未受干扰的自然系统，管理的目的是确保长期保护与维系生物多样性，同时适时提供可持续的自然产品满足社会需要

参照国内外关于自然保护地分类的情况（欧阳志云等，2020），根据我国自然保护地的保护现状、管理目标和未来自然保护地的调整情况，特别是建立的以国家公园为主体的自然保护地体系，本书将自然保护地分为5类：国家公园、自然保护区、自然公园、物种与种质资源保护区、生态功能保护区（表1-2）。

表1-2 自然保护地分类体系一览表

类别	种类	资源种类
自然保护区	荒野保存地	完整的自然生态系统和物种栖息地；一定面积的无人类干扰的荒野自然环境
	动植物栖息地	人为恢复或干预保护的动植物栖息地
	陆地自然保护区	有代表性的自然生态系统、珍稀濒危野生动植物物种的天然集中分布区，有特殊意义的自然遗产等保护对象所在的陆地
	海洋生态保护区	海洋生态及珍稀动植物栖息地
国家公园	生态系统国家公园	具有世界和国家代表性、典型性、独特性的较大面积的自然生态系统
	栖息地国家公园	具有世界和国家代表性、典型性、独特性的较大面积的珍稀濒危野生生物生境
	景观国家公园	具有世界和国家代表性、典型性、独特性的较大面积的完整优美的自然景观
自然公园	风景名胜区	具有突出普遍价值，对人类文化、历史有重要意义的风景优美的陆地、河流、湖泊或海洋景观

类别	种类	资源种类
自然公园	遗址纪念地	人类或民族文明进程中有重要价值的遗址、遗迹
	森林公园	典型的森林生态系统、森林景观
	地质公园	地球演化的重要地质遗迹和地质景观
	湿地公园	湿地生态系统和动植物栖息环境
	沙漠公园	大面积荒漠生态系统与沙漠景观
物种与种质资源保护区	水产种质资源保护区	具有重要经济价值、遗传育种价值或特殊生态保护和科研价值，在保护对象的产卵场、索饵场、越冬场、洄游通道等主要生长繁育区域依法划出一定面积的水域滩涂和必要的土地，予以特殊保护和管理的区域
	农作物种质资源原位保护区	选育农作物新品种的基础材料，包括农作物的栽培种、野生种和濒危稀有种的繁殖材料，以及利用上述繁殖材料人工创造的各种遗传材料进行原位保护的区域
生态功能保护区	—	水源地保护区、国家一级公益林、其他生态保护红线区（尚没有纳入现有保护地范围的生态保护红线区域）、文化林、圣山、圣湖等

国家公园的概念产生于美国，自 1872 年美国黄石国家公园建立以来，历经 100 多年的发展，如今已在全球 200 多个国家和地区建立起形式多样的国家公园，但是，由于国家公园建设实践方式和理念的差异，各国对国家公园的定义和范围界定不尽相同（钟林生和肖练练，2017）。我国的国家公园是指由国家批准设立并主导管理，边界清晰，以保护具有国家代表性的大面积自然生态系统为主要目的，实现自然资源科学保护和合理利用的特定陆地或海洋区域。国家公园是我国自然保护地最重要的类型，自 2015 年起，我国共设立了东北虎豹、祁连山、大熊猫、三江源、海南热带雨林、武夷山、神农架、普达措、钱江源、南山等 10 个国家公园体制试点区。2020 年 12 月，10 个试点区基本完成了体制试点各项任务，并取得了可复制、借鉴的经验和模式，标志着以国家公园为主体的自然保护地体系在我国开始正式建立。2021 年 10 月，我国正式设立三江源、大熊猫、东北虎豹、海南热带雨林、武夷山等第一批国家公园，保护面积达 23 万 km²，涵盖近 30% 的陆域国家重点保护野生动植物种类，这标志着以国家公园为主体的自然保护地体系建设进入新阶段，也标志着我国国家公园事业从试点转向建设阶段。

自然保护区重点保护典型的自然地理区域、有代表性的自然生态系统区域以及已经遭受破坏但经保护能够恢复的同类自然生态系统区域，珍稀、濒危野生动植物物种的天然集中分布区域，具有特殊保护价值的海域、海岸、岛屿、湿地、内陆水域、森林、草原和荒漠，以及具有重大科学文化价值的地质构造、著名溶洞、化石分布区、冰川、火山、温泉等自然遗迹。我国在 1956 年建立了第一个自然保护区——鼎湖山自然保护区，此后历经 60 余年的实践和发展，已基本形成了布局较为合理、类型较为齐全、功能较为完备的自然保护区网络，构建了比较完整的自然保护区管理体系和科研监测支撑体系，建立了比较完善的自然保护区政策、法规和标准体系，有效发挥了资源保护、科研监测和宣传教育的作用（王秋凤等，2015）。截至 2020 年，全国已建立国家级自然保护区 474 处，总面积约为 98.34 万 km^2（《2020 年中国生态环境状况公报》），在保护生物多样性、维护生态平衡和推动生态建设等方面发挥了巨大的作用。我国的自然保护区分为三大类别、9 个类型（赵欣和张杰，2021），各类自然保护区在地理分布、生物多样性组成、生态系统功能等方面存在着较大差异。目前对自然保护区的价值评价多以特定的具体保护区为研究对象，已有研究涵盖了各种类型的自然保护区，包括自然生态系统类别下的森林生态系统（莫锦华等，2021；白晓航等，2017；刘永杰等，2014）、草原与草甸生态系统（李强等，2021；蔡葵等，2018）、荒漠生态系统（高翔等，2019；王亚慧等，2016）、内陆湿地和水域生态系统（幸赞品等，2019；欧阳志云等，1999；薛达元，1997）、海洋和海岸生态系统（林金兰等，2020；甘芳等，2010），野生生物类别下的野生动物（金森龙等，2021；谭孟雨等，2019）和野生植物（潘媛等，2021；樊简等，2018；周志强等，2011），自然遗迹类别下的地质遗迹（鲁昊，2018）和古生物遗迹（钱者东等，2016）。在我国开始国家公园和自然保护地体制改革之前，自然保护区是自然保护地中面积最大、生态保护功能最明确、生态系统服务价值最高的类型，对生物多样性保护具有重要意义（赵智聪等，2020）。

自然公园主要保护自然资源与自然遗产，包括森林、草地、湿地、海洋等自然生态系统与自然景观，以及具有特殊地质意义和重大科学价值的自然遗迹，为人们提供亲近自然、认识自然的场所，同时为保护生物多样性和区域生态安全做出贡献，并为公众提供地质与地理知识科普场所（欧阳志云等，2020）。在自然公园建设方面，截至 2020 年，我国已建立国家级风景名胜区 244 处，总面积约为 10.66 万 km^2；国家地质公园 281 处，总面积约为 4.63 万 km^2；国家海洋公园 67 处，总面积约为 0.737 万 km^2（《2020 年中国生态环境状况公报》）。截至 2019 年底，国家湿地公园总数达 899 处，至 2020 年底，有 80 处国家湿地公园试点通过验收，国家湿地公园建设成效明显，全国湿地保护率达 50% 以上（《2020 年中国国土绿化状况公报》）。在世界遗产方面，截至 2019 年 7 月，我国共有 55 个项目被联合国教科文组织列入《世界遗产名录》，数量列世界第一。其中世界文化遗产 37 处、世界自然遗产 14 处、世界文化和自然遗产 4 处、世界文化景观遗产 4 处（高吉喜等，2019）。在此基础上，我国又相继提出了重要生态功能区（2008 年）、生态脆弱区（2008 年）、重点生态功能区（2011 年）等生态空间保护关键区域，进一步完善了国家生态安全屏障体系。

物种与种质资源保护区主要保护农作物及其野生近缘植物种质资源、畜禽遗传资源、微生物资源、药用生物物种资源、林木植物资源、观赏植物资源，以及其他野生植物资源等，有水产种质资源保护区和农作物种质资源原位保护区 2 个二级类型。近年来，为了加强水产种质资源及其生存环境保护，农业农村部积极推进水产种质资源保护区建设工作。截至 2021 年，已审定公布 11 批共 535 处国家级水产种质资源保护区，初步构建了分布广泛、类型多样的水产种质资源保护区网络，取得了良好的生态效益和社会效益。农作物种质资源是生物多样性的重要组成部分，是作物育种和农业生产的物质基础。开展农作物种质资源原位保护，对大宗农作物野生近缘植物以及具有重要经济价值的野生种质资源集中分布区进行重点保护，对农业科技原始创新、现代种业发展、保障粮食安全和农业可持续发展具有重要意义。

生态功能保护区是指在水源涵养、水土保持、洪水调蓄、防风固沙、海岸带防护、生物多样性保护等方面具有重要作用的保护地。目的是保护区域重要生态功能，保障生态系统产品与服务的持续供给，防止和减轻自然灾害，保障国家和地方生态安全。生态功能保护区包括水源地保护区、国家一级公益林、其他生态保护红线区（尚没有纳入现有保护地范围的生态保护红线区域）、文化林、圣山、圣湖等二级类型（欧阳志云等，2020）。

二、以国家公园为主的自然保护地的公益性

国家公园作为我国自然保护地最重要的类型之一，是由国家批准设立并主导管理，边界清晰，可实现自然资源科学保护和合理利用的特定陆地或海洋区域。国家公园是国家文化建设和科普教育的重要载体，是强化民族文化认同的重要方式，同时也是生态文明制度建设的重要内容。

虽然各国国家公园体制特征各不相同，但都是在自然保护地体系中代表着国家自然和文化核心特质的一类自然保护地（吴承照和刘广宁，2015）。国家公园体系的根本目标在于保护原生态，同时为公众提供享受自然、学习自然的机会，以尊重和维护生态环境为主旨，提供更好的服务功能，建设具有中国特色的生态文明制度。中国想要建设的国家公园应是一个有序保护、统一管理、分类科学的自然保护地体系，应该具有可复制、可持续发展的属性，应重视公众利益与国家利益。

公益性的本意为公共利益（public benefit），公共利益是能够满足一定范围内所有人生存、享受和发展的，具有公共效用的资源和条件（汪辉勇，2014）。除了生态保护、旅游教育外，公益性、国家主导性和科学性是国家公园体制的重要特性。其中公益性是国家公园设立的根本目的，意味着国家公园是为公众利益而设立的，其最本质的内涵是以人为本。而国家主导性和科学性是实现公益性的重要保障，为其提供政策支持和科学依据（陈耀华等，2014）。《建立国家公园体制总体方案》中对建立国家公园的目标有着明确表述：通过国家公园体制试点，

实现中国保护地体系的"保护为主"和"全民公益性优先"。因此，公益性作为国家公园最基本的属性，其重要作用是公众可以在国家公园中获得自然或文化体验与相关知识并且参与其中，以此保护当地生态环境和社会环境。同时公众参与赋予了国家公园全民共有、共建和共享的深层次意义。我国国家公园的公益性建设主要体现在以下几个方面。

（1）以人为本

人类生存与发展所需要的资源归根结底都来源于自然生态系统。人类逐渐在长期的社会实践中认识到自然资源的重要属性，随着工业化、城市化的发展，资源的有限性、生态的重要性引起广泛关注。我国建立国家公园的宗旨应当是使人类享受自然、了解自然，国家公园的产品形态应属于公共产品。因此，国家公园的设立宗旨是为了公众，也是为了满足人们欣赏自然、了解历史、建立生态自信的需要，更是为了公众的长远利益与发展（陈耀华等，2014）。

建立国家公园是保护自然资源、生态环境和生物多样性，保存珍稀濒危物种、维护自然生态平衡，实现可持续发展的重要举措。随着中国经济的持续发展、国家公园体制的逐步成形，人们的需求逐渐成为关注的重点。国家公园所营造的良好生态环境对于人类的生存发展起到至关重要的作用，国家公园相关保护地带来的自然资本及其提供的生态系统服务存在着巨大的升值空间和潜力，对国家公园的保护就是对自然资源的保护。自然资源不仅具有直接的经济价值，还具有重要的生态环境效益，完整的自然生态系统所提供的生态系统服务更加丰富。人为保护与劳动投入所带来的价值增量都是为了更长远、更好地为提高人类福祉做贡献，以便让人民群众共建共享，满足人民群众日益增长的精神文化需求、美好生活需要。国家公园的建立不只局限在自然生态保护层面，其本质是为了人民，为了提升人民的幸福感，同时也充分兼顾当代人和后代人的需要，利用科学的手段以达到维持生态过程和可持续发展的目的（苏杨，2016）。在文化与文明层次上，国家公园在国家历史文化的保存、文明的传承以及文化的传播方面所起到的作用是巨大的。通过国家公园引起公众对环境保护的思考，提升思想素质，深入了解自然生态系统的重要性。建立统一、规范的生态文明制度，共同将国家公园建设成为能够代表生态文明的自然保护地，以实现自然生态系统和遗产资源国家所有、全民共享、世代传承的目标。

（2）经济低廉

国家公园是旅游产业的核心要素，是一种特殊的公共产品，同时也是全社会的共同财富，每一个人都有参观、欣赏的权利。为了让全体人民欣赏、享受国家公园，体现国家公园公益产品的特性，公园内经济低廉的消费或者适当的门票免费是必需的。

如今随着人民生活水平的逐渐提高，大众旅游进入发展高峰期。然而旅游区昂贵的门票甚至盲目涨价已经成为普遍现象。这种行为侵犯了公众的权益，是严重缺乏公益性的体现。从 2004 年北京颐和园、故宫、八达岭长城、长陵、定陵、天坛等 6 个景点门票第一轮涨价以后，各地旅游景区门票价格不断攀升。2017 年"十一"黄金周期间北京市旅游总人次为 1237 万人次，旅游综合收入为 95.36 亿元，与 2016 年同期相比，旅游人次增长 4.5%，旅游收入增长 10.6%。目前国内大多数景区人满为患，游客多数是匆匆游览，并不能完全认识到自然资源的历史渊源以及实际价值。由于大部分景区都是市场化商业经营模式，景区讲解员多数都需要收费，这对于想要深入了解景区的游客来说，无疑又是更多的支出。在公共资源旅游景区花销过高，凸显了社会公益性的严重偏离。

对于美国国家公园，游客花销主要包括门票费、住宿费、营地使用费、活动费，其中有 2/3 的国家公园是免费的，其门票价格相对低廉，全美国家公园每年游客多达 2.7 亿，但门票总计仅为 7000 万美元（刘鹏飞等，2011）。美国国家公园管理费由国会拨款，维持日常运转，公园管理局不允许下达创收指标，这充分体现了国家公园的自然保护第一与全民公益性理念。从国外同类景区门票平均价格与居民收入的比例来看，国外大部分国家景区的门票价格占人均月收入的比例在 1% 左右，如美国旅游景区平均门票价格仅占国民月均收入的 0.6%，而我国在 5% 以上。统计数字表明，我国门票的平均价格水平占人均 GDP 的比例接近 1%，是其他国家或地区的 10 倍以上。这说明中国人在享受自然旅游资源中花费了很高的经济成本，这实际上体现了景区的旅游管理还不能满足人民日益增长的美好生活需要（吕玮，2013）。

这不仅仅是旅游景区自身的问题，更多表现为景区管理体系的多头管理、政府管制不到位和市场监督的缺失。保护区本应是具有生态教育意义的原生自然环境，而旅游区门票价格不顾及成本和自身的公益属性跟风上涨，说明在景区经营管理等方面还存在诸多漏洞。由于经济利益与资源保护的冲突，为了能控制景区门票价格，我国还需要在规划管理中提出明确的限制，建立专项部门与地方协同合作，以实现收费低廉和管理高效。同时，在国家公园经营中实行特许经营制度，科学确定产权结构，通过招标等方式形成管理与经营的合理分配，限制国家公园经营中管理机构的商业化行为，实现社会效益与生态效益的协调统一。

资金问题应由国家主导明确管理规定，财政支出提供主要资金来源，同时考虑逐步建立国家公园基金，对列入国家公园管理体系的单位提供财政援助，资金纳入相关预算统一管理，用于国家公园的发展规划（周永振，2009）。未来的国家公园可以积极与大学合作研究科学保护方式，与各个专业组织机构建立合作关系，广泛筹集资金以便更好地为公园的运转提供服务。通过社区参与生态旅游管理等方式来改善社区居民的福祉，同时达到解决就业的目的。社会捐款和志愿者对加强公园的管理起到了重要的补充作用（汪昌极和苏杨，2015）。公众的积极参与既可以加深社会对于国家公园的理解与支持，同时也通过全民参与的方式增进人们对国家公园的了解。通过限制国家公园经营中管理机构的过分商业化行为也可以降低游客出游的花费，使国家公园的公益性具有更好的社会基础。

（3）公益教育

国家公园建设是进行科学探索、知识教育的重要手段，即国家公园是为国家的文化建设服务的。应在国家公园规划和管理条例中明确要求以科学讲解作为公益教育的主要手段。

我国现有的保护地也设立了一些专门的教育基地。"十二五"时期，我国在风景名胜区设立"全国科普教育基地"和"全国青少年科技教育基地"107 个，设立各级爱国主义教育基地 286 个。但仅仅这些是不够的，重要的是每个保护地都能通过科学的解说系统向游客充分展示保护地的价值，而不是让游客在人满为患的环境里匆匆到此一游。公益性旅游设施观念还未深入人心，基本的生态教育是公益教育的重要部分。现有的保护区环境解说或解说理念和解说方式过于肤浅，或者单纯借鉴和复制国外经验，并不能加强资源与公众的联系、引发情感共鸣。因此，科学构建国家公园环境解说系统，逐步推进环境解说硬件设施和软件设施落地建设是解说教育实施的关键（赵敏燕等，2019）。

把国家公园视为一个巨大的自然博物馆，通过多种方式使公众从国家公园中得到启发，理解公园和园内资源的重要意义，增强生态知识，并且通过推动自然保护理念的发展，加强公众对保护生态环境、节约自然资源的重视。旅游过程中对旅游者的自然生态教育不仅能够提高公众的生态文明素质，而且会增强其自觉爱护环境的意识，使可持续发展理念深入人心进而获得生态效益。

国家公园建设过程中应规划制定完整的讲解和教育方案体系，建立完善的教育展示系统，通过宣传资料、解释标牌、自助语音系统和导游等方式为游人提供各种了解和欣赏公园及其内涵的机会。在公园内配备的讲解内容既要涉及人文历史知识，也要包括环境科学与生态学多角度的科学解释。需要配备具有专业性知识的从业人员，从生物多样性、地质景观形成、历史遗迹等多方面对公园进行介绍，这样可以做到很好的连贯性，增强游客的情感体验。同时通过将知识和实际相结合，展示自然资源的重要价值，提升公众生态认知，激起游客对生态美的认识和渴望。专业的环境解说与科学教育是生态旅游区别于传统大众旅游的本质之一，是公益性的重要体现（张建萍等，2010）。与此相关的在线宣传教育中心的推广程度还不够，公众无法通过方便快捷的网络途径实现相关生态知识的摄取。当下还缺乏合理、科学、规范统一的生态环境教育体系，这就要求未来线上与线下的教育基地都需要有更好、更完善的规划。例如，配备多媒体视听设备等解说媒介，可以在线获得国家公园介绍大纲、视频、数据、历史背景资料等，让公众更轻松地学习和了解国家公园，以便达到信息传递的有效性，增强生态环境教育的效果。

公益教育是生态旅游区解说系统的灵魂和目标，是国家公园规划的重要组成部分，在促进生态和谐与旅游的可持续发展中发挥着重要的作用，对促进国家公园的可持续发展也具有积极的作用。创建国家公园在某种意义上也是一种强化民族文化认同的重要方式，让公众通过多种途径更好地了解国家公园，以生态旅游的方式丰富民众精神文化生活。增强全社会生态文明意识，推动形成绿色健康生产生活方式，通过大众效应带动社区发展，通过科学教育培养人与自然和谐相处的共同意识，提升民族认同感和自豪感。

（4）社会监督

社会监督强调在国家公园建设过程中要通过多种方式了解公众意愿，预测环境问题，寻找多途径的解决方案。政府有义务向公众公布各种国家公园信息，保证公众的知情权，只有当公众全面了解到自然生态系统环境现状，了解了环境保护的各项制度和具体措施后，才能形成客观公正的判断，表达自己的意见和建议。要真正实现让公众参与到环境保护工作中，需要政府和全社会的制度保障，从立法的角度保障公众参与环境保护（刘洪涛，2014）。与环境保护体系较为发达的国家相比，我国自然保护地建设以来公众的参与积极性不高、参与方式和渠道有限、环境信息公开还有待补充和完善（刘洪涛等，2013）。我国在现有的自然保护地建设过程中存在自然保护地第三方监督机制不健全、缺少社会监督平台、自然保护地信息公开程度低、忽视公众参与的情况，大多数自然资源管理政策均由政府独立制定。想要建设一个完善的管理体系有必要关注公众的想法与建议，尊重原住民的生活习惯与宗教信仰，将国家公园建设流程和相关信息与公众分享，以此对其他各类自然保护地做出示范。

通过社会监督的方式，保证国家公园工作开展的规范性、教育性、透明化。通过恰当的沟通媒介向公众解说国家公园建设的意义与目的，公开展示国家公园的发展动态、旅游现状及资金流动，增进公众对国家公园的了解（张婧雅等，2016）。调动公众监督国家公园的非营利定位甚至公益定位的意识。按照制定的规章制度切实做好保护工作，在国家公园体制运行过程中时刻受到社会公众的监督将会大大强化各部门的监管效果，提升工作有效性，及时反馈信息也有助于实施计划的动态调整。在制定涉及环境、生态以及公众健康等的相关发展计划时，提交给公众讨论，尊重公众意见，令决策更加符合公众意愿（刘洪涛，2014）。国家公园管理可以通过条例的形式对公众参与进行授权、出台相关政策与标准、介绍公园职能与义务，向公众展示全面的注解与技术规定，还可以建立信息交互平台，与公众近距离沟通，构建一个完整的体系以保障公众参与的权利（张婧雅和张玉钧，2017）。同时通过社会监督进行评估，即利用系统的评估体系收集公众对项目效果的阶段性意见反馈，并且形成阶段性报告。西方发达国家建立了环境公益诉讼制度来保障公众的应有权益，环境诉讼制度范围的扩大，对政府起到了鞭策和监督作用，这也说明政府对公众参与的重视。因此，我国应该在借鉴其他国家公园公益性建设经验的基础上，构建完善的法律保障机制、宏观管理机制，同时结合中国特色的管理制度来实现公益、社会和生态效益的协调统一。

第二节　自然保护地管理体系

自 2013 年党的十八届三中全会明确提出"建立国家公园体制"以来，依靠体制改革和制度创新已成为加快生态文明建设的重要手段（张高丽，2013）。2015年国家发展和改革委员会联合 13 部门颁布的《建立国家公园体制试点方案》重点关注了生态保护、统一规范管理、明晰资源归属、创新经营管理和促进社区发展等问题。2017 年中共中央办公厅、国务院办公厅印发了《建立国家公园体制总体方案》，强调保护自然生态系统和自然文化遗产的原真性、完整性，改革先前保护地多部门管理的现象。这一方案的颁布确定了我国国家公园体制构建的基本框架。2018 年中共中央印发了《深化党和国家机构改革方案》，组建国家林业和草原局并加挂国家公园管理局的牌子，同时将之前自然保护区、风景名胜区、自然遗产、地质公园等的多部门管理职责加以整合。国家公园体制建设是一个漫长的过程，而管理机制的构建则是整个过程的关键（陈君帜，2014）。鉴于我国当前自然保护地管理中存在管理定位不清、权责不明、保护与利用难以平衡等实际问题和挑战（李想等，2019），理顺我国向以国家公园为主体的保护地体系转变的管理机制显得尤为重要。本节从机构设置、权力配置、运行机制 3 个方面阐述我国国家公园的管理机制，结合国外国家公园的管理经验对我国国家公园的管理机制进行讨论。

一、我国自然保护地管理机制

国家公园最初起源于美国，其保护严格程度在世界自然保护联盟（IUCN）提出的自然保护地管理分类体系中仅次于"严格的自然保护区"。国家公园的优越性在于能够很好地处理生态环境保护与资源开发利用的关系，因而在全世界多个国家得以推广建立（唐芳林和王梦君，2015）。2017 年全国两会中提到"深化生态文明体制改革，出台国家公园体制总体方案"，这意味着我国在探求向国家公园为主体的自然保护地体系转变的过程中需要一个完整的监管模式，而针对国家公园的管理机制是这一监管模式的关键。国家公园管理机制是指针对国家公园的管理机构组成、各级管理机构间的职能配置和权限归属，以及各级管理机构之间的运作关系和运行体系（陈君帜，2014），主要包括机构设置、权力配置和运行机制 3 个方面。

（一）机构设置

国家公园机构设置是指依照宪法和相关法律设立的行使国家公园行政权和管理权的组织机构（唐芳林等，2018a）。如图 1-1a 所示，2018 年以前，根据《中华人民共和国环境保护法》的规定，环境保护部直接对国务院负责，13 个职能部门中的自然生态保护司的主要职责之一就是"推动国家公园建设"。环境保护部在全国范围内统一规划、部署、协调和监督国家公园的建设。此外，环境保护部还设立了国家公园管理办公室，主要任务包括宏观政策的制定和协调各部门的任务。

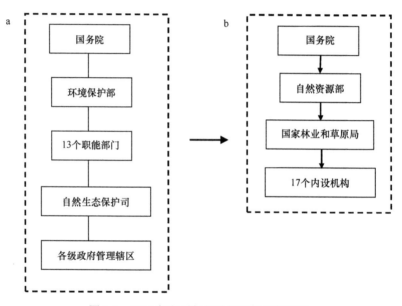

图 1-1　2018 年之后保护地管理机构的转变

从横向上看，我国自然保护地采用的是分部门结合的管理模式，如表 1-3 所示，我国 10 余种自然保护地在 2018 年国务院机构改革前分属于多个部门（朱彦鹏等，2017）。资源管理部门以行政区域划定生态系统边界，机械地将不同自然保护地归入有关部门进行管理，很大程度上忽视了生态系统的完整性，没有把自然保护地视为有机整体。另外也造成了管理机构定位不明、权责不清等问题（罗亚文和魏民，2016）。

表 1-3　2018 年之前我国自然保护地及管理部门（罗亚文和魏民，2016）

保护地类型	主管部门
自然保护区	环境保护部、林业局、国家海洋局、国土资源部、农业部、水利部、中国科学院等
风景名胜区	住建管理部门
森林公园	林业管理部门

保护地类型	主管部门
地质公园	国土资源部门
湿地公园	林业管理部门
水利风景区	水利管理部门
海洋公园	海洋管理部门
矿山公园	国土资源部门
沙漠公园	林业管理部门

2018年中共中央印发的《深化党和国家机构改革方案》中提到"组建国家林业和草原局并加挂国家公园管理局牌子，不再保留国家林业局"。如图1-1b所示，国家林业和草原局是自然资源部管理的国家局，为副部级，有17个内设机构；而自然资源部是国务院组成部门，为正部级。此次机构调整具有重大意义：一方面突出了国家公园在自然保护地体系中的主体地位；另一方面也有助于集中中央政府力量统一管理国家公园。这也是2017年中共中央办公厅、国务院办公厅印发《建立国家公园体制总体方案》后关于国家公园体系力度最大的一次机构调整，不仅符合发展、深化生态文明体制改革的要求，也有助于逐步消除先前自然保护区管理中存在的权责不清、管理低效等问题。

（二）权力配置

从纵向上看，我国的职权分工采用的是中央高度集权的单一制。地方政府国家公园行政管理机关根据所承担的责任和所拥有的权限对省、市、县、乡进行权力配置；省级国家公园行政部门对全省的国家公园区域进行宏观调控；市级国家公园行政部门协调市级与县级、乡级的日常工作；县级、乡级则从事具体的监督管理工作。从横向上看，同级部门之间、部门内部之间也存在权力交叉等问题。

《深化党和国家机构改革方案》中提到"国家林业和草原局加挂国家公园管理局牌子"，"将国家林业局的职责，农业部的草原监督管理职责，以及国土资源部、住房和城乡建设部、水利部、农业部、国家海洋局等部门的自然保护区、风景名胜区、自然遗产、地质公园等管理职责整合"，"组建应急管理部"，"组建自然资源部"。这些调整首次将林业作为"山水林田湖草"统一生命有机体的组成部分，充分考虑该有机体中各类资源的相互影响、相互作用，凸显了构建生态文明社会中林业的重要地位（成金华和尤喆，2019）。

《深化党和国家机构改革方案》颁布之前，我国自然保护地实行资源分部门管理模式，在一定时期内确实发挥了作用。经济的高速发展使得人们对自然资源以及生态系统服务的需求与日俱增，自然资源的保护和利用问题逐渐成为管理部门关心的问题。同一保护地内有的部门强调开发利用，有的部门强调保护，原有的分部门管理模式已经不再适合当前国家公园体制建设。

值得注意的是，改革方案中将森林防火职责交给应急管理部，既体现了中央政府对国家公园森林防火工作的重视，也表明国家林业和草原局对森林、湿地、荒漠等生态系统管理工作投入更多的时间和精力。

先前的机构重叠、职能交叉，各管理部门对自然保护地没有统一标准，同一生态系统内既有自然保护区，也有风景名胜区、地质公园，多个管理目标叠加在一起容易出现"九龙治水"的问题。《深化党和国家机构改革方案》通过机构调整形成自上而下的顶层设计体系，综合研究和解决以国家公园为主体的自然保护地体系转变过程中存在的问题。其中资源调查和确权登记上交自然资源部是解决自然保护地资产权责模糊、体制不顺、资源利用率低等问题的关键，权力的上交及重新配置不仅有助于健全自然资源资产产权制度，也是建立统一的确权登记系统、权责明确的自然资源产权体系，健全国家自然资源资产管理体制等改革工作的内在要求。

（三）运行机制

运行机制主要有 3 个方面：管理决策、监督机制和问责机制。《深化党和国家机构改革方案》颁布前，我国自然保护地缺乏国家层面上统一的管理机构，分部门管理带来的弊端如职能交错、政务重叠、决策迟缓等日益严重（虞慧怡和沈兴兴，2016）。《中华人民共和国自然保护区条例》规定："国家级自然保护区，由其所在地的省、自治区、直辖市人民政府有关自然保护区行政主管部门或者国务院有关自然保护区行政主管部门管理。地方级自然保护区，由其所在地的县级以上地方人民政府有关自然保护区行政主管部门管理"。实际上不论是国家级还是地方级的自然保护地，日常管理都是地方政府负责，而地方政府多从地区经济利益出发，无法依照中央的要求对自然保护地进行规划和管理。

2018 年以前，我国尚未建立针对各级自然保护地的监督机制，虽然《国家级自然保护区监督检查办法》对自然保护区的监督工作提出了大体要求，但涉及监督的频率和手段缺乏合理的解释。其他自然保护地类型的监督工作大多依据自然保护地所属辖区的管理暂行办法，有的对监督机制的解释不足，有的甚至忽略不谈。此外，2018 年以前我国也没有明确的自然保护地问责机制，对于违法行为和违规人员没有具体的处罚条例作为依据，涉及的处罚金额、处罚方式因自然保护地所属辖区的不同而不同。

二、国外自然保护地管理经验及启示

世界范围内国家公园的管理方式大致可分为中央集权型、地方自治型和综合管理型。中央集权型（如美国）的特点是从上到下的垂直领导，加以多部门的合作与非政府组织的协助（National Park Service，2020）。地方自治型（如澳大利亚）的管理工作实际由各级地方政府负责，中央政府负责政策和法律制定（Pedler et al.，2018）。综合管理型（如日本）为中央政府有一定的控制权，地方政府也有一定的自主权，而且非政府组织也能积极参与管理工作（马盟雨和李雄，2015）。

相比国内国家公园的建设，国外大多有完整的法律体系作为支撑，从基本法到授权法，覆盖了定义、职能和职责、资金机制、管理机制、资源开发利用和保护等问题。对于率先建立国家公园的国家来说，它们都有一个统一的国家公园管理机构，主要确定国家公园的发展方向，对各个国家公园的管理条例进行审核，为国家公园的基础设施建设提供帮助（Mackintosh et al.，2018）。国外的管理机构职责明晰，具备高效的运行体系，资金机制也十分完善。国家公园管理局从国家层面制定总体规划，监督具体的实施过程。值得注意的是，国外国家公园的土地大多归国家所有，相应的土地补偿制度和就业规划提高了民众对国家公园建设的接受度，使得国家公园的建设能够顺利开展。国外的国家公园有着很强的公益性，以旅游为载体使得公民的环境保护意识得到增强（Dilsaver，2016）。

基于国外国家公园的管理经验，我国向以国家公园为主体的自然保护地体系转变的过程中管理机制构建需要重视以下问题：国家公园行政管理机构的设立、监管机制的加强、法律法规的完善和土地权属问题等。

（一）国家公园行政管理机构的设立

2018年之前，多数关于构建我国国家公园体制的文献都建议"设立统一的国家公园管理机构"，这是从国家层面给出的建议。学者希望借助"十九大"的契机，中央政府能设立一个国家公园管理局。2018年《深化党和国家机构改革方案》颁布后，国务院设立国家林业和草原局，隶属自然资源部，这不仅标志着我国拥有针对国家公园的从中央到地方的统一管理机构，也表明中央政府要彻底改变过去"一地多牌""各自为政""利益冲突""管理低效"等问题的决心（沈员萍等，2017）。国家林业和草原局将多种自然保护地纳入国家公园的"大圈"，把它们视为一个整体，整体内各部分的信息交流也必将得到加强，"多部门利益争夺"和"管理目标不一致"等问题也能够有效避免。

然而只关注国家层面的机构设置是不够的，基层的国家公园机构管理也十分重要（王蕾等，2016）。对单个国家公园而言，建设初期可先由省级政府监督管理各项工作，随着进度的推进，国家公园的管理权逐步转移至中央，管理机构合并期间可暂时保留多块牌子，使运行机制得以顺利转变。

（二）监管机制的加强

国家公园行政管理中监管机制的改革源于党的十八届三中全会，通过建立统一的污染物排放制度、保护地监管制度、核辐射监管制度、环境评价制度及环境监测制度来解决多部门职能交叉重叠的问题（王金南等，2015）。2015 年 9 月，中共中央、国务院印发《生态文明体制改革总体方案》，其中提到"完善自然资源监管体制"，具体体现在设立评价考核和责任追究制度，对消耗资源、损害环境及降低生态效益等行为进行监督和管理（罗亚文和魏民，2016）。在构建国家公园体制的过程中，在核算自然资源存量的基础上，对资源的变化量给予一定的重视，对负责国家公园的行政人员实行量化考核，加强问责机制中对管理主体的约束，从上到下加强人们的环保意识及可持续发展观念。

在《生态文明体制改革总体方案》中也提到按照所有者与监管者分开和一件事情由一个部门负责的原则，整合分散的全民所有自然资源资产所有者职责。部分国家公园试点区按照这样的思路出台了相关方案，如 2016 年《三江源国家公园体制试点机构设置方案》的出台被认为是构建"权责明晰、监管有效"管理体制的首次尝试，迈出了生态文明建设探索道路上重要的一步（王蕾等，2016）。

（三）法律法规的完善

我国的国家公园建设起步较晚，针对国家公园的法律法规仅适用于地方层级，缺少一个国家层面的立法，而且各类自然保护地的法律法规与国家公园建设初衷不协调，也鲜有涉及公众参与和社区发展问题（张广海和曲正，2019）。

纵观我国自然保护地法律，从《中华人民共和国森林法》、《中华人民共和国草原法》、《中华人民共和国野生动物保护法》、《中华人民共和国湿地保护法》到《国家级森林公园管理办法》、《中华人民共和国水生动植物自然保护区管理办法》等，保护区的管理工作在实施过程中逐步有了法律依据。2000 年之后，保护区周边出现土地权属模糊、收益分配无依据、保护工作不到位等一系列问题，中央政府意识到先前的政策和法律已经不能满足可持续发展的需要，2014 年出台的《国家生态保护红线——生态功能基线划定技术指南（试行）》体现了国家高度重视国家公园体制建设，试图通过法律明确国家公园的范围，在红线区管控范围内给予最严格的保护。

当前我国国家公园法律体系的构架思路是从制定综合性自然保护法（如《自然保护地法》）开始，之后是针对国家公园的专门法律（如《国家公园法》）、针对国家公园活动的法规（如"一园一法"）和国家公园地方性法规，最后是国家公园技术标准体系（舒旻，2018）。这个思路是针对先前我国保护地法律而言的（徐瑾等，2017），先前的保护地法律缺乏国家层面的立法、法律内容重复和漏洞也比较多。新思路先确定了《国家公园法》，具体细则随着国家公园建设的推进逐步完善，"一园一法"和地方性法规有利于减少和其他法律在内容上交叉重叠，而国家公园技术标准体系[《国家公园总体规划技术规范》（GB/T 39736—2020）、《国家公园设立规范》（GB/T 39737—2020）、《国家公园监测规范》（GB/T 39738—2020）、《国家公园考核评价规范》（GB/T 39739—2020）、《自然保护地勘界立标规范》（GB/T 39740—2020）]于 2020 年 12 月 22 日正式发布，其中《国家公园设立规范》进行修订后于 2021 年 10 月 11 日正式发布实施。以上 5 项国家标准贯穿了国家公园设立、规划、勘界立标、监测和考核评价的管理全过程，为构建统一、规范、高效的中国特色国家公园体制提供了重要支撑。

（四）土地权属问题

美国在国家公园管理中将集体土地完全收归国有，英国实行土地私有制，我国人多地少，人地矛盾严重，照搬国外经验不具有可行性。我国国家公园体制建设过程中，土地确权和流转工作要以各地的实际情况来进行（方言和吴静，2017）。具体而言，首先要对核心保护区的集体土地确权，部分试点区的所有权和使用权归国家所有，由国家林业和草原局实行统一管理；其次要重视生态补偿问题，建立生态补偿机制，缓解由确权和流转导致的土地纠纷。土地确权的过程中，通过明确补偿渠道和补偿形式消除当地居民的忧虑。

（五）其他

国家公园行政管理体系的构建是我国自然保护地向国家公园转变过程中的关键。国家林业和草原局的设立使得国家公园有了统一的管理机构，自然资源产权登记和土地确权也顺利开展，逐渐完善的监管机制和法律法规也使得先前多部门管理的弊端得以解决。未来关于国家公园行政管理体系构建的研究中，土地确权引发的生态补偿问题和寻求多样化的管理方式值得探讨。

第三节　自然保护地财政保障机制

近年来我国关于国家公园的研究大多集中在两个方向：一是我国国家公园体制研究进展（石健和黄颖利，2019；张广海和曲正，2019；唐芳林等，2018a）；二是国内外国家公园管理体制的对比（李想等，2019；王佳鑫等，2016；唐芳林和王梦君，2015）。而对于财政保障机制的话题鲜有涉及，针对这一空缺，本节以国外保护地财政体系作为对照，以 2017 年中共中央办公厅、国务院办公厅印发的《建立国家公园体制总体方案》为指导，从财政事权、资金保障、资金管理 3 个方面探讨"以国家公园为主体的自然保护地体系"中财政保障机制的构建。

一、国外自然保护地的资金机制

（一）美国国家公园特许经营

美国的黄石公园是世界上第一个国家公园，从 1872 年创立至今为国家公园的建设与管理积累了许多经验。美国国家公园的资金保障主要来源于国会拨款、社会捐赠以及公园收入（National Park Service，2020）。国会拨款作为最主要、最稳定的资金来源，其管理运作有超过 20 部联邦法律作为保障。在2017～2018 年，国会拨给国家公园的款项超过 29 亿美元，约占国家公园资金收入的 80%。社会捐赠的主体大多是非政府组织，包括国家公园基金会、通用电气、美国航空等。公园收入一般指门票收入和特许经营收入。美国国家公园管理局（National Park Service，NPS）作为国家公园的管理机构，依法制定经营条例，并对国家公园内的经营活动进行监督，一般而言，特许经营的范围主要是食宿、交通、购物、景区解说以及其他服务。特许经营者除了每年需要向地方国家公园管理机构缴纳特许经营费外，还需要配合相应管理部门的核查工作（Dinica，2018）。

总体来说，特许经营制度在美国国家公园的管理过程中起到了很好的效果，联邦政府在管理国家公园的过程中成本有所降低，社会上分散的资源也能够被非政府组织与私营企业高效利用，这也拓宽了公民参与国家公园建设的渠道，符合美国国家公园建立初期"公益性"的理念。

（二）加拿大国家公园双线经营

与美国类似，财政拨款占了加拿大国家公园资金收入的主要部分，这些款项主要用于基础建设和日常维护，也用于提高社区居民的生活水平。除此之外，旅游收入和其他收入如特许经营也是重要的资金来源。

与美国有所不同，加拿大国家公园的经营机制是收支两线制。收入多来源于国家公园景区门票、休憩设施租用费、场地租金、员工房租和特许经营费等。支出主要涉及员工工资和奖金、景区水电费、交通支出、宣传支出和设备折损等。在政府的大力拨款下，收支不平衡的缺口得以有效控制，有的国家公园甚至不收取门票费用。值得注意的是，加拿大政府重视国家公园的生态完整性，因此对园区内的各项大型活动都有严格的规定（Eagles and Paul，2002），如明令禁止开采石油、天然气，甚至对游客的游憩行为也有一定的要求，确保将人类活动对国家公园的影响降到最低。

无论是美国还是加拿大，它们都强调国家公园的"公益性"（Skonhoft，2004），以大量的财政拨款解决国家公园建设过程中资金短缺等问题，以极低的门票价格吸引民众逐步了解国家公园,进而完善国家公园建设和实现资源的可持续利用。

二、我国自然保护地的财政保障体制

我国《建立国家公园体制总体方案》里对财政保障有这样的要求:"建立财政投入为主的多元化资金保障机制","中央和省级政府根据事权划分分别出资保障","构建高效的资金使用管理机制"。结合国内外对国家公园资金机制的探讨(邓毅和毛焱,2018),将我国自然保护地的财政保障体制分为 3 个部分:财政事权、资金保障和资金管理。

(一)财政事权

根据 2016 年国务院印发的《国务院关于推进中央与地方财政事权和支出责任划分改革的指导意见》,财政事权是指"一级政府应承担的运用财政资金提供基本公共服务的任务和职责"。

国家公园的财政事权最初在 2015 年由国家发展和改革委员会联合多部门印发的《建立国家公园体制试点方案》中得到体现,即解决交叉重叠等问题,形成统一、规范、高效的管理体制和资金保障机制。在 2017 年《建立国家公园体制总体方案》中新增了"分级行使所有权",即"部分国家公园的全民所有自然资源资产所有权由中央政府直接行使,其他的委托省级政府代理行使。"根据不同时期所出台方案的具体要求,我国的国家公园财政事权可分为以下几类。

1. 中央直管,委托省级政府管理

中央政府直接负责国家公园的财政事权,部分财政事权由省级政府负责。除了财政事权,省级政府还负责国家公园的管理工作,承担相应的法律责任。三江源国家公园就是这种情况,青海省政府承担支出责任,中央政府通过专项转移支付包括专项建设资金、专项建设国债、生态补助资金和扶贫资金等弥补青海省政府的支出成本(邓毅等,2021)。

2. 中央直管,多省政府跨区管理

中央政府直接负责国家公园的财政事权,并委托多省政府行使部分国家公园财政事权,多省政府承担国家公园的管理工作并承担相应法律责任。与"委托省级政府管理"类似,多省政府共同承担国家公园的支出责任,由此产生的支出成本由中央政府通过各类专项转移支付进行弥补。目前实行这种体制的有大熊猫国家公园和祁连山国家公园(王倩雯和贾卫国,2021)。

3. 省级政府垂直管理

与前两类不同，省级政府直接行使国家公园的财政事权并承担相应的法律责任，国家公园的所有费用纳入省级部门预算。目前实行这种体制的有钱江源国家公园和武夷山国家公园（刘南等，2021）。

4. 省级政府直管，委托市、县政府管理

省级政府行使国家公园的财政事权并委托市级、县级政府行使部分财政事权，市级、县级政府以省级政府的名义管理国家公园，接受省级政府监督。省级政府通过专项转移支付对市级、县级政府承担的支出责任进行补偿。目前实行这种体制的有神农架国家公园、普达措国家公园和南山国家公园（刘南等，2021）。

不同国家公园试点区的财政事权划分符合《建立国家公园体制试点方案》中"探索跨行政区管理的有效途径"和"探索自然资源资产所有权的运营管理"，也符合《建立国家公园体制总体方案》中鼓励发挥试点区先行作用的要求。只有明确了国家公园财政事权中法律责任和支出责任的分配，后续的资金保障和资金管理才能落实到位，试点区的管理模式才能在全国进行复制和推广。

（二）资金保障

资金来源和资金利用影响着国家公园资金保障机制的构建（吴健等，2018）。国家公园的资金来源主要包括：转移支付、特许经营收入、社会捐赠、生态补偿、其他收入等。

1. 转移支付

自然保护地的资金来源主要是中央政府的转移支付，包括一般性转移支付和专项转移支付。一般性转移支付是指对重点生态功能区的转移支付，由财政部直接拨款到省级财政部门，省级财政部门根据保护地的实际情况，制定当地重点生态功能区的转移支付办法，规范资金分配方式，确保转移支付能够落实到自然保护地的实际管理中。转移支付数额的计算公式：

某省转移支付应补助额=重点补助+禁止开发补助+引导性补助+生态护林员补助±绩效考核奖惩资金

自然保护地的专项转移支付主要包括：海岛及海域保护资金、林业生态保护恢复基金、天然林保护工程补助经费、退耕还林工程财政专项资金、土地整治工作专项资金、土壤污染防治专项资金等。以土壤污染防治专项资金为例，2016～2019 年，财政部每年都会印发资金预算的通知，通知包括专项资金安排表、专项资金整体绩效目标表以及专项资金区域绩效目标申报表。其中，整体绩效目标表和

区域绩效目标申报表中的中央主管部门这项有细微差别，前者是由财政部和生态环境部主管，后者是由生态环境部主管。

2. 特许经营收入

特许经营原指在一定的时间和范围内，一个或多个企业在政府的授权下拥有对某项提供给公民的产品或服务经营权力的行为，且这种行为具有排他性和垄断性（张卿，2010）。在自然保护地资金来源中，特许经营是指在国家林业和草原局的统一管理下，授权法人或其他组织在规定时间和范围内对国家公园经营性项目投资、运营并获得收入的行为。实行国家公园特许经营制度，在强调中央政府拥有自然资源所有权的基础上，一方面使得有能力的企业或组织参与国家公园建设，形成高效的资源运作方式；另一方面特许经营收入也能被用于国家公园内的基础设施建设维护费用，形成"利用资源—保护资源"的良性循环（安超，2015）。

3. 社会捐赠

社会捐赠在我国国家公园资金来源中占比不高，这与我国国家公园建设起步较晚有关，民众可持续发展观念也尚未成熟，公益意识也相对薄弱。社会捐赠在国外国家公园的资金来源中有着完善的运行模式，包括直接捐赠和非政府组织发起活动募捐（陈朋和张朝枝，2021；王永生，2010）。以三江源国家公园为例，《三江源国家公园社会捐赠管理办法》指出所获得的社会捐赠由三江源生态保护基金会管理，接受国家公园管理局的监督；捐赠收入主要分配到基础设施建设、生态修复项目、购买通信设备和环境教育等。

4. 生态补偿

生态补偿是一种以保护生态环境为目的而制定的环境经济政策，是指借助行政和市场手段，根据保护环境所付出的成本、生态系统所带来的服务价值以及自然保护地本身所拥有的机会成本，对生态环境保护者和受益者之间利益关系进行调整的行为（李文华和刘某承，2010）。我国自然保护地生态补偿的主体主要是政府，客体则包括环境保护者、环境建设者、自然保护地内的政府和居民，主客体的确立则遵循"环境保护者得到补偿"的原则。一般而言，生态补偿标准的计算方法有支付意愿法、受偿意愿法、生态系统服务价值量法等，但是实际财政拨款往往与受偿意愿有一定差距，由此会产生社会参与度不高的问题。

5. 其他收入

除上述 4 类来源外，门票收入也是资金来源的组成部分。在国家林业和草原局设立之前，门票收入的预期分配是一部分划分给旅游公司，一部分划分到自然保护地管理机构，但是在实际操作中门票收入却很少真正流入自然保护地管理机构。

（三）资金管理

首先，就特许经营的整体要求而言，《建立国家公园体制试点方案》中提到"对特许经营收入实行收支两条线管理，门票收入、特许经营收入等要上缴省级财政，各项支出由省级财政统筹安排"，"严禁整体转让和上市"。我国国家公园特许经营的项目主要集中在3个方面：景区交通、景区住宿和餐饮、景区商品和游憩，而属于公共物品的景区管理、拥有外部性的资源保护和科研教育则不适合特许经营。《政府非税收入管理办法》中对国家公园特许经营的征收管理、资金管理以及监督管理都进行了详细的描述，国家林业和草原局的设立使得国家公园的财政事权收归中央政府，全国范围内的国家公园特许经营收入都应上缴国库，财政部首先将一部分资金按比例划分到省级政府，存于国库的资金也将转化成专项资金，用于日后的财政拨款。

其次，社会捐赠是国家公园资金来源的重要补充，也是《建立国家公园体制总体方案》中"探索多渠道多元化的投融资模式"的重要体现。当前我国国家公园的社会捐赠没有专门机构进行接收，没有管理和使用制度进行规范，公众也只能通过有限的、公开的信息查询捐赠来源和使用情况。

最后，生态补偿的管理强调发挥政府的作用以及国家公园管理机构的高效运作（赵淼峰和黄德林，2019）。国家林业和草原局成立后，主要负责国家公园范围内的生态保护工作、自然资产管理、特许经营监督及宣传推广等任务。值得注意的是，省级政府既是补偿主体，也是受偿主体，必将面临补偿主体期间预算不足和受偿主体期间资金核算等问题。

明确以国家公园为主体的自然保护地财政保障体制后，我国的自然保护地特别是国家公园的财政管理在实践中一般按照以下4个方面来进行。

1. 国家公园财政事权收归中央政府

国家林业和草原局成立前，中央政府委托地方政府管理国家公园事务，但是具体的管理制度、管理标准及保护工作仍由地方政府制定，地方政府在自然保护地的管理过程中势必会面临"生态环境保护"与"地区经济发展"的矛盾。对于地方政府而言，政府内部多个部门职能重叠，资金预算方面缺乏统一规划，部门间也会为了各自利益侵占财政拨款，造成真正落实到自然保护地的资金数额少于国家预期数额。国家林业和草原局（国家公园管理局）成立后，国家公园财政事权收归中央政府，先前"中央直管，委托省级政府管理""中央直管，多省政府跨区管理""省级政府垂直管理""省级政府直管，委托市、县政府管理"4种财政事权划分模式统一变为中央政府直管，符合《关于推进中央与地方财政事权和支出责任划分改革的指导意见》中"全国性战略性自然资源使用和保护等基本公共服务确定上划为中央的财政事权"这一要求。此外，涉及生态保护、社区建设和发展、自然资源产权管理等事权，中央政府可通过预算调整落实补助资金。

2. 国家公园投资渠道的构建

国家公园管理局成立后，中央政府直接负责以国家公园为主体的自然保护地的经费管理，一方面应加大对国家公园的转移支付力度；另一方面应加大对国家公园建设有间接贡献的民众、社区及组织的经济补偿。除了现有的资金来源，地方国家公园管理局应该尽可能地争取境内外融资，如获得国内公益性团体和基金会的投资、申请国际金融贷款项目、参与国际非政府组织的保护项目等。此外，也应该关注碳汇交易等新兴的生态补偿方式。根据十八届三中全会"实行资源有偿使用制度"的规定，自然保护地的产品和服务应遵循"使用者付费原则"，实际操作中的生态系统服务付费就很好地体现了这一点，但是我国的生态系统服务付费制度还不成熟，针对生态系统服务的价值评估也没有统一标准，造成生态系统的保护没有足够的资金落实到位，服务提供者的权益也没有得到充分保障。

3. 监管机制的构建

以国家公园为主体的自然保护地体系建设过程中需要大量的资金投入，资金使用是否高效影响着国家公园财政体系建设的快慢。首先需要一个绩效评价机制，包括对国家公园建设过程中的项目规划要求、目标设置等制定评价指标；其次是主客体评价，明确财政部的评价主体地位，评价客体则包括资金使用情况、地方政府的管理等；最后根据考核结果形成反馈，指导下一阶段的国家公园建设。此外，资金监管机制的建立能够规范资金行为，包括对政府、非政府机构资金流动的监管，对资金使用过程的监管，以及倡导社会大众和媒体的监督，全方面地构筑监管机制（罗亚文和魏民，2016）。

4. 法律法规的建设

以国家公园为主体的自然保护地建设过程中除了有财政拨款作为经济支撑，还需要完善的法律法规作为制度保障。除了制定《国家公园法》作为指导依据，也应该制定《国家公园生态保护专项资金管理办法》等法规进行补充，细化到国家公园资金来源和资金使用的各个方面。最后应建立问责机制，对违法违规行为从严处置。

以国家公园为主体的自然保护地建设是一个漫长的过程，资金来源和资金使用情况贯穿了整个改革过程。通过对国家公园财政事权、资金保障及资金管理的梳理可知，国家林业和草原局成立后国家公园的财政事权上划中央政府，地方政府主要负责当地自然保护地与当地社区相关的事务，如公共服务、市场监督、市政交通、公共教育等；现有的转移支付在预算上已经倾向于生态环境保护，但是地方政府中多部门的利益牵扯有可能导致最终落实到国家公园建设中的资金低于预期；除了传统的转移支付、社会捐赠和特许经营等资金来源外，中央政府和地方政府可积极探索新的融资渠道，如碳汇市场交易、国际项目交流、基金会投资等。此外，监管机制所形成的反馈意见对国家公园下一阶段的建设极其重要，法律法规的完善也使得资金问题有法可依，问责机制的建立也能使违法违规行为相应减少。

第二章 自然保护地生态系统健康评估*

自然保护地作为保护生态系统和生物多样性的主要手段，其生态系统健康直接关系到自然保护地的长远发展。

本章第一节回顾了生态系统健康评估的研究背景和研究进展，强调了进行自然保护地生态系统健康评估对提高生态系统的健康水平、区域内自然资源利用效率、促进区域协调发展、提高人类福祉等方面具有重要意义。针对目前生态系统健康指标因生态系统各异而难以统一以及对多类型自然保护地生态系统健康研究不足的现状，研究提出自然保护地生态系统健康评估的主要内容。

第二节系统梳理了自然保护地生态系统健康评估的理论框架，阐述了生态系统健康的概念、自然保护地生态系统健康的特征及影响因素，为构建生态系统健康评估指标体系提供理论基础。

第三节从自然保护地生态系统健康评估模型选择、指标选取、指标类型构建3个方面，提出构建基于活力-组织力-恢复力（vigour-organization-resilience，VOR）模型的生态系统健康评估指标体系的方法。VOR模型选取生物量和净初级生产力作为生态系统活力指标，选取近自然度、物种及景观多样性和景观破碎度作为组织力指标，选取人为干扰程度和大气、水质、沉积物污染指数作为恢复力指标，选取食物及原材料生产、水源涵养、水土保持、气候调节和净化空气及水质作为生态系统服务指标，最后采用极差法对数据进行标准化处理，以消除量纲等差异带来的影响，使其统一转化为无量纲的数值，从而完成数据间的计算。

第四节介绍了自然保护地生态系统健康评估的流程，即首先确立自然保护地的类型，然后确定自然保护地生态系统健康诊断指标，再确定诊断指标权重，最后建立起相应的模型进行生态系统健康诊断。重点说明了利用层次分析法、熵值法和综合权重法计算自然保护地生态系统健康评估指标权重的方法，以及根据计算所得自然保护地生态系统健康综合指数数值，对照自然保护地生态系统健康等级表确定诊断单元健康等级的方法。

第五节以南方丘陵山地关键生态系统功能红线区为例，通过综合性的定量研究探讨区域生态系统服务提升的具体情景设定和优化方案，建立经济发展与生态安全保护相协调的空间格局，为制定可持续的土地利用规划方案提供科学决策依据，为落实区域生态文明建设提供理论和技术支撑。

---

* 本章由肖轶、邵宇婷、舒航、贾岛执笔。

第一节　自然保护地生态系统健康评估研究概述

一、生态系统健康评估的研究背景

自然生态系统提供了人类赖以生存和发展的物质基础与生态系统服务，维持生态系统的健康是实现人类社会经济可持续发展的根本保证。然而，自18世纪工业革命以来，科学技术与生产力得到了迅猛发展，人类社会创造了前所未有的社会物质财富，同时也带来了一系列的人与自然环境之间的矛盾问题。随着经济的快速发展和人口的快速增长，地球上很多生态系统面临着结构和功能退化的现状，全球气候变化、臭氧层破坏、自然资源短缺、土地荒漠化、水土流失、生物多样性减少等一系列生态环境问题频频出现。这些问题严重危及到了人类的生存和可持续发展，如果不采取必要的保护与修复措施，这些问题将持续存在甚至加剧。在这种背景下，生态系统健康逐渐被广泛关注（Costanza and Mageau，1999），研究人员积极展开相关的理论基础研究和科学实践。

建立自然保护地的发端是人类对破坏自然行为的反思与行动，通过建立自然保护地，从而实现资源的有效保护和可持续利用，综合发挥自然保护地的保护、科研、教育等功能，为人类社会的可持续发展提供保障。自然保护地一般都拥有完好的生态系统，其健康发展在保护我国自然资源和生态环境、维护国家生态安全等方面发挥着极为重要的作用。因此，建立适合我国自然保护地的生态系统健康评估体系，开展自然保护地生态系统健康评估，客观诊断自然保护地的生态系统健康状况，对我国自然保护地的建设和可持续发展具有重要意义。

二、生态系统健康评估的研究进展

根据学术内涵的发生与发展，学术群体的形成与壮大、学术阵地的建设，生态系统健康的研究主要经历了生态系统健康思想产生、生态系统健康理论与方法构建、生态系统健康评估实践3个阶段（侯扶江和徐磊，2009）。

1941年，美国生态学家利奥波德（Leopold）从土地的功能和健康状况角度出发，第一次提出了"土地健康"的概念，并采用"土地疾病"一词定义了土地功能的紊乱状态，通过"土地疾病"的关键指标，促进了"土地健康"的发展（Callicott et al.，2010；Leopold，1941）。1970年，伍德利（Woodwell）从生态系统所处的状态出发，提出健康是生态系统在发展过程中所处的一种状态，在该状态下，构成系统的各个要素如地理位置、光照、水分、营养成分和再生资源都处于一种适宜的状态，可以维持生态系统的生存水平（Woodwell，1970）。1989年，拉波特（Rapport）首次对生态系统健康的内涵进行了总结与论述，他认为一个健康的生态系统不仅应具有满足人类活动和社会发展的合理需求，同时可以维持自我更新和发展（Rapport，1989）。1993 年，卡尔（Karr）提出一个健康的生态系统首先必须是一个完整的生态系统，在遭受外界干扰和胁迫时，具有一定的恢复能力，可以使生态系统处于一种稳定的状态（Karr，1993）。科斯坦萨（Costanza）在 20 世纪 90 年代对生态系统健康进行了定义，他认为健康的生态系统是一个持续有活力且健康稳定的系统，具有维持自身组织稳定和对外界的胁迫产生防御抵抗的能力（Costanza and Mageau，1999；Costanza，1992）。1997 年，霍沃思（Haworth）等对生态系统的功能以及健康生态系统的理想状态进行了详细的讨论，他认为，一个健康的生态系统应该包括组成的完整性、结构的弹性、服务的有效性以及具有一定的活力（Haworth *et al.*，1997）。

各类生态系统健康专题国际会议的召开和《生态系统健康》（*Ecosystem Health*）杂志的创刊，标志着生态系统健康研究的开始。1991 年国际生态系统健康学会（International Society for Ecosystem Health，ISEH）成立，生态系统健康的论证逐步从概念层面向定量化转变，标志着生态系统健康进入了发展阶段。1992 年，第一本关于生态系统健康的专著出版；1999 年，"国际生态系统健康大会-生态系统健康的管理"在美国加利福尼亚州举行。生态系统健康作为环境管理和可持续发展的新目标，已经成为生态环境研究的一个热点和趋势。2000 年以后，我国学者主要从生态系统健康的内涵、理论框架、评价指标和方法等方面对生态系统健康开展了大量研究（孙燕等，2011；刘昌明和刘晓燕，2008；唐涛等，2002）。2002 年，国际生态系统健康学会（ISEH）解体，在此后的 10 多年，国内外研究者的生态系统健康研究视角出现转型，生态系统健康的研究对象和范围在不断扩充（刘焱序等，2015）。综合来看，对生态系统健康的认识，首先是从生态系统自身的角度开始的，进而发展到从人的角度来看待生态系统健康。当然，随着生态系统健康研究的不断深入，科学工作者在实践中不断探索，生态系统健康的概念也不断完善。一般认为，生态系统健康包括从短期到长期的时间尺度、从地方到区域空间尺度的社会系统、经济系统和自然系统的功能，从区域到全球胁迫下的地球环境与生命过程。其目标是保护和增强区域甚至地球环境容量及恢复力，维持其生产力并保持地球环境为人类服务的功能。

生态系统健康评估主要包括指示物种和指标体系两种方法（马克明等，2001）。指示物种法主要用于自然因素起主导作用的生态系统健康评估，通过单一或多个物种的指标和生态系统结构进行评估，广泛应用于森林（Wike *et al.*，2010）、河流（王敏等，2012）、草地（吴璇等，2011）等生态系统。指标体系法目前使用最为广泛，适合于自然-社会-经济复合生态系统，指标体系既可由纯自然指标构成，也可由自然、社会、经济等多项指标构成。指标体系法更加系统地考虑了不同组织水平之间、同一组织水平不同物种间的相互作用，以及不同尺度转换时监测指标的变化。因此，利用指标体系法评价生态系统健康有利于全面了解生态系统在结构及功能各个方面的健康程度，在全面诊断某一生态系统或区域生态系统结构及功能方面具有优势（汤峰等，2018；周彬等，2015）。根据对生态系统健康内涵理解的不同，不同学者通过不同模型对生态系统健康进行评价（袁毛宁等，2019；彭建等，2012；颜利等，2008；王立新等，2008）。常用的生态系统健康评估模型有压力-状态-响应（pressure-state-response，PSR）模型和活力-组织力-恢复力（vigour-organization-resilience，VOR）模型。20 世纪 80 年代末，经济合作与发展组织（Organization for Economic Cooperation and Development，OECD）与联合国环境规划署（United Nations Environment Programme，UNEP）共同提出了环境指标的 PSR 概念模型，用于分析环境压力、状态与响应之间的关系（左伟等，2003）。其以因果关系为基础，将环境问题表述为 3 个不同但又相互联系的指标类型：压力指标反映人类活动给环境造成的负荷；状态指标表征环境质量、自然资源与生态系统的状况；响应指标表征人类面临环境问题所采取的对策与措施，以恢复环境质量或防止环境退化。

生态系统健康的度量标准有活力、恢复力、组织力、生态系统服务功能的维持、管理选择、外部输入减少、对邻近系统的影响及人类健康影响等 8 个方面。在这 8 个标准中，最重要的是活力、恢复力和组织力 3 个方面（任海等，2000）。为了实现对生态系统进行有效管理和预测，Ulanowicz（1986）和 Rapport 等（1998）发展了活力、组织力和恢复力的测量及预测公式，即 VOR 模型，并借由 Costanza（1992）的研究而具有广泛影响力。活力、组织力、恢复力 3 个分类体系可以涵盖并综合评价一个生态系统的健康状况，近年来中外学者在 VOR 模型的基础上建立了各种创新性评价体系，评价的广度与精度也在逐步上升。

三、自然保护地生态系统健康评估的重要意义

开展自然保护地生态系统健康评估的科学研究，有利于进一步了解自然保护地生态系统内部的结构和过程，在科学的理论指导下制定合理的生态系统健康评估方案，实施有效可行的生态系统健康水平提升措施，从而提高自然保护地生态系统健康水平，减少人类活动对自然保护地生态系统的负面影响，提高自然资源利用效率，进一步提高人民福祉。

四、自然保护地生态系统健康评估的主要内容

基于自然保护地生态系统健康理论和 VOR 模型进行生态系统健康评估时，应从构建生态系统健康评估指标体系和确定具体的评估指标、评估标准、指标权重、

评估等级和评估方法等方面进行，明确自然保护地生态系统健康程度。

第二节　自然保护地生态系统健康评估的理论框架

一、自然保护地生态系统的特征

根据 2019 年 6 月我国颁布的《关于建立以国家公园为主体的自然保护地体系的指导意见》可以看出，"自然保护地是由各级政府依法划定或确认，对重要的自然生态系统、自然遗迹、自然景观及其所承载的自然资源、生态功能和文化价值实施长期保护的陆域或海域"。自然保护地是指以保护特定自然生态系统和景观为主要目的的土地空间，是由政府划定的，以保护自然生态系统或物种为主要目的，有明确的地理范围且土地利用的主要方向是保护，自然保护地是自然生态系统中最重要、最基本的部分，是生态建设的核心载体（彭建，2019；唐芳林等，2018b）。自然保护地具有生态系统完整、原真性强、保护严格等特点。

二、生态系统健康的概念

苏格兰生态学家詹姆斯·赫顿（James Hutton）于 18 世纪 80 年代最早提出了"自然健康"的概念，认为地球是一个拥有自我更新、自我净化、自我维持、自我供给能力的有机整体，是生态系统健康这一概念的萌芽阶段（袁兴中等，2001；任海等，2000）。1989 年加拿大生态学家戴维·拉波特（David Rapport）首次提出生态系统健康的内涵，认为生态系统健康是指一个生态系统所具有的稳定性和可持续性，即在时间上具有维持其组织结构、自我调节和对胁迫的恢复能力。各个专家学者对生态系统健康的定义给出了不同的解释，通过梳理，主要有以下几种解释（表 2-1）。

表 2-1　国际学者对生态系统健康的定义

研究学者	生态系统健康内涵
Leopold（1941）	"土地有机体健康"作为土地内部的自我更新能力，考虑"土地有机体健康"应当与人们考虑个人有机体健康一样
Holling（1986）	一个系统在面对干扰时，有保持其结构和功能的能力。恢复能力越大，系统越健康
Wang 等（2015）	无论是个体生物系统还是整个生态系统，能实现内在潜力、状态稳定，受到干扰时仍具有自我修复能力，管理它也只需要最小的外界支持，这样的生态系统被认为是健康的
Rapport（1989）	生态系统健康的定义可以根据人类健康的定义类推而来。一个健康的生态系统表现出某些复杂自组织系统的基本特征，包括复杂生态系统进化的主要特征：一体化、分异化、机械化和集中化
Haskell 等（1992）	生态系统健康和生态系统不受疾病困扰的条件是：生态系统是稳定的和可持续的，或者说生态系统是活跃的，能保持自身组织和自主性，对压力有恢复力

研究学者	生态系统健康内涵
Page（1992）	健康是机体各个部分、机体与外界环境之间的和谐关系，它与生态系统稳定的概念是类似的
Ulanowicz 和 Wolff（1992）	健康的生态系统向顶点运行的轨迹相对没有受到阻碍，当受到外界影响可能导致生态系统返回到以前的演替状态时，结构能保持稳定
Costanza（1992）	生态系统健康的概念归纳为：①健康是系统的自动平衡；②健康是没有疾病；③健康是具有多样性或复杂性；④健康是具有稳定性或可恢复力；⑤健康是有活力或增长的空间；⑥健康是系统要素间的平衡

三、自然保护地生态系统健康的特征

目前，关于生态系统健康的标准，不同的学者有不同的见解。总结来看，主要包括两种：一种观点认为存在一个健康标准的状态点，如 Rapport（1992）提出与人类的健康相比，生态系统也存在一个最佳的状态；Waltner-Toews（2004）认为，未经过人类干扰的生态系统所处的一种原始状态就是健康状态；顶极状态观认为，演替的顶极状态，即为生态系统健康的参考状态。另一种观点则认为健康标准的状态点是相对的，并不存在固定的生态系统健康标准状态点，可以将生态系统的原始状态与现状比较，将受损的生态系统与完整的生态系统比较（Calow，1993）。

自然保护地的生态系统健康主要体现在自然保护地具有一定的活力，自身可以维持生态系统的组织力，可以为生物提供栖息地和庇护所，维持自身的景观结构，并拥有一定的自我维持生态系统健康稳定的能力。

四、影响自然保护地生态系统健康的因素

自然保护地的生态系统是一个复合生态系统，系统内各成分相互影响、相互作用。因此，任何一个影响因素产生了变化，都会对整个生态系统产生一定的影响。综合来看，对自然保护地生态系统健康有影响的因素可以分为自然因素和社会经济因素两大类。

自然因素包括全球气候变化以及地球自身的一些地质地貌过程，如火山爆发、海陆变迁、泥石流、山体滑坡等。自然因素的源头是太阳能，其流经自然保护地的生态系统后，会产生各种物理、化学、生物过程和自然生态环境的变迁。

社会经济因素导致的自然保护地生态系统健康问题往往是最常见且最主要的。人类为了追求经济增长，往往会对自然资源进行开发和利用，适度地开发利用自然资源不会引起生态系统结构和功能的失调，但如果过度开发和利用，则会

导致生态系统内生物多样性降低、生态系统结构失调和生态系统功能减弱。此外，由于人类的活动可能会导致的生物入侵会对生态系统产生重要的影响，外来物种通过生态系统中食物链的竞争、捕食等关系改变原有的生态平衡，对保护地原有的生态系统结构和功能产生影响。

总体来说，自然保护地的生态系统健康受自然因素和社会经济因素的双重影响。当它们共同作用产生的生态效应力超过自然保护地生态系统的自我调节能力时，就会引起自然保护地生态系统内熵的增加，结构稳定破坏，生态系统失衡，并由此引发一系列的连锁反应，影响自然保护地的生态系统健康。

第三节　自然保护地生态系统健康评估指标体系的构建

一、自然保护地生态系统健康评估模型——VOR 模型

V（vigour）：即生态系统活力，指生态系统的生产活力，可以选择生物量和净初级生产力等指标来表示。

O（organization）：即组织力，指生态系各组分之间的结构关系，可以选择生态系统的近自然度、物种及景观多样性和景观破碎度等指标来表示。

R（resilience）：即恢复力，指生态系统恢复其结构和活力的能力，可以选取人为干扰程度和大气、水质、沉积物污染指数作为恢复力的评价指标。

二、自然保护地生态系统健康评估指标选取原则

自然保护地生态系统健康评估指标的确立应充分体现出自然保护地生态系统健康的状况和主要特点，需要充分考虑各个指标的具体状态和相互关系，从而归纳总结出自然保护地生态系统健康评估的具体指标。

自然保护地生态系统健康评估指标体系的构建要达到两个主要目的：一是指标体系能够全面且充分地反映自然保护地的生态系统健康状况，并且可以在分析的基础上直观地显示出影响自然保护地生态系统健康的主要因素，从而为自然保护地生态系统健康管理采取有针对性的调控措施提供科学依据；二是生态系统健康的各个评估指标应该概念明晰，科学性和可操作性强。

由于自然保护地大多不是单一类型的生态系统，而是复合生态系统，因此，为了客观全面、科学合理地评估自然保护地的生态系统健康状况，需要在研究和确定自然保护地生态系统健康评估指标体系时，考虑到自然保护地的实际情况和数据的可获得性，根据自然保护地生态系统自身的特点，确立具体的评估指标。在指标体系的构建过程中，应该遵循以下主要原则。

（一）整体性原则

整体性是生态学的重要特征之一，生态系统的整体性表现在系统的整体功能上，生态系统内部要素进行相关作用和相互联系，这些作用与联系决定了一个生态系统的结构、特征，以及由于作用而形成的整个系统对外的、区别于其他系统的特点与性质。评估指标体系的建立不仅要考虑自然保护地各个子系统特有的要素，还应该包括那些可以反映自然保护地整体性的要素。

（二）代表性原则

在指标体系的构建中，不可能将影响自然保护地生态系统健康的所有指标因子都列入其中，为了使自然保护地生态系统健康评估的结果更具有科学性和合理性，在选择指标时，只能选择那些具有代表性、最能体现自然保护地生态系统健康本质特征的因素。所选的指标应意义明确科学，指标测定方法规范易行，指标体系层次分明，从而保证自然保护地生态系统健康评估结果的真实性和客观性。

（三）动态性原则

自然保护地的生态系统健康评估是一个长期的动态过程，因此在指标的选取过程中，应充分考虑到自然保护地生态系统动态变化的特点，选择一些可比性较强的指标，以便更好地对自然保护地生态系统健康状况的历史、现状、未来变化做出准确的描述和判断。

（四）可操作性原则

自然保护地的生态系统健康评估对自然保护地的可持续发展具有重要意义，因此为了能高效地完成评估工作，所选取的指标应相对容易获取。此外，由于需要对指标进行量化，指标的量化也是评估过程的一个重要环节，因此所选取的指标应该是一些比较容易量化的指标。

三、自然保护地生态系统健康评估指标类型的构建

目前，我国已有的生态系统健康评估研究主要集中在水域、湿地、森林、城市等少数单一生态系统区域，对多类型自然保护地多种生态系统混杂的复杂区域，现有研究相对较少。在生态系统健康评估指标体系构建的过程中，为了更好地反映多类型自然保护地的生态系统特征，可将已有研究作为参考，对指标体系进行适当归纳整合（徐明德等，2010）。

根据已有研究，生态系统健康评估指标类型大致可分为人口统计类、社会经济类、环境类、生态类、资源类、生态系统服务类、管理类和灾害类指标等。

人口统计类指标包括：人口密度、人口数量、人口自然增长率、死亡率、人均预期寿命等。

社会经济类指标包括：GDP/生产总值、恩格尔系数、基尼系数、第三产业占GDP比重、固定资产、全国居民人均可支配收入、各级各类学历教育学生情况、居住面积、道路交通、每千人人口医疗卫生机构执业（助理）医师数、每千人人口医疗卫生机构床位数、失业率等。

环境类指标包括：水质、废水、污水、空气质量、废气尾气、固体废弃物、重金属、氮、磷、氨氮、硫化物、化学需氧量（chemical oxygen demand，COD）/生化需氧量（biochemical oxygen demand，BOD）、富营养化、农药、化肥等。

生态类指标包括：生物多样性、植物覆盖率、生物量、初级生产力、丰度、人类活动/干扰、植被、底栖生物、浮游动物/植物、鱼类、鸟类、景观、斑块、栖息地、盖度、优势度、郁闭度、胸径等。

资源类指标包括：土壤、水土流失/侵蚀、土地、耕地、能耗、水资源、降雨、径流、地表水、地下水、矿产等。

生态系统服务类指标包括：旅游、娱乐、调节服务、净化服务、水土保持、科研/科考等。

管理类指标包括：管理水平、政策法规、执行力度等。

灾害类指标包括：地质灾害、洪涝、台风、病虫害等。

根据多类型自然保护地的级别和类型不同与管理目标不同，自然保护地生态系统健康评估指标体系应作相应的调整。自然保护区包括荒野保存地、野生动植物栖息地、陆地自然保护区和海洋生态保护区。现行自然保护区资源包括完整的自然生态系统和物种栖息地，一定面积的无人类干扰的荒野自然环境，人为恢复或干预保护的动植物栖息地，具有典型自然遗产价值与生态系统，海洋生态系统及珍稀生物栖息地。保护目标为濒危物种或荒野，应对其进行绝对保护，禁止各种形式的利用，其中部分内容应执行严格的一票否决制，因此人口统计类、社会经济类、资源类、生态系统服务类、管理类等指标并不能完全契合该类自然保护地的管理目标。而环境类、生态类、灾害类诊断指标更能应对该类保护的管理目标，如大气、水质、沉积物污染指数、生物量、物种/景观多样性、初级生产力、人为干扰程度、生态系统结构完整性、灾害指数等。此外，根据生态系统的不同，可依据实际情况加入盖度、胸径、树高、郁闭度、入侵种、荒漠化/石漠化、富营养化、硫化物、氮氧化物、耗氧有机物等指标进行针对性的诊断。自然公园包括风景名胜区、国家遗址纪念地、国家森林公园、国家地质公园、国家湿地公园、国家沙漠公园。其资源具有自然和文化资源的杰出代表、精神象征，包含具有突出普遍价值的对人类文化、历史有重要意义的风景优美的陆地、河流、湖泊或海洋景观，人类或民族文明进程中有重要价值的遗址遗迹，典型的森林生态系统、森林景观，地球演化的重要地质遗迹和地质景观，湿地生态系统和动植物栖息环境，荒漠生态系统和沙漠景观。其保护目标包括生态系统完整、价值完整、精神健康、自然与文化教育、生态游憩，实行以有限利用为目标的利用模式，并加以严格保护。为了满足国家公园、国家风景名胜区、国家遗址纪念地、国家森林公园、国家地质公园、国家湿地公园、国家沙漠公园的管理目标，除环境类、生态类、灾害类诊断指标外，可再加入资源类、生态系统服务类、管理类指标以诊断自然保护地在有限利用和严格保护中的生态系统健康。具体指标如水源涵养、水土保持、土壤有机质含量、土壤有效氮含量、土壤有效磷含量、土壤有效钾含量、气候调节、净化空气、净化水质、娱乐美学、科研服务、治理工程覆盖度等。另外，可加入食物生产、原材料生产、固沙等指标以适应不同生态系统。

物种与种质资源保护区的保护目标为可持续社区和区域生态平衡，利用目标为资源可持续利用，保护管理级别为完整保护、科学调控。为了满足其管理目标，在资源类、生态系统服务类、管理类、环境类、生态类、灾害类诊断指标的基础上，可适当加入人口统计类、社会经济类指标，如收入、受教育情况等，以满足其资源可持续利用方面的健康诊断。

四、基于 VORS 模型的生态系统健康评估指标体系

为了全面细致地评估自然保护地的生态系统健康状态，在生态系统健康评估中选择活力-组织力-恢复力-生态系统服务（vigour-organization-resilience-service，VORS）模型进行评估，该模型可以通过评估生态系统的活力状况、结构组织特点以及恢复力水平较为全面地反映生态系统的健康状况。根据 VORS 模型以及所确立的自然保护地的类型和特点，选取生物量和净初级生产力作为生态系统活力指标，选取近自然度、物种及景观多样性和景观破碎度作为组织力指标，选取人为干扰程度和大气、水质、沉积物污染指数作为恢复力指标，选取食物及原材料生产、水源涵养、水土保持、气候调节和净化空气及水质作为生态系统服务指标。自然保护地生态系统健康诊断指标的具体情况如表 2-2 所示。具体到某一自然保护地类型的生态系统健康评估时，应该根据自然保护地的实际情况选择适宜的指标进行评估。

表 2-2 自然保护地生态系统健康诊断的必要指标

目标层	要素层	指标层	计算公式和参数说明
生态系统健康	活力	生物量	广义的生物量是生物在某一特定时刻共建单位的个体数、重量或其含能量，可用于指某物种、某类群生物或整个生物群落的生物量。指标中的生物量仅指以重量表示的，可以是鲜重或干重。单位：t
		净初级生产力	净初级生产力是生态系统结构与功能评价的重要指标，也是衡量生态系统稳定与健康的主要依据之一。它是植物在单位时间单位面积上由光合作用产生的有机物质总量中扣除自养呼吸后的剩余部分，是生态系统中物质与能量运转的基础，直接反映植物群落在自然环境条件下的生产能力。该指标数据来源可由中国森林生态系统定位研究网络（CFERN）所属森林生态站依据《森林生态系统定位观测指标体系》（LY/T 1606—2003）展开的长期定位连续观测研究数据集所得。单位：t/（hm²·a）
	组织力	近自然度	近自然度是表示生态系统接近自然状态的程度，以植物群落结构的现实状况与自然群落结构进行比较，依据立地条件、空间位置、物种组成、演替阶段 4 个方面的因素进行综合评定。大致可以将近自然度可分为 5 个等级：Ⅰ级，顶极群落森林；Ⅱ级，中间群落，由先锋树种和顶极树种组成的过渡性群落森林；Ⅲ级，先锋乔木，先锋群落结构；Ⅳ级，含有非乡土树种的先锋群落森林；Ⅴ级，引进树种或者由乡土树种组成，但在不适合的立地条件上造林形成的森林群落。该指标可直接由森林资源二类调查获得
		物种、景观多样性	物种多样性是群落生物组成结构的重要指标，不仅可以反映群落的组织化水平，而且可以通过结构和功能的关系间接反映群落功能的特征。物种多样性的含义主要包括现存物种的数目即丰富度和物种的相对多度 景观多样性即相同生态系统区域内不同景观类型分布的均匀化和复杂化程度，反映景观异质性。一般来说，土地利用类型越多，各景观类型分布越均匀，景观的多样性值越高 多样性指数和丰富度的测度方法见以下公式： $$H(\text{Shannon-Wiener指数}) = -\sum_{i=1}^{S}(P_i \times \ln P_i)$$ 式中，S 为物种数；i 为物种或景观总数；P_i 为 i 类物种或景观个体数的比例
		景观破碎度	景观破碎度是生态系统景观被分割的破碎程度。以面积在 5hm² 以下的斑块数与整体斑块数之比来表示 其公式为 $$C_i = \frac{N_i}{A_i} \times 100\%$$ 式中，C_i 为景观破碎度；N_i 为破碎斑块数；A_i 为整体斑块数
	恢复力	人为干扰程度	人为干扰对于生态系统的健康具有重要影响，多类型保护地的人为干扰主要有放牧、人类活动、砍伐等。干扰活动的强度按从轻到重共分为无干扰、轻度干扰、中等干扰、较重干扰、严重干扰 5 个等级，并分别将其赋值：Ⅰ级，无干扰；Ⅱ级，轻度干扰；Ⅲ级，中度干扰；Ⅳ级，较重干扰；Ⅴ级，严重干扰

目标层	要素层	指标层	计算公式和参数说明
生态系统健康	恢复力	大气、水质、沉积物污染综合指数	大气污染综合指数可采用二氧化硫、二氧化氮、可吸入颗粒物的年日均值及其二级标准值进行计算 水质污染综合指数可采用粪大肠菌群、耗氧有机物、化学需氧量和总磷的年日均值及其二级标准值进行计算 沉积物污染综合指数可采用磷、总氮、铵态氮和有机质含量的年日均值及其二级标准值进行计算 计算公式为 $$P_j = \sum_{i=1}^{n} P_{ij}$$ $$P_{ij} = \frac{C_{ij}}{C_{io}}$$ 式中，P_j 为污染综合指数；P_{ij} 为 i 项污染物的污染指数；C_{ij} 为 i 项污染物的年平均值；C_{io} 为 i 项污染物的评价标准值
	生态系统服务	食物、原材料生产	食物、原材料生产采用市场价值法进行计算 林业产品价值的计算公式为 $$V_{林业} = P_木 \times U_木$$ 渔业产品价值的计算公式为 $$V_{渔业} = P_渔 \times U_渔$$ 农业产品价值的计算公式为 $$V_{农业} = P_农 \times U_农$$ 畜牧业产品价值的计算公式为 $$V_{畜牧} = P_畜 \times U_畜$$ 式中，$V_{林业}$ 为林业产品价值（元）；$P_木$ 为木材生产量（m³）；$U_木$ 为木材市场价格（元/m³）；$V_{渔业}$ 为渔业产品价值（元）；$P_渔$ 为渔业生产量（t）；$U_渔$ 为渔业市场价格（元/t）；$V_{农业}$ 为农业产品价值（元）；$P_农$ 为农产品生产量（t）；$U_农$ 为农产品市场价格（元/t）；$V_{畜牧}$ 为畜牧业产品价值（元）；$P_畜$ 为畜牧业产品生产量（t）；$U_畜$ 为畜牧业产品市场价格（元/t）
		水源涵养	水源涵养使用影子工程法计算 水源涵养价值的计算公式为 $$Q = A \times J \times R$$ 式中，A 为生态系统面积（hm²）；J 为平均产流降水量（mm）；R 为减少径流的效益系数
		水土保持	水土保持使用间接价值法计算 水土保持价值的计算公式为 $$A_c = A_r - A_g$$ $$E_f = \sum A_c \times S_i \times P_i (i=\text{N，P，K})$$ $$E_n = A_c \times 24\% \times C / p$$ 式中，A_c 为土壤保持量（t/hm²）；A_r 为无林地土壤侵蚀量（t/hm²）；A_g 为有林地土壤侵蚀量（t/hm²）；E_f 为减少土壤肥力损失的价值（元/hm²）；S 为营养元素的平均含量（g/kg）；P 为营养元素的平均价格（元/t）；E_n 为减少泥沙淤积的价值（元/hm²）；C 为水库工程费用（元/hm²）；p 为土壤容重（g/cm³）

目标层	要素层	指标层	计算公式和参数说明
生态系统健康	生态系统服务	气候调节	气候调节使用造林成本法、碳税法进行计算 固碳释氧的计算公式为 $$Q_{CO_2} = 1.2 \times P_{CO_2} \times S$$ $$Q_{O_2} = 1.2 \times P_{O_2} \times S$$ 式中，Q_{CO_2} 为单位面积 CO_2 固定量的价值（元）；Q_{O_2} 为单位面积释放 O_2 的价值（元）；P_{CO_2} 为单位 CO_2 固定量的价格（元）；P_{O_2} 为单位面积释放 O_2 的价格（元）；S 为净初级生产力[t/（$hm^2 \cdot a$）]
		净化空气、水质	净化空气、水质使用市场价值法进行计算 吸收二氧化硫的计算公式为 $$G_{SO_2} = Q_{SO_2} \times A$$ $$U_{SO_2} = K_{SO_2} \times Q_{SO_2} \times A$$ 式中，G_{SO_2} 为生态系统年吸收二氧化硫量（t/a）；Q_{SO_2} 为单位面积生态系统吸收二氧化硫量[kg/（$hm^2 \cdot a$）]；A 为生态系统面积（hm^2）；K_{SO_2} 为二氧化硫治理费用（元/kg）；U_{SO_2} 为年吸收二氧化硫量总价值（元/a） 吸收氟化物的计算公式为 $$G_{氟化物} = Q_{氟化物} \times A$$ $$U_{氟化物} = K_{氟化物} \times Q_{氟化物} \times A$$ 式中，$G_{氟化物}$ 为生态系统年吸收氟化物量（t/a）；$Q_{氟化物}$ 为单位面积生态系统吸收氟化物量[kg/($hm^2 \cdot a$)]；A 为生态系统面积(hm^2)；$K_{氟化物}$ 为氟化物治理费用（元/kg）；$U_{氟化物}$ 为年吸收氟化物量总价值（元/a） 吸收氮氧化物的计算公式为 $$G_{氮氧化物} = Q_{氮氧化物} \times A$$ $$U_{氮氧化物} = K_{氮氧化物} \times Q_{氮氧化物} \times A$$ 式中，$G_{氮氧化物}$ 为生态系统年吸收氮氧化物量（t/a）；$Q_{氮氧化物}$ 为单位面积生态系统吸收氮氧化物量[kg/（$hm^2 \cdot a$）]；A 为生态系统面积（hm^2）；$K_{氮氧化物}$ 为氮氧化物治理费用（元/kg）；$U_{氮氧化物}$ 为年吸收氮氧化物量总价值（元/a） 吸收重金属的计算公式为 $$G_{重金属} = Q_{重金属} \times A$$ $$U_{重金属} = K_{重金属} \times Q_{重金属} \times A$$ 式中，$G_{重金属}$ 为生态系统年吸收重金属量（t/a）；$Q_{重金属}$ 为单位面积生态系统吸收重金属量[kg/（$hm^2 \cdot a$）]；A 为生态系统面积（hm^2）；$K_{重金属}$ 为重金属治理费用（元/kg）；$U_{重金属}$ 为年吸收重金属量总价值（元/a）

对自然保护地生态系统健康进行评价时，由于研究对象和评价尺度的不同，涉及多种不同类型、不同数量级、不同量纲的指标，不利于统一分析和评价。为了消除量纲等差异带来的影响，需要对所有评价指标进行标准化处理，

使其统一转化为无量纲的数值，从而完成数据间的计算。因此，采用极差法对数据进行标准化处理，把评价指标的数值标准化为 0～1，得到单项指标的评价值 S。

第四节　自然保护地生态系统健康评估的流程与方法

一、面向多类型自然保护地的生态系统健康诊断流程

开展自然保护地生态系统健康诊断，首先要根据自然保护地生态系统健康诊断的地理范围确立自然保护地的类型，然后确定自然保护地生态系统健康诊断指标，再确定诊断指标权重，最后建立起相应的模型进行生态系统健康诊断。具体流程如图 2-1 所示。

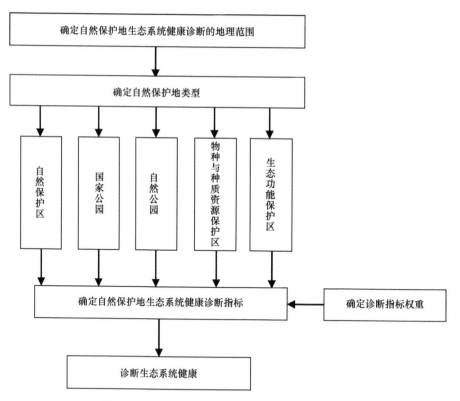

图 2-1　多类型自然保护地生态系统健康诊断流程

二、自然保护地生态系统健康评估的指标权重确定

常见的生态系统健康诊断指标权重的计算方法有主观分析法如层次分析法

（analytic hierarchy process，AHP）和客观分析法如熵值法，此外还有综合主观和客观权重的综合权重法。为了确保权重的准确性与评价的合理性，分别利用层次分析法和熵值法进行生态系统健康诊断，然后通过综合权重法计算出研究区生态系统健康诊断指标的最终权重（欧阳毅和桂发亮，2000）。下文将对指标权重的确立方法进行介绍。

（一）层次分析法

常见的层次分析法是一种基于主观分析的决策方法，它将评价决策的问题看作一个系统，然后把目标分解为多个准则，通过定性比较指标之前的特征，求出最优权重。计算过程如下。

1. 建立层次结构模型

根据诊断指标体系，将生态系统健康诊断所涉及的各种指标分组分层排列，构成一个多层结构的分析模型，分为目标层、准则层和指标层。通常情况下，建立的层次模型的每一层次的指标数不大于 9 个，以免元素过多产生冗余。

2. 构造判断矩阵

从准则层开始，根据每层中的因素相较之前相对重要性的不同，用具体的数值来定性判断其比较标度，通过利用两两比较矩阵（表 2-3）和 1～9 比较标度来确定得出每层各因素的相对重要值，即所占比重（表 2-4）。然后将数值通过矩阵形式表示出来，形成判断矩阵。

表 2-3　两两比较矩阵

A	B_1	B_2	B_3	$\cdots$	B_n
B_1	a_{11}	a_{12}	a_{13}	$\cdots$	a_{1n}
B_2	a_{21}	a_{22}	a_{23}	$\cdots$	a_{2n}
B_3	a_{31}	a_{32}	a_{33}	$\cdots$	a_{3n}
$\vdots$	$\vdots$	$\vdots$	$\vdots$	$\vdots$	$\vdots$
B_n	a_{n1}	a_{n2}	a_{n3}	$\cdots$	a_{nn}

表 2-4　比较标度及其含义

标度	定义与说明
1	两个元素相比，重要性一样
3	两个元素相比，前者比后者稍重要
5	两个元素相比，前者比后者明显重要
7	两个元素相比，前者比后者强烈重要
9	两个元素相比，前者比后者极端重要
2，4，6，8	上述两相邻判断的中间值
倒数	若因素 i 与 j 的重要性比为 a_{ij}，那么因素 j 与 i 的重要性比 $a_{ji}=1/a_{ij}$

3. 层次单排序和一致性检验

层次单排序，即根据判断矩阵最大特征值的特征向量经过归一化处理得出同一层次的不同因素对于上一层次对应因素的重要值数值排序的过程。此矩阵只有一个特征值为非零，其余均为零，这个唯一非零特征值即最大特征值 $\lambda_{\max}$，其所对应的特征向量为 W，标准化后可得到各因素权重，然后对判断矩阵进行一致性检验。步骤如下：

根据公式（2-1）～公式（2-3）对判断矩阵的每列因素进行归一化处理。

$$b_{ij} = 1 \tag{2-1}$$

$$b_{ij} = \frac{1}{b_{ij}} \tag{2-2}$$

$$b_{ij} = \frac{b_{ik}}{b_{jk}} \, (i, j, k = 1, 2, \cdots, n) \tag{2-3}$$

根据公式（2-4）计算判断矩阵中每列归一化后的值 w_i：

$$w_i = \sum_{j=1}^{n} b_{ij} \, (i = 1, 2, \cdots, n) \tag{2-4}$$

根据公式（2-5）对向量 $W = (W_1, W_2, \cdots, W_n)$ 归一化处理，W 即为所求的特征向量的近似解。

$$W_i = w_i \bigg/ \sum_{j=1}^{n} w_j \, (i = 1, 2, \cdots, n) \tag{2-5}$$

根据公式（2-6）计算判断矩阵最大特征根 $\lambda_{\max}$：

$$\lambda_{\max} = \sum_{i=1}^{n} \frac{(BW)_j}{nw_i} \tag{2-6}$$

根据公式（2-7）计算判断矩阵一致性指标：

$$CI = \frac{\lambda_{\max} - n}{n - 1} \tag{2-7}$$

根据公式（2-8）计算一致性比率 CR：

$$CR = \frac{CI}{RI} \tag{2-8}$$

式中，RI 值通过查找平均随机一致性指标获取。

当 CR＜0.1 时，表示成对比较矩阵的不一致性程度在容许范围之内，应将其特征向量作为权向量。当 CR≥0.1 时，需要对成对比较矩阵进行调整和修正，使其满足 CR＜0.1。

4. 层次总排序和一致性检验

层次总排序需利用层次单排序的结果来组合，得到层次中元素对应各目标的组合权重和相互影响程度，然后进行重要值排序。根据最下层和最上层的组合权向量关系对其进行检验，判断是否一致，一致性检验的过程与层次单排序中的一致性检验类似。若检验合格，则权向量计算结果可以作为决策依据。

（二）熵值法

熵是对不确定性的度量，熵值法是一种基于客观分析计算权重的方法（胡碧玉等，2010）。计算过程如下：

1. 建立数据矩阵

设有 m 个数据、n 个评价指标，根据公式（2-9）建立数据矩阵：

$$\boldsymbol{X} = \left\{X_{ij}\right\} m \times n \left(0 \leqslant i \leqslant m, 0 \leqslant j \leqslant n\right) \tag{2-9}$$

式中，X_{ij} 代表第 i 个待评方案中第 j 个指标的实际值。

2. 标准化原始数据

由于指标单位的不统一，无法一起进行比较，数据的标准化是进行熵值法计算的必要前提。为了减少误差，在标准化的过程中使用系数 α 进行修正，保证数据的准确性。计算公式如下：

$$X_{ij} = \frac{x_{ij} - x_{\min}}{x_{\max} - x_{\min}} \times \alpha + \left(1 - \alpha\right), \alpha \in \left(0, 1\right) \tag{2-10}$$

式中，X_{ij} 为标准化后的数据；x_{ij} 为原始数；$x_{\max}$ 为原始数中的最大值；$x_{\min}$ 为原始数中的最小值。

3. 根据公式（2-11）计算第 i 个样本的第 j 个指标比重

$$y_{ij} = \frac{X_{ij}}{\sum_{i=1}^{m} X_{ij}} \left(j = 1, 2, 3, \cdots, n\right) \tag{2-11}$$

4. 根据公式（2-12）计算第 j 个指标的信息熵

$$e_j = -\frac{k}{\sum_{i=1}^{m} y_{ij} \ln y_{ij}} \tag{2-12}$$

式中，$k = 1/\ln m$（$0 \leqslant e_j \leqslant 1$）。

5. 根据公式（2-13）计算第 j 个指标的变异系数

$$g_j = 1 - e_j \qquad (2\text{-}13)$$

6. 根据公式（2-14）计算第 j 个指标的权重

$$w_j = \frac{g_j}{\sum_{j=1}^{n} g_j} \qquad (2\text{-}14)$$

（三）综合权重法

综合权重法是将基于客观分析与主观分析计算权重的两种方法有效结合在一起，加权平均计算出权重结果的一种综合方法。该方法既可以客观反映目标的实际情况，又可以避免主观人为随意性，做到优势互补（殷旭旺等，2011）。

为了确保权重的准确性与评价的合理性，生态系统健康诊断分别利用客观分析法（熵值法）与层次分析法计算的结果，通过综合权重法计算出研究区生态系统指标的最终权重。计算公式如下：

$$y_i = w_i \times \frac{h_i}{\sum_{i=1}^{n} w_i \times h_i} \qquad (2\text{-}15)$$

式中，y_i 为第 i 项指标的综合权重值；w_i 为第 i 项指标的客观分析权重值；h_i 为第 i 项指标的主观分析权重值；n 为评价指标总数。

三、自然保护地生态系统健康的诊断

根据上述计算所得到的各指标的权重和单项指标评价值，通过加权求和综合评价自然保护地的生态系统健康指数，其表达式为

$$E = \sum_{i=1}^{n} s_i \times y_i \qquad (2\text{-}16)$$

式中，E 为研究区自然保护地的生态系统健康指数；s_i 为第 i 项指标的评价值；y_i 为第 i 项指标的综合权重值；n 为评价指标总数。

生态系统健康诊断的评定等级标准采用连续的实数区间[0, 1]，其值越接近 1，表示自然保护地生态系统健康状态越好，反之自然保护地生态系统健康状态越差，将自然保护地的生态系统健康状况划分为不健康、亚健康、健康、良好健康、优质健康 5 个等级，如表 2-5 所示。根据计算所得自然保护地生态系统健康综合指数数值，对照自然保护地生态系统健康等级表确定诊断单元的健康等级。

表 2-5 自然保护地生态系统健康等级表

健康等级	健康综合指数	健康状态描述
优质健康	(0.80, 1]	自然保护地生态系统结构完整，功能稳定，生态恢复能力强，各项指标良好，受到外部干扰极小
良好健康	(0.60, 0.80]	自然保护地生态系统结构较为完善，功能较稳定，生态恢复能力较强，略受到外部干扰
健康	(0.40, 0.60]	自然保护地生态系统结构发生一定程度的改变，功能基本可以发挥，系统基本维持动态平衡，受到一定程度的外部干扰
亚健康	(0.20, 0.40]	自然保护地生态系统结构发生较大程度的改变，功能开始恶化，系统动态平衡受到威胁，部分干扰超出系统的承受能力
不健康	[0, 0.20]	自然保护地生态系统结构破坏，功能严重退化或丧失，系统动态平衡被破坏，各类外部干扰超出系统自身的承载能力

第五节 基于空间优化的生态系统服务提升流程与方法

一、基于空间优化的生态系统服务提升技术路线

以南方丘陵山地屏障带主体功能区的关键生态系统功能为研究对象，以区域生态系统服务提升为视角，利用二级土地利用/覆盖分类数据，借助 ArcGIS 10.5 等软件进行土地利用空间和时间动态变化特征分析（表 2-6）。在此研究基础上，借助 CASA（Carnegie-Ames-Stanford approach）模型等工具开展 3 种生态系统调节服务评估。最后，基于土地利用动态模拟的相关研究，结合景观生态学理论，利用 GeoSOS-FLUS V2.2 软件、Lingo 18.0 软件进行 3 种情景（本底发展情景、协调发展情景和生态优先情景）下空间格局优化的区域生态系统服务提升研究。通过一个综合性的定量研究来探讨区域生态系统服务提升的具体情景设定和优化方案，建立经济发展与生态安全保护相协调的空间格局，为制定可持续的土地利用规划方案提供科学决策依据，为落实区域生态文明建设提供理论和技术支撑（肖轶，2020）。

表 2-6 自然保护地生态系统服务评估指标体系

类别	种类	生态系统类型	生态系统服务	指标
自然保护区	荒野保存地	荒漠生态系统	土壤保持、固碳释氧、涵养水源、空气净化、生物多样性、科学研究、生态旅游	土壤保持量、固碳释氧量、水源涵养量、空气净化量、生物多样性指标、科研投资量、生态旅游量
	动植物栖息地	森林、草原、水体、湿地生态系统	土壤保持、固碳释氧、涵养水源、空气净化、生物多样性、科学研究、生态旅游	土壤保持量、固碳释氧量、水源涵养量、空气净化量、生物多样性指标、科研投资量、生态旅游量
	自然保护区	森林、草原、水体、湿地生态系统	土壤保持、固碳释氧、涵养水源、空气净化、生物多样性、科学研究、生态旅游	土壤保持量、固碳释氧量、水源涵养量、空气净化量、生物多样性指标、科研投资量、生态旅游量

续表

类别	种类	生态系统类型	生态系统服务	指标
自然保护区	海洋生态保护区	海洋生态系统	空气净化、生物多样性、科学研究、生态旅游	空气净化量、生物多样性指标、科研投资量、生态旅游量
国家公园	国家公园	森林、草原、水体、湿地生态系统	土壤保持、固碳释氧、涵养水源、空气净化、生物多样性、科学研究、生态旅游	土壤保持量、固碳释氧量、水源涵养量、空气净化量、生物多样性指标、科研投资量、生态旅游量
自然公园	国家风景名胜区	森林、草原、水体、湿地生态系统	土壤保持、固碳释氧、涵养水源、空气净化、生物多样性、科学研究、生态旅游	土壤保持量、固碳释氧量、水源涵养量、空气净化量、生物多样性指标、科研投资量、生态旅游量
	国家遗址纪念地	森林、草原生态系统	土壤保持、固碳释氧、涵养水源、空气净化、生物多样性、科学研究、生态旅游	土壤保持量、固碳释氧量、水源涵养量、空气净化量、生物多样性指标、科研投资量、生态旅游量
	国家森林公园	森林、草原、水体生态系统	土壤保持、固碳释氧、涵养水源、空气净化、生物多样性、科学研究、生态旅游	土壤保持量、固碳释氧量、水源涵养量、空气净化量、生物多样性指标、科研投资量、生态旅游量
	国家地质公园	森林、草原、水体生态系统	土壤保持、固碳释氧、涵养水源、空气净化、生物多样性、科学研究、生态旅游	土壤保持量、固碳释氧量、水源涵养量、空气净化量、生物多样性指标、科研投资量、生态旅游量
	国家湿地公园	森林、草原、水体、湿地生态系统	土壤保持、固碳释氧、涵养水源、空气净化、生物多样性、科学研究、生态旅游	土壤保持量、固碳释氧量、水源涵养量、空气净化量、生物多样性指标、科研投资量、生态旅游量
资源保护区	农业种植资源保护区	森林、草原、水体生态系统	土壤保持、固碳释氧、涵养水源、空气净化、生物多样性、科学研究、生态旅游	土壤保持量、固碳释氧量、水源涵养量、空气净化量、生物多样性指标、科研投资量、生态旅游量
	林业种植资源保护区	森林、草原、水体生态系统	土壤保持、固碳释氧、涵养水源、空气净化、生物多样性、科学研究、生态旅游	土壤保持量、固碳释氧量、水源涵养量、空气净化量、生物多样性指标、科研投资量、生态旅游量

二、基于土地优化的南方丘陵山地屏障带主体功能区关键生态系统服务提升

（一）南方丘陵山地屏障带主体功能区生态系统服务评估

生态系统服务评估主要通过计算生态系统服务功能量来实现。依据已有的研究结果和相关研究经验，对南方丘陵山地关键生态功能区完成评估，生态系统服务类型有水源涵养、土壤保持和固碳。这 3 种生态系统服务是维护区域生态系统健康，保护区域生态系统安全的重要服务功能（张翼然等，2015；Agarwal *et al.*，2001）。

水源涵养是陆地生态系统的重要服务之一，是植被、水与土壤相互作用所产生的综合功能的体现。生态系统的水源涵养服务是指生态系统拦蓄降水或调节河

川径流量来影响流域水文过程、促进降雨再分配、缓和地表径流、增加土壤径流和地下径流，实质是植被层、枯枝落叶层和土壤层对降雨进行再分配的复杂过程。其中，拦蓄降水功能是指生态系统对降水的拦截和贮存作用，主要包括林冠、林下植被和枯枝落叶层的截留，草地截留以及土壤蓄水，是生态系统水源涵养的主要表现形式。

土壤侵蚀是全球范围内面临的主要环境和农业问题之一，不仅会引起土地退化、土壤肥力下降，不利于农业生产的正常进行，还会影响河流的正常泄洪以及水电工程的使用寿命，严重时甚至影响区域内人类的生命和财产安全。中国是世界上水土流失最严重的国家之一，近几十年来，由于自然和人类活动的双重作用，南方丘陵山地屏障带的生态环境逐渐退化，土壤侵蚀日趋严重。森林生态系统可以通过林冠层、枯落物和根系等各个层次消减雨水的侵蚀能量，增加土壤抗蚀性从而减少土壤流失，并保持土壤养分，具有十分重要的土壤保持功能。草地生态系统中的草地植被可以通过分散近地表风动量、削弱风力对地表物质的作用、截留部分被蚀物质等形式抑制风蚀，保护地表，从而发挥区域土壤保持的重要功能。

生物固碳是将大气中的 CO_2 转化为有机碳即碳水化合物，固定在植物体内或土壤中。碳储量包括大气中的碳储量、海洋碳储量及陆地碳储量。其中，陆地碳储量直接影响到大气温室气体排放量以及碳循环的平衡。陆地生态系统固碳被认为是最经济可行和环境友好的减缓大气 CO_2 浓度升高的重要途径之一，陆地生态系统作为全球温室气体的主要源和汇，凭借巨大的生物质和有机质碳储量，对全球气候变化有着重要的影响。其中，森林生态系统和草地生态系统是陆地生态系统的重要组成部分，具有非常强的固碳速率和潜力。

InVEST 模型使用土地利用和土地覆盖类型地图以及木材采伐量、采伐产品降解率（harvested product degradation rate）和 4 个碳库（地上生物量、地下生物量、土壤、死亡有机物）的碳储量来估算在当前景观下的碳储量或者一个时间段内的碳固持。如果还可以获得所固持碳的市场或者社会价值及其年变化率，以及贴现率数据，则可以在一个可选模型中估算生态系统固碳服务对社会的价值。具体的理论公式可表述如下：

$$C = C_{above} + C_{below} + C_{soil} + C_{dead}$$ （2-17）

式中，C 表示碳总量（t/km^2）；C_{above} 表示地上部分碳储量（Mg C）；C_{below} 表示地下部分碳储量（Mg C）；C_{soil} 表示土壤部分碳储量（Mg C）；C_{dead} 表示死亡有机物碳储量（Mg C）。

水源涵养方面，拟采用降水储存量法计算服务的功能量。具体的理论公式可表述如下：

$$Q = A \times J \times R$$
$$J = J_o \times K, R = R_o - R_g \qquad (2\text{-}18)$$

式中，Q 为与裸地相比较，森林生态系统水源涵养的增加量（m^3）；A 为计算区森林面积（hm^2）；J 为计算区多年平均产流降水量（$P>20mm$）；J_o 为计算区多年平均降水总量；K 为计算区产流降水量占降水总量的比例；R 为与裸地（或皆伐迹地）比较，森林生态系统减少径流的效益系数；R_o 为产流降水条件下裸地降水径流率；R_g 为产流降水条件下林地降水径流率。

（二）基于土地利用优化的生态系统服务提升

进行土地利用空间优化的核心目标是实现研究区域生态系统服务的整体功能量最大化，从而实现生态效益的最大化。区域生态系统服务的总量可通过公式（2-19）进行计算：

$$T = a \times X_1 + b \times X_2 + c \times X_3 + \cdots + n \times X_i \qquad (2\text{-}19)$$

式中，T 代表区域生态系统服务总量；X_i 代表某生态系统服务类型，如水源涵养；a、b、c 等代表相应生态系统服务类型在计算总量时的权重，权重的确定拟采用专家打分法和熵值法。

生态系统服务提升的限制因子包括自然条件限制因子和社会条件限制因子两类。自然条件限制因子包括地形地貌、降水、温度、河流等。社会条件限制因子包括经济和人口两方面，如 GDP 和人口密度等。

景观适宜性评价即某类景观空间分布适宜程度大小评价，是景观格局优化的基础和依据。依据主导因子与综合分析相结合、自然属性与社会经济属性相结合、定量分析与定性分析相结合的景观适宜性评价基本原则（刘小平和黎夏，2007），从自然因子、邻域因子、社会经济因子 3 个方面选取指标构建景观适宜性评价指标体系。研究区山地、丘陵地貌形态兼备，地形差异对景观空间分布影响较大，参考类似研究，选择高程、坡度、坡向、地势起伏度表征影响景观格局的地形因子（李鑫等，2015；傅伯杰，2001）。气候是决定景观分布的主要因素，研究区地表形态差异造成气温、降水空间变异性特征明显，故选择多年平均降水量和气温表征影响景观分布的气候因子。土壤类型分布在一定程度上将影响景观空间格局（陈利顶等，2003），而土壤有机质含量是反映土壤肥力的主要指标，是土壤类型划分的重要依据，故选择土壤有机质含量表征影响景观分布的土壤因子。结合区域实际选择到城市中心最近距离、到建制镇中心最近距离、到主要道路最近距离、到主要水域最近距离来表征影响景观分布的邻域因子。社会经济因子对景观格局的影响比自然因子更强烈，人口、经济对景观格局的影响程度差异较大，故选择人口密度、人均地区生产总值表征影响景观分布的社会经济因子。

粒子群优化（particle swarm optimization，PSO）算法是一种进化算法，能对

多维非连续决策空间进行并行处理，具有搜索速度快、结构简单、易于实现的特点。目前已有研究者将其成功应用到商场选址（杜国明等，2006）、土壤样点布局（刘殿锋等，2013）、土地利用优化（黄海，2014）等空间优化决策领域，但在景观格局优化中的应用还比较少见。PSO算法的原理是在解空间随机分布的粒子依据其历史最优值和局部最优值（或全局最优值），在惯性权重控制下不断更新位置和速度来搜寻问题最优解。基于景观类型栅格化数据进行空间格局优化的实质是围绕优化目标进行像元位置调整，故应用PSO进行景观格局空间优化的关键是利用粒子位置模拟景观类型栅格图像元的空间分布。栅格图可视为一个实数矩阵，图中像元对应矩阵中元素，像元位置和属性值（景观类型编码）分别对应元素行列号和值，故对栅格图像元位置和属性值的处理，相当于对矩阵元素行列号和值的处理。为此，假设矩阵 A 表示景观类型栅格图，矩阵元素值表示景观类型编码，将矩阵抽象为粒子，矩阵元素值及行列号抽象为粒子元素及位置，根据粒子群优化算法原理（唐俊，2010），无论粒子元素空间位置如何变化，粒子元素本身即景观类型编码不变，即组成矩阵的若干元素值永恒不变，仅通过PSO算法对元素行列值进行优化，使元素值从一个位置移动到另一个位置从而组合成一个新矩阵，当该新矩阵对应景观空间格局可使某优化目标达到最大时即实现了该目标下景观格局空间优化。模型优化使用Matlab工具实现。

（三）研究方案

基于遥感影像数据、气象数据、地理信息数据、社会统计数据，对南方丘陵山地屏障带多种生态系统服务的动态变化开展评估，并以提升整体生态系统服务水平为目标，对南方丘陵山地屏障带的生态系统空间分布格局进行优化（图2-2）。

首先，基于遥感影像数据获得南方丘陵山地屏障带森林（常绿阔叶林、常绿针叶林、落叶阔叶林、灌丛）、草地、湿地、农田、城镇和建设用地、裸地、水体分布及时空变化状况，评估生态系统水源涵养量、土壤保持量和固碳量，分析不同生态系统类型提供服务能力的变化。然后，结合社会经济数据，将多因子约束土地适宜性评价和GeoSOS-FLUS模型相结合，开展生态系统服务提升研究（肖轶，2020）。

（四）研究区域概况

1. 区域位置

"中国南方地区"一般是指中国东部季风区的南部，是当今中国四大地理区划之一，主要范围包括秦岭—淮河以南地区、青藏高原以东，其东部和南部分别邻近我国东海和南海，大陆海岸线长度约占全国的 2/3 以上。我国南方地区在行政区划上包括江苏、福建、浙江、贵州、云南、重庆等地。南方丘陵山地屏障带是

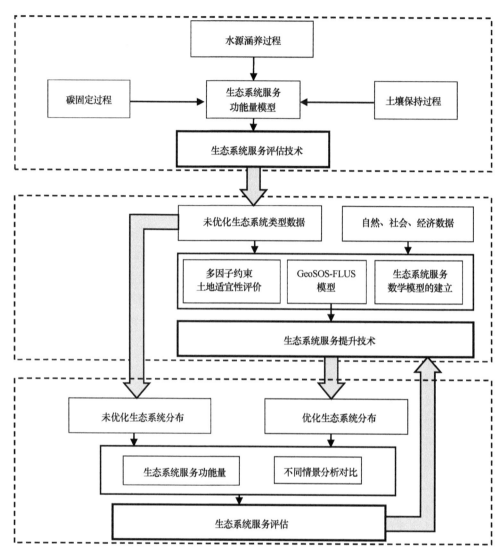

图 2-2　基于土地利用空间优化的生态系统服务提升技术方案

南方地区主要的山地和丘陵分布区，南方丘陵山地屏障带地域辽阔，南北跨 5 个纬度（24°25′N～29°38′N），东西跨 17 个经度（103°45′E～120°13′E），横跨我国华南与西南地区，属于亚热带季风气候。总面积约为 1 209 808.33km²。南方丘陵山地屏障带是我国主体生态安全战略格局"两屏三带"之一，是国家生态安全格局的重要组成部分，其主要功能是发挥西南和南部地区的生态安全屏障作用。南方丘陵山地屏障带处于珠江和长江两大流域之内，作为中国长江流域与珠江流域的主要分水岭，对长江流域与珠江流域的主体结构功能的发挥也具有至关重要的作用。

2. 气候和地形

南方丘陵山地屏障带位于亚热带季风气候区，气候温暖、水热资源条件好。夏季高温多雨，冬季温和少雨，多年平均温度为 14~22℃，雨量较为充沛，平均降水量为 1000~1400mm。降水的空间分布基本上呈现南高北低，东多西少的格局。

南方丘陵山地屏障带地势具有明显的空间差异，西部较高，东部较低。西部以高原为主，拥有中国四大高原之一的云贵高原；东部地区则以丘陵为主，区域内河流和湖泊数量较多，分散而广泛分布，包括湘江、乌江、洞庭湖、鄱阳湖等重要的水体资源。很多河流和湖泊无结冰期，水量巨大，水位季节性落差大，是宝贵的水能资源来源，有利于区域内发展水力发电、船舶运输、渔业捕捞和水产品养殖业等多种产业。地貌类型以丘陵为主（比例超过 47%），低山、中山、高山、平原和台地兼有，占总面积的比例分别为 22%、26%、7% 和 0.5%。坡地类型以缓坡和斜坡为主，分别占总面积的 36% 和 30% 左右。在所有的地形中，山地上的坡度较大，大多可以达到 20° 以上；而丘陵岗地的坡度较小，基本为 5°~8°，这样的地形大多会被开荒成为坡耕地。

南方丘陵山地屏障带的土壤类型较为丰富，区域内红壤、黄壤、赤红壤等类型面积广大，所占比例高达 97% 左右。在屏障带区域内，丘陵地区的岩石类型具有多样性，现有的研究发现岩石组成类型主要有片麻岩、石灰岩、砂岩、花岗岩、红砂岩、紫砂岩，除石灰岩和第四纪红土稀薄外，其余岩石的风化层陡且非常深厚，在这些层级上发育起来的土壤砂性特征明显，这也是土壤易发生侵蚀的物质结构基础。其中，占较大面积的红壤含有较多的铁化合物，通常呈酸性，表层有机质含量较其他层级低，具有较强的分散性和黏性。在高温多雨、生物活动旺盛的条件下，红壤极其容易被溶解，加上区域内春、夏季节多有暴雨出现，强力的降水对区域内的土壤有较强的冲刷能力。在以上各种因素的综合作用下，区域内存在较为严重的水土流失问题和土壤退化问题，是国家生态安全屏障建设的重点区域。

3. 植被组成

南方丘陵山地屏障带以林地为主，耕地次之，区域内常绿自然林、旱地水田的面积比例较大。南方丘陵山地屏障带的植被类型主要有亚热带针叶林、亚热带常绿阔叶林、亚热带灌丛、亚热带草地等。除了面积广大的天然林，南方丘陵山地屏障带还分布着各种人工林，是我国重要的高植被覆盖区，其植被覆盖度达 60%以上，树种大部分为杉木和马尾松。目前，我国南方丘陵山地屏障带区域内存在地质灾害频发、水质恶化、生物多样性减少、水源涵养能力下降和人工林土壤退化等突出的生态问题。

4. 社会经济情况

南方丘陵山地屏障带内汉族占大多数，少数民族达 30 多个，分布在重庆、广西、湖南、云南、四川、贵州等地。其中人数较多的少数民族是壮族、侗族、苗族、黎族、土家族、布依族、哈尼族、傣族等。区域内的经济发展水平具有空间差异性，东部和南部经济较为发达，涉及江西、福建、湖南南部、广东北部，而西部地区的经济发展相对落后，涉及云南西南部地区、贵州南部和广西西北部。南方丘陵山地屏障带的农业生产活动历史悠久，主要粮食作物有水稻（*Oryza sativa*）和小麦（*Triticum aestivum*）等；同时，油茶（*Camellia oleifera*）、柑橘（*Citrus reticulata*）、葡萄（*Vitis vinifera*）等亚热带地区的经济作物产量在全国占比较大。近年来国家一直在提高南方丘陵山地屏障带内农业生产的投入，促进农业生产基础设施建设，调整农业生产结构，使农业领域得到更大的发展，粮食作物的总产量逐年提高。

（五）研究方法

1. 数据采集

（1）土地覆盖/利用数据

本研究以 1995 年、2000 年、2005 年、2010 年和 2015 年 5 期遥感影像为基础影像数据，影像数据来自中国科学院遥感与数字地球研究所，类型为 Landsat TM/ETM/OLI 的 30m 精度遥感影像，经图像几何校正及配准、辐射校正、波段选择及波段融合，对图像进行增强处理、裁剪与拼接。最后，根据实际研究需要，使用中国科学院土地覆被分级分类系统（表 2-7），将南方丘陵山地屏障带生态系统分为常绿针叶林、常绿阔叶林、落叶阔叶林、灌丛、草地、湿地、耕地、人工表面、裸地和水体 10 种生态系统类型，精度为 30m，精确率达 85% 以上。

表 2-7 土地覆被分级分类系统

序号	分类名称	定义、特征
1	常绿针叶林	以针叶树为主要建群种的各类森林的总称
2	常绿阔叶林	亚热带地区由常绿阔叶树组成的森林类型
3	落叶针叶林	以落叶松柏类为主的针叶树所构成的森林
4	落叶阔叶林	由冬季落叶的阔叶乔木组成的森林群落
5	混交林	寒温带针叶林和夏绿阔叶林间的过渡类型
6	灌丛	一种以灌木占优势的植被类型。郁闭度>30%，高 3m 以下，通常为丛生、无明显主干的木本植物，但有时也有明显主干
7	草地	以生长草本植物为主且树木或灌木覆盖度<10%。在我国主要包括草原、草丛、草甸和灌丛草地等

序号	分类名称	定义、特征
8	湿地	天然或人工形成的沼泽地带，有静止或流动水体的成片浅水区，还包括在低潮时水深不超过6m的水域
9	农田	种植农作物的土地，包括熟地，新开发、复垦、整理地，休闲地（含轮歇地、轮作地）；以种植农作物（含蔬菜）为主，间有零星果树、桑树或其他树木的土地；平均每年能保证收获一季的已垦滩地和海涂
10	城镇和建设用地	覆盖建筑物和其他人造建筑的土地，主要包括城镇用地建设、农村居民地、交通用地及工矿用地
11	冰雪	常年积雪或冰川覆盖的土地
12	裸地	地表土质覆盖，植被覆盖度在5%以下的土地
13	水体	地表水圈的重要组成部分，是以相对稳定的陆地为边界的天然水域，包括江、河、湖、海、水库、坑塘等

（2）气象数据

1995～2015年南方丘陵山地屏障带区域的降水量数据、蒸发量数据、太阳辐射数据和气温数据来源于中国气象数据网（http://data.cma.cn/）；数据内容为中国853个气象台站的相关记录，包含站点编号、名称、海拔和记录时间等。

（3）地形和土壤等地理数据

研究区域的土壤质地数据来源于中国科学院南京土壤研究所的中国土壤科学数据库（http://vdb3.soil.csdb.cn/）。1∶100万研究区域的行政区矢量数据、90m精度的数字高程模型（digital elevation model，DEM）栅格数据均来自中国科学院地理科学与资源研究所。

（4）其他辅助数据

江西、广东、湖南、广西、贵州和云南等地的县级统计数据均来自区域内各市1995～2015年的统计年鉴数据（各省统计局官方网站和中经网统计数据库）。主要应用和参考的数据为国内生产总值（gross domestic product，GDP）、人均GDP、人口数量等。

2. 指标评估体系建立

指标评估体系的建立是开展区域生态系统服务评估的重要前提与基础步骤。建立可量化、操作性强、可整合的生态系统服务指标评估体系，不仅能为区域土地规划与自然保护提供有效和科学的信息，而且可以促进多学科对区域生态系统服务评估的对比研究。由于评估目的及评估内容不同、可获取数据的差异以及研究尺度的不同，不同区域生态系统服务评估与研究的指标选择往往存在较大差异，缺乏可比性。采用科学合理的生态系统服务评估指标体系能够有效减少计算的工作量，避免出现较大误差，将生态系统的基本过程同人类社会的各项活动紧密地联系起来，便于深刻地理解生态系统服务的重要意义（傅伯杰等，2017）。指标评估体系的建立要遵循一定的原则，这是确保指标评估体系比较客观、公正和具有可行性的前提。为此，有很多科研人员提出了不同的指标选取和指标评估体系构建的原则或者重要准则，可概括归纳为以下几点。

（1）动态性

指标的选择要能够反映生态系统的具体过程或一定时空尺度上的动态变化。生态系统服务的最初来源是生态系统服务的结构和过程，在开展生态系统服务评估时，指标评估体系需要同生态系统的过程或组成紧密联系起来，如生物量、叶面积指数与植被覆盖度等，这是建立客观、科学的指标评估体系的基础，尽量选取生态系统组成结构和功能的相关参数作为评估指标。从生态系统的功能特性出发，建立起生态系统重要过程和服务之间的联系，从而为长期评估和预测生态系统服务提供了可能性。

（2）典型性

指标的选取应多参考国内外已发表的、受到同行认可的相对权威的结果，以提高研究结果的可信度。例如，参考联合国的相关评估框架或者报告和中国西部生态系统综合评估来构建区域生态系统服务指标评估体系。

（3）可行性

开展生态系统服务水平的评估必须建立在有可靠的数据和信息来源的基础上。如果所需要的数据无法进行观测或者采集，那指标评估体系也无法顺利建立。一般来说，评估要选择可持续提供生态系统服务的指标，以便开展多年连续评估工作。例如，区域内植被每年吸收的二氧化硫量、草地的生物量、森林每年固持水分的量等，能够直接或者间接反映生态系统的实际情况。

（4）可量化

生态系统服务评估的首要目的是定量获取服务水平，因此，为了避免人为主观因素的影响，保证生态系统服务评估的客观性，应选择可量化的指标，客观地考虑各项因素从而进行科学判断。

（5）经济适用性

在实际的科学研究中，用于获取基础数据、计算与分析结果的资金、人力和时间资源都有限，不合理的指标设置会造成有限科研资源的浪费，拖累研究进度，无法顺利完成生态系统服务评估。因此，指标的经济适用性也必须予以考虑，以确保评估工作能够高效率地完成。

（6）综合考虑生态系统服务评估指标与生态系统修复和保护的复杂性，尽量简化评估过程

生态系统服务评估的最终目的是生态系统保护和修复，评估的重点是生态系统服务的可持续提供，因此，选取的指标应尽可能与实际的土地管理和利用情况

存在直接的联系。然而，基于目前的认知水平，很多生态系统服务的量化和实际的生态系统保护间的关系并不清楚，在生态系统服务的量化指标体系构建过程中，必须综合考虑生态系统保护的目标，选取直接与目标有关系的指标，以满足生态系统保护和恢复的需求。

指标评估体系的筛选也会影响生态系统服务评估的准确性，层次分析法、专家咨询和频率分析法是目前筛选指标的主要方法（傅伯杰等，2017）。本研究主要采用频率分析法和专家咨询法。首先对国内外众多区域生态系统评估的主要研究成果中的实用性指标进行频度统计，挑选可信的、频度较高的指标，初步分析我国生态环境现状和特点，筛选适合南方丘陵山地屏障带生态系统服务评估的指标。在此基础上，咨询有关专家的意见，筛选和调整指标体系，最终得到生态系统服务评估指标（表 2-8）。

表 2-8　南方丘陵山地屏障带生态系统服务评估指标

生态系统服务类型	指标	数据需求或可获取性
水源涵养	年水源涵养量	降雨等气象数据，获取难度低
土壤保持	年土壤保持量	土壤质地等数据，获取难度较低
碳固定	年净生态系统生产力（NEP）	归一化植被指数（NDVI）等数据，获取难度较低

（六）生态系统服务提升的研究方法

1. 空间格局优化的建模

基于景观生态学理论、可持续发展理论、生态学基本理论等知识，对区域空间格局进行优化，主要内容有土地利用空间格局优化的数学表达、生态系统服务提升的目标函数和限制性条件、土地利用优化配置理论和方法，为制定提升生态系统服务的土地利用优化配置方案奠定理论基础。

（1）空间格局优化的数学表达

空间格局优化可以具体化为区域的土地利用优化配置，区域的生态系统格局优化问题具体为一定区域内生态系统类型的组合和数量关系。生态系统格局优化配置的目的是将各种生态系统类型分配到合适的位置，以便获得更大的生态效益。生态系统格局优化配置的问题分为 4 个组成部分：

$$M = (T, A, L, F) \qquad (2\text{-}20)$$

式中，T 表示空间单元上的生态系统类型；A 表示不同情境下的生态系统空间配置；L 是约束限制条件，包括空间位置和数量限制；F 是生态系统服务提升的目标函数。生态系统空间配置的目标是从方案中寻找最优解：

$$F(A_{best}) > F(sA), \forall sA \in A \qquad (2\text{-}21)$$

式中，sA 代表 A 的解空间 s。

（2）空间格局优化的目标函数

生态系统空间格局优化配置的目标函数是对区域优化目标的公式化、定量化刻画（赵志刚等，2017）。目标函数是否能够精确地表达生态系统服务提升的含义，会影响结果的可靠性。借助 GeoSOS-FLUS 软件等可以方便地计算区域土地利用在多层次生态系统服务提升水平情境下的空间格局或者布局方案，为选择多样化的生态系统布局方案提供方法和技术基础。

（3）空间格局优化的限制性条件

自然因素的约束条件范围广泛，下至岩石圈表层，上至大气圈下部的对流层，包括全部的水圈和生物圈。在确定了自然因素约束条件的前提下，以各种土地利用类型的优化配置方案作为参数，使定性转换为定量，位置由不确定转化为一定范围。另外，也可以在定量不同层次的生态系统服务提升水平和确定了自然因素约束条件的前提下，反推出不同土地利用类型的优化配置方案。社会经济因素约束条件包括：人口数量、民族、宗教、农业、工业、交通、商业、相关的规划或者政策、区域经济发展状况、区域经济结构、居民收入、消费者结构等多方面。社会经济系统是一个以人为核心，包括社会、经济及生态环境等领域，涉及各个方面和生存环境诸多复杂因素的巨型系统。它与物理系统的根本区别是社会经济系统中存在决策环节，人的主观意识对该系统具有极大的影响。社会经济因素约束条件体现的是社会经济系统中人类活动对生态系统及其服务水平的影响。自然因素约束条件和社会经济因素约束条件体现了可持续发展理念中重要的两方面。

2. 空间格局优化的实施

以南方丘陵山地屏障带土地利用数据及预测数据为基础，依据不同二级生态系统类型提供的主要生态系统服务不同，以提升综合生态系统服务水平为目标，基于元胞自动机（cellular automata，CA）的原理，利用 GeoSOS-FLUS 软件，对南方丘陵山地屏障带的生态系统空间分布格局进行优化，得到不同情境下生态系统服务水平提升后的南方丘陵山地屏障带生态系统空间分布数据。CA 模型是一种通过定义局部的简单的计算规则来模拟和表示整个系统中复杂现象的时空动态模型。它是一种在多个尺度内部呈离散状态的整体化系统，元胞遵循一种固定的演化规则，并根据这种独特的规则，持续性更新状态，从而达到动态模拟某一系统过程的目的（张慧芳，2012）。CA 模型主要采用"自下而上"的研究方式，具有自动化的复杂计算功能及动态的情景模拟能力，这些优势让它在模拟生态系统时空动态演变方面拥有速度快、精度高的能力。CA 模型和其他模型综合使用，能够融入宏观的政策等因素，更加全面和科学地开展土地利用变化的模拟与预测，从而为区域可持续发展提供强有力的基础数据和技术支撑。CA 模型通过与其他模型相结合，在综合考虑各种限制因素和转换规则的前提下，通过反复迭代综合空间分析与非空间分析，模拟土地利用变化情景，在国内外已经形成了较为成熟的研究模型。

FLUS 模型是用于模拟人类社会活动与自然环境影响下的土地资源利用变化发展以及未来土地利用情景的模型。该模型的原理是以传统元胞自动机为基础，进行较大的改进以便开展未来情景模拟。首先，FLUS 模型可以采用人工神经网络（artificial neural network，ANN）算法，通过一期土地资源利用信息数据与包含一个人为管理活动与自然环境效应的多种驱动力因子（气温、降水、土壤、地形、交通、区位、政策发展等方面）获取各用地类型在研究范围内的适宜性概率。其次，FLUS 模型采用从一期土地利用分布数据中采样的方式，能较好地避免误差传递的发生。另外，在研究土地发展变化特征过程中，FLUS 模型提出了一种基于轮盘赌选择的自适应惯性竞争市场机制，采用这种机制能非常有效地处理多种土地资源利用数据和信息。在自然环境影响作用与人类社会生产、生活活动共同影响下，能够处理土地利用类型发生相互转化时所产生的不确定性与复杂性。因此，FLUS 模型分析结果具有相对较高的模拟精度，能获得与现实生产过程中土地开发利用分布相似的结果。GeoSOS-FLUS 软件是根据 FLUS 模型的原理开发的多类土地利用变化情景模拟软件，是在其前身——地理模拟与优化系统（GeoSOS）基础上的发展与传承。GeoSOS-FLUS 软件为用户提供进行空间土地利用变化模拟的功能，在对未来土地开发利用变化情况进行分析模拟时，需要让用户先应用研究其他方法（系统动力学模型或马尔可夫链），或者使用预设情景来确定未来土地利用变化的数量，作为基础数据输入 GeoSOS-FLUS 模型中。GeoSOS-FLUS 软件能较好地应用于土地利用变化模拟与未来土地利用情景的预测和分析研究中，是进行地理空间模拟、参与空间优化、辅助决策制定的有效工具（李国珍，2018）。在本研究中，南方丘陵山地屏障带区域生态系统服务提升的步骤如下。

（1）设定发展情景

考虑到研究区域的土地利用结构及土地资源的空间配置受政策影响较大，根据分级指导和宏观控制相结合、生态环境保护和土地资源利用并举、实事求是与因地制宜等基本原则，以 2030 年为目标年，设定 3 种发展情景。

发展情景 1（本底发展情景）：南方丘陵山地屏障带基于 1995～2015 年的本底条件和当前发展趋势，在没有人为宏观政策调控下，遵循自然演变规律，实现发展。

发展情景 2（协调发展情景）：在《全国主体功能区划》《全国土地利用总体规划纲要（2006—2020 年）》等宏观政策的调控下，在保持区域经济稳定发展的前提下，充分开展土地利用空间格局优化，实现经济效益与生态效益协调发展。

发展情景 3（生态优先情景）：加强南方丘陵山地屏障带的生态用地保护，促进区域生态系统恢复，优化生态安全格局，实现生态系统服务价值最大化。

（2）设定目标函数

在本研究中，以南方丘陵山地屏障带区域几种主要生态系统服务的综合水平提升为目标，将生态系统服务提升的目标函数设定如下（Wu $et\ al.$，2017；Pan $et\ al.$，2013）。

$$EST = \sum_{1}^{n} ES_n \qquad (2-22)$$

式中，EST 为南方丘陵山地屏障带生态系统服务总量；n 为生态系统服务类型数，在本研究中为 3。对某种生态系统服务类型总量进行归一化：

$$ES_n = \frac{ES_{n,i} - ES_{n,i-\min}}{ES_{n,i-\max} - ES_{n,i-\min}} \qquad (2-23)$$

式中，n 为生态系统服务类型总数，在本研究中为 3；i 为生态系统类型。

$$ES_{n,i} = k_{n,1}X_1 + k_{n,2}X_2 + k_{n,3}X_3 + \cdots + k_{n,i}X_6 \qquad (2-24)$$

式中，$ES_{n,i}$ 为区域内第 n 种生态系统服务水平总量；i 为生态系统类型；$k_{n,i}$ 为 2015 年相应生态系统类型能够提供生态系统服务的能力；$X_1 \sim X_6$ 分别为 6 种提供生态系统调节服务的生态系统类型的面积（km²），由 Lingo 18.0 软件和 GeoSOS-FLUS V 2.2 计算。

（3）设定生态系统类型分布的约束条件

根据已发表的相关数据、南方丘陵山地屏障带的实际情况以及情景设定，具体从以下几个方面设立生态系统类型分布的约束条件：土地总面积约束条件、不同生态系统类型生长的环境条件（降水量、温度、坡度、海拔）、南方丘陵山地屏障带区域的土地开发强度。约束条件的具体设定参考研究区域的土地政策、资源利用政策以及相关的规划、目标等文件，数据来源主要有《全国主体功能区划》和《全国土地利用总体规划纲要（2006—2020 年）》（表 2-9），具体设定如下。

A. 土地总面积约束

各土地利用类型面积的总和应等于研究区的总面积，即

$$A = \sum_{i=1}^{n} A_i \qquad (2-25)$$

式中，A 为研究区域的总面积（km²），本研究区域的总面积为 1 209 808.33km²；n 为生态系统类型的数量；A_i 为某种生态系统类型 i 的面积（km²）。

B. 各生态系统类型面积约束

根据《全国主体功能区划》和《全国土地利用总体规划纲要（2006—2020 年）》，

南方丘陵山地屏障带区域的规划目标如下：对于限制开发区域，要求森林覆盖率提高，林地面积增加；草原面积保持稳定；水体、湿地、林地、草地等绿色生态空间扩大，人类活动占用的空间控制在 2015 年的水平，控制土地开发强度，不再增加建设用地，建筑面积基本保持稳定；限制开发区域的人口总量下降，部分人口转移到城市。设立禁止开发区，禁止进行土地开发、放牧、砍伐以及其他对区域生态环境有损害的活动，严格控制人为因素对自然生态环境完整性的干扰，人口数量不再增加，并引导人口逐步有序转移，提高区域生态环境质量。

表 2-9　各生态系统类型面积约束条件

序号	名称	二级约束条件	一级约束条件
X_1	常绿针叶林	$210\,545.00 \leqslant X_1 \leqslant T_1$（km²）	$X_1+X_2+X_3+X_4 \leqslant 908\,723.81$km²
X_2	常绿阔叶林	$601\,368.83 \leqslant X_2 \leqslant T_2$（km²）	$X_1+X_2+X_3+X_4 \leqslant 908\,723.81$km²
X_3	落叶阔叶林	$40\,163.88 \leqslant X_3 \leqslant T_3$（km²）	$X_1+X_2+X_3+X_4 \leqslant 908\,723.81$km²
X_4	灌丛	$56\,646.10 \leqslant X_4 \leqslant T_4$（km²）	$X_1+X_2+X_3+X_4 \leqslant 908\,723.81$km²
X_5	草地	$10\,686.78 \leqslant X_5 \leqslant T_5$（km²）	无
X_6	湿地	$1\,761.88 \leqslant X_6 \leqslant T_6$（km²）	无
X_7	农田	$267\,618.07 \leqslant X_7 \leqslant T_7$（km²）	无
X_8	城镇和建设用地	$11\,664.92 \leqslant X_8 \leqslant T_8$（km²）	无
X_9	裸地	$0 \leqslant X_9 \leqslant 11.18$km²	无
X_{10}	水体	$9\,341.68 \leqslant X_{10} \leqslant T_{10}$（km²）	无

$$T_i = 0.0625 \times N_i \tag{2-26}$$

式中，T_i 为生态系统类型 i 的最大适宜分布面积（km²）；N_i 为生态系统类型 i 在最大适宜分布面积情况下的栅格数量。

C. 土地开发强度约束

土地开发强度通常是指建设用地总量占行政区域面积的比例。根据《全国主体功能区划》和《全国土地利用总体规划纲要（2006—2020 年）》的政策要求，南方丘陵山地屏障带区域的土地开发强度不超过 5%，开发强度以县级行政区为单位进行计算：

$$\frac{X_8}{A_j} \leqslant 5\% \tag{2-27}$$

式中，X_8 为城镇和建设用地面积（km²）；A_j 为 j 县行政区的面积（km²）。

D. 生态系统类型分布的适宜性约束

适宜性约束是生态系统类型对不同自然条件的适宜程度。自然条件主要包括：高程、坡度、坡向、降水、光照、温度、土壤。本研究基于人工神经网络进行适宜性概率计算。

人工神经网络（ANN）算法包括预测与训练阶段，由输入层、隐含层、输出层组成，具体计算公式如下：

$$sn(p,i,t) = \sum_j \omega_{j,i} \times \text{sig}\left(net_j(n,t)\right) = \sum_j \omega_{j,i} \times \frac{1}{1 + \text{e}^{-net_j(n,t)}} \tag{2-28}$$

式中，$sn(p,i,t)$ 为 i 类型用地在时间 t、栅格 n 下的适宜性概率；$\omega_{j,i}$ 是输出层与隐含层的权重；sig( ) 是二者的激励函数；$net_j(n,t)$ 表示第 j 个隐含层栅格 n 在时间 t 上的信号。适宜性概率总和为 1：

$$\sum_k sq(n,i,t) = 1 \tag{2-29}$$

生态系统类型转化概率受到惯性系数、地类竞争、转换成本及邻域密度因素影响。各类型用地具有惯性系数，第 k 种地类在 t 时刻的自适应惯性系数 Ia_i^t 为

$$Ia_i^t \begin{cases} Ia_i^{t-1} & \left|D_i^{t-2}\right| \leqslant \left|D_i^{t-1}\right| \\[2mm] Ia_i^{t-1} \times \dfrac{D_i^{t-2}}{D_i^{t-1}} & 0 > D_i^{t-2} > D_i^{t-1} \\[2mm] Ia_i^{t-1} \times \dfrac{D_i^{t-2}}{D_i^{t-1}} & D_i^{t-1} > D_i^{t-2} > 0 \end{cases} \tag{2-30}$$

式中，D_i^{t-1}、D_i^{t-2} 分别为 $t-1$、$t-2$ 时刻需求数量与栅格数量在第 i 种类型用地的差值。使 CA 模型迭代确定各生态系统类型分布。在 t 时刻，栅格 n 转化为 i 用地类型的概率为

$$T_{n,i}^t = sn(n,i,t) \times \phi_{n,t}^t \times Ia_i^t \times \left(1 - sc_{c \to i}\right) \tag{2-31}$$

式中，$sc_{c \to i}$ 为 c 生态系统类型改变为 i 生态系统类型的成本；$1 - sc_{c \to i}$ 为转换困难度；$\phi_{n,t}^t$ 为邻域效应，其公式为

$$\phi_{n,t}^t = \frac{\sum_{N \times N} T\left(C_n^{t-1} = i\right)}{N \times N - 1} \times \omega_i \tag{2-32}$$

式中，$\sum_{N \times N} T\left(C_n^{t-1} = i\right)$ 表示在 $N \times N$ 的邻域窗口，第 i 种生态系统类型的栅格总数，本文中 $N=3$；ω_i 为邻域权重，3 种情景下取值相同。

（4）多层次的生态系统服务提升

在 GeoSOS-FLUS 软件中，使用人工神经网络模拟和计算在自然、交通区位、社会经济等土地利用变化驱动力下，各生态系统类型在每个单元上的分布概率，在生态系统服务功能最大化目标下得到各生态系统的最优空间分布，并评估生态

系统服务提升效果。

（七）结果和分析

1. 生态系统空间分布适宜性

南方丘陵山地屏障带区域的生态系统最适空间分布如常绿针叶林的最适分布区主要集中在东部（福建、江西和浙江），中部（湖南），南部（广东和广西）坡度较大、海拔较高、降水量较大、气温较低的部分地区。常绿阔叶林的最适分布区最为广泛，主要分布在研究区中部和东部中低海拔、降水量较大、气温较高的区域。落叶阔叶林的最适空间分布集中在研究区北部靠近秦岭一带中低海拔、降水量中等、气温适中的区域。灌丛的最适空间分布集中在研究区南部、西部和东部山顶。草地的最适空间分布集中在研究区西部的云贵高原。湿地的最适空间分布集中在南方丘陵山地屏障带的西南地区以及北部地区。其余生态系统类型的分布概率差异性较低，无最适空间分布区。以上结果表明，南方丘陵山地屏障带生态系统最适空间分布呈现垂直地带性和纬度地带性，从高海拔到低海拔依次为灌丛、常绿针叶林、常绿阔叶林或落叶阔叶林、草地。从低纬度到高纬度，随着水分和热量的降低，依次为常绿阔叶林、常绿针叶林、落叶阔叶林。

2. 本底发展情景空间格局优化结果

常绿阔叶林是分布最为广泛的生态系统类型，面积为 607 312.96km²，超过南方丘陵山地屏障带区域总面积的 50%；耕地次之，面积为 262 924.03km²，主要分布于研究区域西北部的四川盆地边缘、研究区域南部的广西丘陵地区及江西鄱阳湖周边地区；常绿针叶林主要分布于研究区域东部海拔较高的丘陵和山地地区以及研究区域西部的云贵高原地区，面积为 207 309.33km²。

在本底发展情景下，南方丘陵山地屏障带区域的生态系统提供的水源涵养服务功能量为 7406.65×10⁸t。各类生态系统提供的水源涵养服务功能量从大到小依次为常绿阔叶林＞常绿针叶林＞灌丛＞落叶阔叶林＞草地＞湿地。常绿阔叶林提供的水源涵养服务总量最大，为 5210.74×10⁸t，常绿针叶林提供的水源涵养服务总量为 1517.50×10⁸t，灌丛提供的水源涵养服务总量为 367.16×10⁸t。

在本底发展情景下，南方丘陵山地屏障带区域的生态系统提供的土壤保持服务功能量为 123.08×10⁸t。各类生态系统提供的土壤保持服务功能量从大到小依次为常绿阔叶林＞灌丛＞落叶阔叶林＞常绿针叶林＞草地＞湿地。常绿阔叶林提供的土壤保持服务总量最大，为 85.02×10⁸t，灌丛提供的土壤保持服务总量为 5.39×10⁸t，落叶阔叶林提供的土壤保持服务总量为 5.19×10⁸t。

在本底发展情景下，南方丘陵山地屏障带区域的生态系统提供的碳固定服务功能量为 36 745.46×10^4t。各类生态系统提供的碳固定服务功能量从大到小依次为常绿阔叶林＞常绿针叶林＞灌丛＞落叶阔叶林＞草地＞湿地。常绿阔叶林提供的碳固定服务总量最大，为 25 126.97×10^4t，常绿针叶林提供的碳固定服务总量为 7965.45×10^4t，灌丛提供的碳固定服务总量为 1879.58×10^4t。

3. 协调发展情景空间格局优化结果

在协调发展情景下，常绿阔叶林是分布最为广泛的生态系统类型，面积为 614 511.27km^2，超过南方丘陵山地屏障带区域总面积的 50%；耕地次之，面积为 252 024.59km^2，主要分布于研究区域西北部的四川盆地边缘、研究区域南部的广西丘陵地区及江西鄱阳湖周边地区；常绿针叶林主要分布于研究区域东部海拔较高的丘陵和山地地区以及研究区域西部的云贵高原地区，面积为 211 371.45km^2。

在协调发展情景下，南方丘陵山地屏障带区域的生态系统提供的水源涵养服务功能量为 7500.46×10^8t。各类生态系统提供的水源涵养服务功能量从大到小依次为常绿阔叶林＞常绿针叶林＞灌丛＞落叶阔叶林＞草地＞湿地。常绿阔叶林提供的水源涵养服务总量最大，为 5272.51×10^8t，常绿针叶林提供的水源涵养服务总量为1547.24×10^8t，灌丛提供的水源涵养服务总量为 355.72×10^8t。

在协调发展情景下，南方丘陵山地屏障带区域的生态系统提供的土壤保持服务功能量为 124.72×10^8t。各类生态系统提供的土壤保持服务功能量从大到小依次为常绿阔叶林＞常绿针叶林＞落叶阔叶林＞灌丛＞草地＞湿地。常绿阔叶林提供的土壤保持服务总量最大，为 86.03×10^8t，常绿针叶林提供的土壤保持服务总量为 27.48×10^8t，落叶阔叶林提供的土壤保持服务总量为 5.45×10^8t。

在协调发展情景下，南方丘陵山地屏障带区域的生态系统提供的碳固定服务功能量为 37 224.56×10^4t。各类生态系统提供的碳固定服务功能量从大到小依次为常绿阔叶林＞常绿针叶林＞灌丛＞落叶阔叶林＞草地＞湿地。常绿阔叶林提供的碳固定服务总量最大，为 25 424.79×10^4t，常绿针叶林提供的碳固定服务总量为8121.53×10^4t，灌丛提供的碳固定服务总量为 1821.02×10^4t。

4. 生态优先情景空间格局优化结果

在生态优先发展情景下，常绿阔叶林也是分布最为广泛的生态系统类型，面积为 674 512.38km^2，超过南方丘陵山地屏障带区域总面积的 50%；常绿针叶林次之，面积为 212 625.54km^2，常绿针叶林主要分布在研究区域东部海拔较高的丘陵和山地地区、研究区域西部的云贵高原地区和中部地区；耕地面积为201 493.64km^2，主要分布于研究区域西北部的四川盆地边缘、研究区域南部的广西丘陵地区及江西鄱阳湖周边地区。

在生态优先发展情景下，南方丘陵山地屏障带区域的生态系统提供的水源涵养服务功能量为 $7967.33×10^8$t。各类生态系统提供的水源涵养服务功能量从大到小依次为常绿阔叶林＞常绿针叶林＞灌丛＞落叶阔叶林＞草地＞湿地。常绿阔叶林提供的水源涵养服务总量最大，为 $5787.31×10^8$t，常绿针叶林提供的水源涵养服务总量为 $1556.42×10^8$t，灌丛提供的水源涵养服务总量为 $306.86×10^8$t。

在生态优先发展情景下，南方丘陵山地屏障带区域的生态系统提供的土壤保持服务功能量为 $132.49×10^8$t。各类生态系统提供的土壤保持服务功能量从大到小依次为常绿阔叶林＞常绿针叶林＞落叶阔叶林＞灌丛＞草地＞湿地。常绿阔叶林提供的土壤保持服务总量最大，为 $94.43×10^8$t，常绿针叶林提供的土壤保持服务总量为 $27.64×10^8$t，落叶阔叶林提供的土壤保持服务总量为 $5.46×10^8$t。

在生态优先发展情景下，南方丘陵山地屏障带区域的生态系统提供的碳固定服务功能量为 $39\,410.95×10^4$t。各类生态系统提供的碳固定服务功能量从大到小依次为常绿阔叶林＞常绿针叶林＞灌丛＞落叶阔叶林＞草地＞湿地。常绿阔叶林提供的碳固定服务总量最大，为 $27\,907.28×10^4$t，常绿针叶林提供的碳固定服务总量为 $8169.71×10^4$t，灌丛提供的碳固定服务总量为 $1570.87×10^4$t。

5. 南方丘陵山地主体功能区各类生态系统空间分布适宜性

生态系统空间分布适宜性研究结果显示，南方丘陵山地屏障带区域的生态系统分布具有垂直地带性、纬度地带性和经度地带性。

垂直地带性主要表现为：随着海拔从高到低变化，研究区生态系统分布类型依次为山顶常绿灌丛草甸、常绿针叶林、常绿阔叶林或落叶阔叶林。研究区内山地植被垂直带谱的典型基带都为常绿阔叶林，是优势垂直带。带谱上下各带同样都含有常绿阔叶乔木。南方丘陵山地屏障带区域的突出特点是森林线的位置高，如研究区的武夷山由于地处低海拔的丘陵区，无森林线。研究区内生态系统分布具有垂直地带性的原因如下：从高海拔到低海拔，月平均气温降低，植物生长周期变短；另外，风速、降水量、太阳辐射逐渐减少，土壤也发生变化，植被分布沿海拔梯度规律性变化，表现为植被的垂直地带性。

纬度地带性主要表现为：从南向北，研究区生态系统分布类型依次为亚热带植被到温带植被（常绿阔叶林—常绿针叶林—落叶阔叶林）。垂直基带与所处纬度地带性植被类型完全一致，从南向北，山区垂直带数目减少，植被垂直带的分布高度逐渐降低，森林线降低。研究区优势垂直带的位置和类型（常绿阔叶林）也体现纬度地带性，形成纬度地带性的原因如下：从低纬度到高纬度，太阳辐射强度逐渐降低，热量逐渐减少，年平均气温和积温逐渐降低，如我国从南海诸岛至大兴安岭北端，≥10℃积温由 9000℃以上降低至 1700℃以下，变化幅度很大而水分状况差异却不显著，干燥度约为 1，无显著变化。不同类型植被对热量的需求不同，常绿阔叶林对热量要求高，落叶阔叶林相对较低。热量变化是引起植被垂直带结构和主要垂直基带性质变化的主导因素。

经度地带性主要表现为：研究区内由东至西，主要生态系统由森林生态系统变化为森林-草原生态系统。森林线降低，主要的常绿阔叶林和常绿针叶林减少。水分条件成为决定山地植被垂直带结构变化的主导因素，由东向西，由于与海洋的距离增加，季风带来的降水逐渐减少，气候越来越干旱，植被的生长和发育受水分条件制约。对水分要求苛刻的常绿阔叶林的分布越来越少，对水分要求宽松的草原的分布变得广泛。

6. 南方丘陵山地主体功能区不同情景下生态系统空间格局和生态系统服务功能量动态

在不同情景下，约束条件性质和数量的变化影响自然生态系统类型和土地利用类型的面积变化及空间格局的变化，进而影响各生态系统服务的功能量变化。从本底发展情景、协调发展情景至生态优先发展情景，约束条件类型的数量由少至多。本底发展情景下约束条件主要为自然环境约束，包括光、温度、降水、土壤、地形地貌、海拔，这些因子决定植被分布的适宜性。协调发展情景在考虑经济增长的前提下，提升总服务水平，约束条件除了自然条件约束，还增加了政策、法规约束，如保护区和重点生态功能区规划和实施方案及土地转化限制，人类活动约束如土地开发强度等。生态优先发展情景在协调发展情景的基础上，又增加了对具有高生态系统服务能力的生态系统类型面积最大化的要求，约束条件也由宽松变苛刻，限制因子的范围变小，对各类生态系统空间位置和数量提出了更高的要求，生态系统分布格局随之改变，影响各类服务的功能量。

在本底发展情景下，区域生态系统服务总功能量提升不显著，其主要原因是常绿针叶林和落叶阔叶林面积的减少，导致其提供的 3 种生态系统调节服务功能量减少，抵消了常绿阔叶林面积增加带来的生态系统服务功能量的增加。常绿针叶林和落叶阔叶林面积的减少主要由于区域气候变暖，年均温升高，降水线和温度线北移、上移，压缩了这两种生态系统类型的适宜分布面积。

在协调发展情景下，区域生态系统服务总功能量有所提升，其主要原因是常绿阔叶林面积增加，其提供的 3 种生态系统调节服务功能量增加。常绿阔叶林面积的增加也与气候变暖相关。该方案实现了生态效益和经济效益的协同提升，在现有可持续发展政策的支持下，可行性较高。

在生态优先情景下，区域生态系统服务总功能量提升显著，其主要原因是耕地的大幅度减少并不影响生态系统调节服务功能量的变化，在此基础上，虽然草地和灌丛面积减少，带来了一定的区域生态系统服务功能量损失，但具有高生态系统调节服务提供能力的常绿阔叶林生态系统、常绿针叶林生态系统的面积大幅度增加，依然使得水源涵养服务功能量、土壤保持服务功能量和碳固定服务功能量增长。生态优先方案的实施需要进行大规模的退耕还林还草，部分草地和灌丛需要转化为森林生态系统，虽然能够实现区域生态系统调节服务总量最大化，但在实际实施过程中成本巨大，可行性较低。

第三章　自然保护地生态资产评估[*]

第一节　生态资产评估概述

生态资产与人类社会密切相关、相互依存。自 20 世纪 90 年代以来国内外对生态资产及其价值广泛关注，生态资产价值核算成为研究热点。生态资产评估包括自然资源评估研究与生态系统服务研究。有关生态资产物质量核算与价值评估的研究包括如下几方面。

（1）生态资产价值评估研究

1997 年戴利（Daily）等编写专著深入阐述了生态系统服务的内容与特点，指出其是维持人类生存的必要条件和过程。随后 Costanza 等（1997）将全球生态系统服务归纳为 17 种类别并进行了详细阐述。其中的生态系统服务参数与研究方法奠定了生态经济价值的研究基础，生态经济学理论和实践发生了根本变革。1999 年博隆德（Bolund）等分析对比瑞典不同年度生态资产（Bolund and Hunhammar，1999）。研究人员逐步建立以市场经济为主要依据的各种价值核算方法（Azqueta and Sotelsek，2007；武晓明，2005），或者通过相关技术软件、生态数学模型等多种方法进行各尺度生态资产估算（Sherrouse and Semmens，2010；周冬梅，2015）。Björklund（1999）对城市多种生态资产指标进行价值估算。2003 年李京等基于遥感技术，构建生态资产定量评估的模型和方法。Chee（2004）从生态学观点表明评估生态资产价值具有复杂性和挑战性。2007 年高吉喜等对生态资产相关概念进行明确界定（高吉喜和范小杉，2007），展望未来研究方向，并对青藏高原的生态资产进行了评估（谢高地等，2003）。2008 年王让会等将生态资产分为 5 类，并核算城市森林生态系统的生态资产价值。2017 年博文静等利用净现值法估算得到中国森林生态资产总价值。

（2）自然资源评估研究

为推动可持续发展理念与相关政策，自然资源价值评估是建立人与自然资源和谐关系、自然资源可持续发展管理机制的基础（Fenech et al.，2003）。1983 年刘新田等提出自然保护地同时具备生态价值与科研价值。1991 年麦克尼利（McNeely）等将自然资源的价值分为直接价值和间接价值。1999 年薛达元针对自然保护区生

---

* 本章由舒航、邢一明、萨娜执笔。

物多样性分类提出相应价值评估方法。2000 年陈仲新等参考了 Costanza 等（1997）的参数，估算了中国生态系统的总价值（陈仲新和张新时，2000）。2011 年孟祥江全面阐述森林生态系统价值核算框架体系。

（3）生态系统服务研究

1999 年欧阳志云等研究了陆地生态系统的生态经济价值。联合国于 2001 年提出千年生态系统评估，对全球生态系统以及人类福祉进行综合评估（Yang *et al.*，2013），推动生态系统保护和可持续利用。2002 年豪沃思（Howarth）等阐述通过影子工程法计算生态系统服务价值过程（Howarth and Farber，2002）。2004 年欧阳志云等研究并核算了海南岛 13 类生态系统服务的经济价值。2005 年靳芳等构建森林生态系统服务评估体系。2006 年许纪泉等对武夷山自然保护区生态系统服务价值进行估算（许纪泉和钟全林，2006）。2009 年戴利（Daily）等分析了生态系统服务整合纳入决策制定所发挥的作用。2015 年朱颖等梳理了森林生态系统功能类别、生态系统服务的评价方法和指标体系（朱颖和吕洁华，2015）。2016 年欧阳志云等对于中国生态资产提升的 7 项生态系统服务进行了评估（Ouyang *et al.*，2016）。

一、生态资产的分类

生态资产是指国家拥有的、能以货币计量的，并能带来直接、间接或潜在经济利益的生态经济资源（Cord *et al.*，2017；王健民，2002）。生态资产作为人类从自然环境中获得的各种服务的物质基础，属于国家资产。从内容构成来看，生态资产是自然资源自身价值、多重复合生态系统服务价值以及文化社会价值的货币化综合集成（高吉喜和范小杉，2007）。生态资产所具备的自然资源和产生的生态系统服务与功能是相辅相成的，具有较高的经济价值，一经遭到破坏不可逆转。

对于生态资产的评估而言，基于生态系统结构类型进行科学的分类是价值核算的重要基础。生态资产的重要特征是它不仅关注生态系统本身，而且关注这些生态系统服务产生的收益流。对于生态资产的分类需重视评估区域的现有资产组成、结构功能性质以及影响人类经济社会的各要素价值。生态系统是生物赖以生存的基本条件，生态资产核算应当注重区域生态系统自身状况，在评估生态资产结构及价值时，根据生态资产结构框架进行分类，以便选取相互独立且有代表性的评估指标（刘焱序等，2018）。

从目前国内的研究来看，我国关于生态资产价值研究存在两方面问题：一方面，基于生态资产的复杂性和生态系统处于动态变化的不确定性，大部分研究从生态系统功能与服务的角度出发对其进行分析和评估。另一方面，由于生态资产理论概念界定不清晰，一些研究仅以一定时间和空间上的生态系统服务流量价值代替生态资产总价值，没有考虑到自然资源存量、社会资源、生态旅游等方面的价值，从而低估了区域生态资产价值。

二、生态资产评估体系

生态资产包括物质资产和生态系统服务带来的效益，一方面生态系统与生态景观实体是生态资产的基础，另一方面生态系统提供的间接贡献和由此增加的福祉是生态资产增值的方式（高吉喜等，2016；Sangha *et al.*，2015）。生态资产价值应是自然资源自身价值、多重复合生态系统服务价值以及文化社会价值的货币化综合集成，同时具备时间和空间双重属性，是存量与流量、动静结合的状态。生态资产评估是对生态资产的特点和总量的总体评价与估测，是针对不同区域、不同尺度和不同生态系统，运用生态学和经济学理论，结合地面调查、遥感和地理信息技术等手段，进行生态资产的核算、综合估价，获得科学、客观的数据（王娟娟等，2014；陈志良等，2007；Chee，2004）。

人类在认识自然、利用和改造自然时需要始终贯彻坚持可持续发展的理念，才能促进生态系统服务的可持续发展。结合生态学与经济学概念，针对多类型自然保护地建立生态资产价值评估体系和评估方法，通过评估价值定量研究生态功能供给关系、明确自然保护区生态现状（Hou *et al.*，2014）。研究人员广泛收集现有的生态资产价值评估方法与成果，集成多种理论方法（高吉喜和范小杉，2007；宋鹏飞和郝占庆，2007；蒋菊生，2001），根据生态环境功能的不同、自然资源提供服务的方式不同，相应的评估价值也不同，设计适合于各个类型自然保护地的生态资产评估体系。通过结合实际情况、产品价格、公众意愿与旅游现状，获取不同类型自然保护地生态资产不同指标类型的数据资料，利用建立的指标与模型构成完整的评估体系，合理估算生态资产价值。

根据国内外有关生态资产评估理论与方法以及国内外有关生态资产补偿的案例与实践的经验，基本确定了我国自然保护地生态资产评估的模式框架，包括基于自然保护地类型（自然保护区、国家风景名胜区、国家森林公园、国家湿地公园、国家地质公园等）的生态资产评估、生态资产指标类型（生产功能资产、调节与支持功能资产、保护功能资产、文化功能资产等）和评估指标；进一步完善了提出的重要自然保护地生态资产的测算机制框架，包括评价方法（能值分析评价法、物质量评价法、价值量评价法、单位服务功能价格法、单位面积价值当量因子法等）、生态资产评价参数、生态资产评估指标选择的科学性与时效性等。

针对自然保护地的自然生态情况，将生态资产价值分为两类：一类是自然资源存量的价值；另一类是生态系统服务价值（严立冬等，2018）。结合多类型自然保护地实际情况和生态系统类型构成，为保证指标的独立性、避免重复计算，基于存量与流量价值的两大基础分类（刘焱序等，2018），确立了自然资源价值、自然产品价值、生态系统服务价值多个价值类别，具体包括 14 个详细分类的指标，作为生态资产评估指标（Obst *et al.*，2016）。生态资产价值主要包括区域范围内自然资源，即森林、草地、水体生态系统以及相应自然产品本身的实物价值，还包括水土保持、固碳释氧、水源涵养、生物多样性等生态系统服务价值（王燕等，2013；谢高地等，2001），在保护的基础上进行科学研究的价值，以及基于自然保护地在指定的区域内开展生态旅游的价值。实物资源是生态资产的重要基础组成部分，资源丰富度越高、结构越稳定，相应的存在价值、生态系统服务价值越大。因此贯彻"先实物量、后价值量"的核算思路，通过细化评估指标、明确对象、寻找相对科学的核算方法（Anna *et al.*，2017；王方，2012）对自然保护地的生态资产进行核算。

第二节　自然保护地生态资产评估体系

建立自然保护地的主要目的是防止物种灭绝和生物多样性丧失，保护自然生态系统的完整性和多样性，希望自然资源得到有效保护的同时促进生态系统服务的更好发展，为人类提供更多福祉，产生更多价值（薛达元，1999；Costanza *et al.*，1998）。在设计适合于各个类型自然保护地的生态资产评估体系时，需要构建专家评分体系。评分体系主要通过专家调查问卷的方式开展，并与参与问卷的专家进行补充交流。根据不同指标价值类型的重要性由高到低分别赋值。通过自然保护地实际情况明确相应评估对象，细化评估指标，结合相应核算方法，进行权重分析，对自然保护地生态资产价值进行核算（表 3-1，图 3-1）。

表 3-1　生态资产评估方法

价值分类	价值类型	价值量评估指标	计算方法
存量价值	实物价值	森林生态系统	市场价值法
		草地生态系统	市场价值法
		水体生态系统	市场价值法
		湿地生态系统	市场价值法
	产品价值	林业产品价值	直接市场法
		农业产品价值	直接市场法
		畜牧业产品价值	直接市场法
		渔业产品价值	直接市场法

续表

价值分类	价值类型	价值量评估指标	计算方法
流量价值	生态系统服务	土壤保持价值	机会成本法、市场价值法
		固碳释氧价值	造林成本法、碳税法
		涵养水源价值	影子工程法
		生物多样性价值	成果参照法
		营养物质循环价值	机会成本法
		科研价值	成果参照法
		生态旅游价值	条件价值评估法、问卷调查、支付意愿法
		文化价值	专家评分、问卷调查、支付意愿法

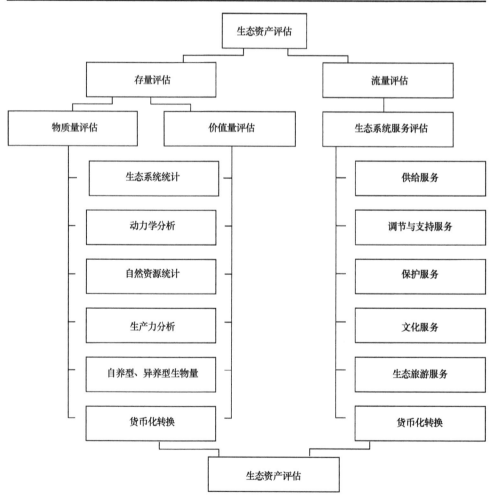

图 3-1　生态资产评估分类

第三节 自然保护地生态资产评估指标

基于生态系统类型构成进行生态资产分类。在将生态资产分为存量与流量两部分价值作为分类依据的基础上，生态资产的指标选取需充分考虑自然保护区的共性和个性、自然保护区的科学研究、生态旅游以及涉及自然-社会-经济多层次多方面的因素，以便在全国范围自然保护区推广应用。将自然资源价值根据生态系统尺度进行分类，主要包括森林、草地、水体等自然资源，相应的自然生态系统实物产品主要包括林木产品、农业产品、水资源产品以及产出丰富的副产品等。自然保护区生态资产还应包括生态过程中流动的生态系统服务价值，在生态保护的基础上进行科学研究以及在指定的管理范围内开展的生态旅游等无形价值。

为保证指标的独立性、避免嵌套计算，针对各个组成要素选择指标时主要侧重核算自然资源物质量、资源供给、调节服务与文化服务。由于相关珍稀生物物种、矿产资源、遗传资源难以用价值核算，其生态资产价值核算结果具有不确定性，因此生态资产价值核算评估中不涵盖自然资本中的地下不可再生资源价值、无法估计的环境价值、生态系统支持服务价值的核算（刘焱序等，2018）。

本研究确立了自然资源价值、自然产品价值和生态系统服务价值 3 个价值类别 14 个分类指标作为生态资产评估的指标（表 3-2）。贯彻先物质量核算、后价值量评估的研究思路（姚霖和余振国，2015），通过明确生态资产对象、细化评估指标，对自然保护区的生态资产物质量进行核算与综合分析，再通过确定科学的价值核算方法进行价值量评估（表 3-3）。在针对不同研究、不同区域生态资产进行分类过程中，可根据此分类综合梳理生态资产价值，依照研究区域现存生态资源与地理条件进行类似的二级分类，充分考虑区域内资源与福祉等相关因素的整体性和相关性、减少不必要的冗余，进行不同指标取舍。

表 3-2 生态资产价值分类及评估指标

价值分类	价值类型	价值量评估指标
存量价值	自然资源价值	森林生态系统价值
		草地生态系统价值
		水体生态系统价值
		湿地生态系统价值
	自然产品价值	林木产品价值
		农业产品价值
		水资源产品价值
流量价值	生态系统服务价值	土壤保持价值

价值分类	价值类型	价值量评估指标
流量价值	生态系统服务价值	固碳释氧价值
		涵养水源价值
		空气净化价值
		生物多样性价值
		科研价值
		生态旅游价值

表 3-3　生态资产指标以及详细计算公式与说明

价值类型	计算公式	说明
林业产品价值	$V_{林业} = P_{木} \times U_{木}$	$V_{林业}$ 为林业产品价值（元），$P_{木}$ 为木材生产量（m^3），$U_{木}$ 为木材市场价格（元/ m^3）
渔业产品价值	$V_{渔业} = P_{渔} \times U_{渔}$	$V_{渔业}$ 为渔业产品价值（元），$P_{渔}$ 为渔业生产量（t），$U_{渔}$ 为渔业市场价格（元/t）
农业产品价值	$V_{农业} = P_{农} \times U_{农}$	$V_{农业}$ 为农业产品价值（元），$P_{农}$ 为农业产品产量（t），$U_{农}$ 为农产品市场价格（元/t）
畜牧业产品价值	$V_{畜牧} = P_{畜} \times U_{畜}$	$V_{畜牧}$ 为畜牧产品价值（元），$P_{畜}$ 为畜牧业产品产量（t），$U_{畜}$ 为畜牧业产品市场价格（元/t）
水土保持价值	$A_c = A_r - A_g$ $E_f = \Sigma A_c \times C_i \times P_i$ $(i = N, P, K)$ $E_n = A_c \times 24\% \times C / \rho$	A_c 为土壤保持量（t/hm²），A_r 为无林地土壤侵蚀量（t/hm²），A_g 为有林地土壤侵蚀量（t/hm²）。E_f 为保护土壤肥力的经济效益（元/a）；A_c 为土壤保持量(hm²)；C_i 为土壤中 N、P、K 含量；P_i 为 N、P、K 的价格。E_n 为减少泥沙淤积的价值（元/hm²），C 为水库工程费用（元/hm²），ρ 为土壤容重
固碳释氧价值	$Q_{CO_2} = 1.63 \times P_{CO_2} \times S$ $Q_{O_2} = 1.2 \times P_{O_2} \times S$	Q_{CO_2} 为单位面积 CO_2 固定量的价值（元），Q_{O_2} 为单位面积释放 O_2 的价值（元），P_{CO_2} 为单位 CO_2 固定量的价格（元），P_{O_2} 为单位面积释放 O_2 的价格（元），S 为净初级生产力[t/（hm²·a）]
涵养水源价值	$Q = A \times J \times R$	A 为生态系统面积（hm²），J 为平均产流降水量（mm），R 为减少径流的效益系数
生物多样性价值	/	参考谢高地的研究成果，单位面积的生物多样性价值为2884.6 元/hm²
营养物质循环价值	$F = (GN + GP + GP + GK)/3 \times S \times T$	F 为营养物质循环价值，GN、GP、GK 分别为氮、磷、钾元素在植物中的含量，S 为净初级生产力[t/（hm²·a）]，T 为我国氮磷钾化肥平均价格2549 元/t

第四节　自然保护地自然资源存量资产分类

一、自然资源存量价值分类

生态资产价值核算理论方法需基于现实数据进行选择，应做到具体可衡量、保证相关性和时效性。本研究将自然资源存量分为两部分：自然资源与生态系统提供的自然产品。贯彻"先物质量、后价值量"的方法将有形的自然资源生态资产存量转化为各类自然资源与相关自然产品物质量，通过利用相应的评估方法与模型计算自然资源存量总价值（王方，2012）。

（一）自然资源价值

自然资源是生态资产的重要组成部分，其丰富度越高，生态系统结构越稳定，产生相应的存在价值、生态系统服务价值越大（傅伯杰等，2012）。自然资源是生态环境平衡的调节者，是人类赖以生存和发展的重要来源。因此以良好的自然生态环境为基础，在实行人工保护条件下保证资源永续利用，建立自然保护区，保证其源源不断地提供自然资源、生态产品和服务，实现价值增值与转化。自然保护区相对于其他区域而言，有效保护了生物多样性，建立了自然基因库，提高了自然资源的丰富度与生物量，其生物资源、地质水文、海洋矿产、环境资源等天然资源更为丰富，生态环境资源逐渐成为产业投资资本并作为资本化运作的经济资产，经济、社会和生态效益转化率显著。

自然保护区自然资源存量价值评估主要针对自然保护区的资源情况特点以及统计资料进行梳理整合。为了更系统地研究自然保护区生态资产的物质资源存量，在评估尺度上选择生态系统为基础单位。贯彻生态资产物质量核算以及价值量评估的研究思路，在各生态系统物质量分类计算的前提下，可以通过市场价值法将自然资源拟商品化进行价值量估算。市场价值法是将生态环境作为生产中的一个要素，生态环境质量的变化将导致生产率和生产成本的变化，进而影响价格和产出水平的变化，或者导致产量或预期收益的损失，通过这种变化可求出生态环境质量的价值。市场价值法适合于没有费用支出但有市场价格的生态服务功能的价值评估，是目前应用最广泛的生态系统服务功能价值评价方法。

（二）自然产品价值

在一定程度可允许活动的范围内，一些自然资源通过自然保护区内居民的采集、加工、生产，可在特定市场范围内产生生态产品，实现多功能以及复合型使用价值。自然保护区产出的农业产品因其独特的价值有着固定的市场需求，通过科学合理的保护与采摘可以在保证可持续发展的同时实现商品的价值转换，有力地促进农业增效、农民增收、社会经济发展，自然保护区自然资源的生产力关系到人类生存发展的经济利益和长远利益（Guerry *et al.*，2015）。

生态系统产品具有数量特征和经济市场。通过直接售卖或间接生产加工处理的方式，自然产品可以投入市场交易过程中，包含的直接使用价值在经济市场中转化为产品价格，既能保持自然保护区的资源利用率，也能满足人类消费需求（Hou *et al.*，2014）。在物质量分析核算中根据自然保护区自然资源、生态系统的特点将资源分类登记，资源随着保护管理和经济发展的变化而变化，产生的生态系统自然产品内容也不断增多、更新，需做到资产条目清晰、及时更新。

针对不同生态系统产品，根据相应市场经济情况可对具有实际市场的生态系统资源产品和服务的经济产出价值进行核算（Sangha et al.，2015；Ernstson and Sorlin，2013）。利用直接市场法评估生态系统资源价值和相应产品实现的经济价值，即自然产品价值可以通过市场商品价格进行估算。选取具有代表性的产品，先核算物质产出量，通过掌握周边相关产品单位价值进而转化成价值量（Gómez-Baggethun et al.，2010）。例如，自然保护区林地资源物质量可以用核算活立木蓄积量来代替，按照当前经济市场上原木的单位价格进行价值评估，加上其他林地按相应折旧价值计算得到的价值量，最终得到林地资源总价值。因此自然产品价值评估公式为

$$V = \sum_{i=1}^{k} P_i \times U_i \qquad (3\text{-}1)$$

式中，V 为 k 个资源的总价值（元）；P_i 为第 i 类资源量（m³）；U_i 为第 i 类资源市场价格（元/m³）。

二、多类型自然保护地生态系统服务价值分类

生态系统服务价值一般以间接市场价格的形式体现，多种生态系统具有营养物质积累、森林防护、净化大气环境、为生物提供生境等多种功能，为人类带来了巨大的物质财富和精神财富，对其价值的评估主要是指生态系统维护和人类生活质量改善的环境价值（Costanza et al.，2017）。自然保护地内主要的生态系统服务价值，包括土壤保持、固碳释氧、涵养水源、空气净化、生物多样性、科学研究、文化服务、生态旅游 8 个方面产生的服务与改善生态环境的价值。结合相关研究与分析方法，分别应用市场价值法、替代市场法、影子工程法以及当量因子法进行估算（Anna et al.，2017；Saarikoski et al.，2016）。

（一）土壤保持价值

植被能有效地减轻土壤侵蚀、防风固沙，即通过截留降水、树干径流、林冠截留、土壤的非毛管孔隙渗透，降雨时不易形成地表径流。植被根系可减少营养流失，防止土壤崩塌的同时也减少了受重力影响导致的土壤侵蚀。土壤中土粒的孔隙大小不一，相互交错相连，构成土壤中极其复杂的孔隙网络，保持在这些孔隙里的水受到毛管力的作用，这部分水称为毛管水。毛管水完全具有液态水的性质，可以在孔隙中自由流动，是土壤水中最活跃的部分，也是农业生产中最有价值、最宝贵的水分（田耀武等，2016）。土壤水的保持力主要有两类：一类是土粒和水界面上的吸附力；另一类是在土壤孔隙内土壤固体表面、水和空气界面上

的毛管力。以自然保护地内林地面积与每年减少土地损失的面积计算固土的物质量。自然保护地每年防止土壤侵蚀的经济价值以当前市场单位平均价值进行计算。

（二）固碳释氧价值

自然植被是物质交换和能量流动的主要场所，在维持全球碳循环平衡、应对全球气候变化等方面发挥着不可替代的作用（田耀武等，2016；欧阳志云等，1999）。基于自然保护地森林生态系统总碳储量计算每年森林生态系统可吸收二氧化碳、释放氧气的量。以物质量计算价值量，根据能值分析方法计算其固碳释氧生态系统服务价值。在评估生态系统对 CO_2 的吸收与固定作用时，以生态系统有机物质生产为基础，根据光合作用和呼吸作用的反应方程式推算，每形成 1g 干物质，需要 1.62g CO_2。以每年吸收的 CO_2、每年生产的有机物质计算物质量；利用碳税法中 CO_2 的单位质量价值计算区域每年吸收 CO_2 的价值。在评估生态系统释放 O_2 的价值时，每形成 1g 干物质，可以释放 1.2g O_2（赵苗苗等，2017）。以每年释放的 O_2、每年生产的有机物质计算物质量；利用工业制氧价格计算区域释放 O_2 的价值。

（三）涵养水源价值

生态系统在生物地球化学循环系统中发挥着不可替代的巨大作用，生态系统所体现的各种功效或作用主要表现在生物生产、能量流动、物质循环和信息传递等方面，它们是通过生物群落来实现的（欧阳志云和王如松，2000；欧阳志云等，1999）。大自然的水通过蒸发、植物蒸腾、水汽输送、降水、地表径流、下渗、地下径流等环节实现水循环。植物涵养水源功能的实现主要是植被参与调节大气水循环的过程，具体包括林冠层截留、林下枯落物层截留和土壤层截留下渗 3 个层次，其中每个水文层次调蓄水源的功能都要受到该层次的结构、性质及外界因素的影响。在森林涵养水源价值总量的计算中，结合替代工程方法，通过模型计算出区域发展阶段系数，对结果进行修正，可以解决价值高估问题（李本勇和孙卫华，2013；辛慧，2008）。通过每年涵养水源的物质量，结合在当前社会发展阶段下每立方米水源经济价值，计算每年涵养水源的总价值量。

（四）空气净化价值

自然保护地内一般会存在一定的林木、灌木和草地，可以计算这些生物资源的空气净化功能，主要表现在吸收气态污染物、阻滞粉尘、杀灭病菌和降低噪声等方面（余新晓等，2005）。研究主要对 SO_2 净化和阻滞粉尘这两个主要部分通过市场价值法进行估算。统计区域内不同植物资源的面积，结合自然保护区内各种植物对 SO_2 的吸收能力，计算得到该区域内吸收 SO_2 的总量，然后乘以处理 SO_2 的成本就得到净化 SO_2 的价值。阻滞粉尘的价值评估采用与 SO_2 净化价值相同的评估方法，最终得到自然保护地空气净化价值。

（五）生物多样性价值

生物多样性价值评估有两种方法可以选用。

第一，生物多样性资源有其使用价值和非使用价值。使用价值是它们现在或未来的生物多样性产品通过服务形式提供的福利。非使用价值则是通过当代人的努力，为后代人留下的可能获得的福利。正因为如此，生物多样性资源既能够直接或间接被人们利用而获得经济效益，具有"利用价值"，又具有在将来可能被人们使用的"选择价值"；此外还具有不出于任何功利的考虑，只是因为生物多样性资源的存在而表现的支付意愿的"存在价值"（薛达元，1999）。因此，生物多样性价值核算的方法不可能是唯一的，而应包括多种方法。总体而言，对于森林生物多样性的"利用价值"采用直接市场评价法进行核算；对于"选择价值"采用支付意愿法或机会成本法进行评价；对于"存在价值"采用支付意愿法进行评价。其中对于生物多样性的使用价值采用直接市场评价法较多；对于非使用价值采用支付意愿法较多（张颖，2001）。

第二，自然保护地的生物多样性保证了生态系统的结构、功能以及服务的完整（张颖，2001）。对于自然保护地来说，生物多样性意味着更多的生物资源、生活必需品和完整的生态系统结构。保护生物多样性有益于珍稀濒危物种的保存，保持土壤肥力、调节气候、保护水源、维持正常的生态学过程（傅伯杰等，2017）。而自然保护地实际的管理有效性仍有待提高，应有针对性地实施对物种和生态系统的有效监控（Hull *et al.*，2011）。研究最终由自然保护地生物多样性资源每年对人类的贡献价值计算生物多样性价值。

（六）科学研究价值

科研价值主要包括公众教育、科研和环保项目。自然保护地开展的一系列科学研究对于当地经济、社会发展有着重要的作用。公众教育主要通过多种媒介开展生态体验、生态教育和生态认知活动，营造生态教育改革和发展的良好环境（王芳，2008）。自然保护地有着良好的生态环境，生态系统结构比较完整，生态效益显著，是理想的科研教学基地，具有极高的科研价值。近年来为实现更好的管理与保护，多处自然保护地均积极开展了许多有针对性的调查研究工作、科学技术研究，承担省市科技项目、与院校和科研院所合作，作为科研教育基地，以此为高校与科研基地之间搭建了更高层次的创新发展平台。与此同时开展的一系列科学研究对于当地经济、社会发展起到了重要的作用。广泛的环保、科研资金投入是为了更好地为自然保护区的运转提供服务，在保护生态环境的同时，通过科学的方式改善生态系统现状、提高周边社区居民的福祉，同时达到科学发展的目的。

当下各个自然保护地大量的资源保护工作主要包括保护区内防火检查、消防队伍建设、巡护监测、有害生物防治等（欧阳志云等，2002）。科研监测工程主要包括：环境监测、生态系统定位研究、水文水质监测等。科研及监测课题经费由自然保护地向社会团体、科研院所、大专院校、国际合作组织等共同募集。在宣传教育方面的投资主要包括：宣传画册与资料、文化长廊、教学实习基地等。通过网络传播与科学普及，让社会各界和人民群众客观及时地了解、掌握生态环境的最新现状与政策，充分理解保护和发展中人与自然可能产生的矛盾，从而了解生态环境的重要性，推动生态保护（Daily，2009）。科研价值的评估主要通过科研和环保项目的投资额进行计算。

（七）文化服务价值

自然保护地在保护人文资源的同时，带动自然资源的保护和建设，达到人文与自然资源协调发展的目标，通过整合周边各类保护地，形成统一完整的生态系统。从研究区域特定的自然生态、社会文化背景出发，自然保护地的主要目的是保护未经损害的自然资源和文化遗产，以使当代人和后代人都可以享用、受到教育和得到启发（范凌云和郑皓，2003）。自然保护地存在美学价值、文化遗产价值、康养价值、消遣娱乐价值、教育价值等，不仅可以作为人们休憩娱乐的场所，也是开展文化传播的重要介质（Wu *et al.*，2013）。

（八）生态旅游价值

自然保护地具有丰富完整的生物资源、美丽奇特的自然风光以及深远厚重的历史文化，作为一种新型的生态旅游资源，越来越受到广大旅游者的青睐。生态旅游的内涵强调对自然景观的保护和对旅游资源的永续利用，既能够为旅游者提供具有一定生态价值的旅游产品、增强旅游者的环保意识，又能促进当地经济发展（Coria and Calfucura，2012）。生态环境不仅是自然保护地内的主要保护对象之一，也是地质遗迹和生物资源的载体。依托良好的自然生态环境和独特景观，采用生态友好的方式，在自然保护地内适度开展生态旅游、生态体验，可以在保证环境可持续发展的前提下，获得一定的经济收入，改善运营资金短缺的状况，回投一部分资金用于资源的保护、修复及生态环境保护等，理顺保护的责任、利益关系，促进自然保护区健康发展（皮晓媛，2016）。

然而，随着人们旅游观念由观光游览型向生态体验型转变，游客量巨大，生态旅游管理难度大等问题，给自然保护地的生态环境保护带来巨大挑战。现存的一些自然保护地的生态旅游开发中仍存在着生态旅游规划和开发不完善、不合理的现象（邓晓梅等，2006）。因此在发展中更加严格地保护地质资源是首要的问题。

基于区域生态安全格局观念、可持续发展理论、生态承载力理论、生态伦理学、景观生态学、生态经济学、循环经济理论，以保护生态环境为前提，自然保护地将开展适量的生态旅游活动（傅伯杰等，2012）。生态旅游活动只有保障了当地居民的利益，才能使自然保护地的开发得到当地社区的支持与理解（Sangha et al.，2015；王文静，2014）。

生态旅游价值量评估有两种方法可以选用。

第一，通过了解区域内实际门票、客运交通、观光设施经营等收入，以及员工工资、设施建设、运行、保养等基本支出费用，将各项收入减去基本支出得到的净收入，代表生态旅游价值。

第二，基于生态旅游客源地的代表性旅游者资料，通过收集统计资料、实地调研和问卷调查等方式获得旅游者的市场行为偏好，从而进行价值量评估。其价值量可采用分区旅行费用法进行评估。生态旅游价值等于总旅行费用、总消费者剩余、旅游时间价值与其他花费之和。

综上，多类型自然保护地生态资产价值为生态资产存量价值与生态资产流量价值之和，包括自然资源价值、生态系统服务价值、科研价值、旅游价值、文化服务价值。详细指标与评估方法及说明等如表 3-4 所示。由此可见，生态资产总价值远高出单纯的生态系统服务价值或者通过门票和各项收费实现的经济价值，且该估算不包括其他潜在的保护价值，如保护野生动植物栖息地和稀有物种等。因此，多类型自然保护地复杂管制下的生态资产量化将明确自然保护地的真正价值，应推广统一的衡量指标与价值评估体系，以便改善多类型自然保护地区域现有的模糊管理和保护方式。

详细的生态资产价值评估为未来的统一管理提供框架与可行路径，对自然保护地和地方经济发展都具有一定影响，同时也可以为我国未来编制自然资源资产负债表提供依据。保护工作者也需要充分考虑区域生态系统内部的关系网络，因保护多类型自然保护地的复杂性，需要在实践中摸索，考虑自然-社会-经济多层次多方面因素，对多类型自然保护地实现有效保护。为了推动我国自然保护地体系的建设、充分发挥自然保护地对生态环境的保护作用，需要统一自然保护地体系及其标准，完善多类型自然保护地相关的法律制度，还需要积极开展生态资产相关科学研究。在明确自然保护地重要价值的同时，加强自然资源资产管理制度的建设，使得运行维护管理步入可持续发展的良性循环。量化生态资产价值可为国家公园的筛选提供建议，相关评估体系和经验可作为建设国家公园规划和管理的前提，为国家公园建设过程中的管理制度、动态监控等相关政策提供参考。

表 3-4　生态资产价值分类与评估方法

生态资产价值分类	评估指标	评估方法	计算公式	说明
自然资源价值	森林、草地湿地、水体	市场价值法	$V_k = \sum\limits_{i=1}^{k} P_i \times U_i$	其中，V_k 为资源总价值（元），P 为 k 资源量（m³），U 为 k 类资源市场价格（元/m³）
生态系统服务价值	固碳释氧	市场价值法	$V = R_{CO_2} \times 1.63 \times P_{CO_2} + R_{O_2} \times 1.2 \times P_{O_2}$	其中，R_{CO_2} 为森林生态系统固碳量（t），R_{O_2} 为森林生态系统释氧量（t），P_{CO_2} 为单位固定 CO_2 的价值，P_{O_2} 为单位释放 O_2 的价值
	涵养水源	替代工程法	$V_水 = W \times U$	其中，W 为森林涵养水源总量（t），U 为水的市场单价（元/t）
	水土保持	单位面积价值当量因子法	$E_k = \sum fA \times C_{ikf}$ $E_f = \sum kA_k \times C_{ikf}$ $E = \sum k \sum fA_k \times C_{ikf}$	其中，E_k、E_f 和 E 分别为 k 类生态系统、f 项生态服务以及总生态系统的生态服务价值（元/a），C_{ikf} 为 i 年 k 类土地的 f 项生态服务价值系数[元/(hm²·a)]，A_k 为 k 类土地面积（hm²）
	生物多样性	单位面积价值当量因子法	$V = B \times A$	其中，B 为单位面积的生物多样性价值（为 2884.6 元/hm²），A 为土地面积(hm²)
科研价值	科研项目、环保项目	总投资价值	$V_{科研} = F + I + E$	其中，F 为科研经费，I 为科研投资，E 为环保投资
旅游价值	景区门票、游客消费、支付意愿	条件价值评估法（CVM）、问卷调查、支付意愿法（WTP）	$V_{旅游} = C_{旅行费用支出} + T_{旅行时间价值} + O_{其他费用}$ $T_{旅行时间价值} = H \times P$	其中，H 为游客旅行总时间（h），P 为游客每小时的机会工资成本
文化服务价值	美学价值、文化遗产价值	专家评分、问卷调查、支付意愿法	$V_k = \sum\limits_{i=1}^{k} P_i \times U_i$	其中，V_k 为文化服务总价值，P 为各类价值权重，U 为 k 类服务价值

第五节　自然保护地生态资产评估方法

一、实物评估法

不同的生态资产由不同的单位衡量，如林木资源用活立木蓄积量（m³）来计量、矿物按产量（t）来计量、土地资源按面积（hm²）来计量，水资源按体积（m³）来计量等，同种生态资产均按照各项生态资产计量单位来计算（周聪轩，2016）。该方法的优点是分析方法简洁明了，但是该方法无法用于计算不同存在形式的生态资产即计量单位不同的生态资产的评估。

二、生态足迹法

生态足迹也称"生态占用"，是指特定数量人群按照某一种生活方式所消费的自然生态系统提供的各种商品和服务功能，以及在这一过程中所产生的废弃物需要生态系统吸纳并以生物生产性土地或水域面积来表示的一种可操作的定量方法（卢小丽，2011）。在传统生态足迹计算中，各种资源和能源消费项目被折算为各种生物生产面积，如耕地、草场、建设用地等。传统生态足迹理论仅考虑人类经济体系中的物质循环，所以近来有研究用能源替代足迹方法来替代传统生态足迹方法进行评估。能源替代足迹方法就是将太阳能值折算成相同能值的生物质能，已有研究选取玉米残余物作为化石能源资产的生物质替代能源进行假设分析，根据能值相等的原则采用含相同能值生物质能的作物面积表示化石能源资产的能源足迹，这里是方法的介绍（杨谨等，2012）。

三、货币价值法

生态资产的货币价值计量包含自然资产价值和生态系统服务功能价值的估算（王红岩等，2012）。在某些情况下，生态系统提供的物品和服务可以直接在市场上进行交易，如木材、煤炭等。因此，可以直接使用市场价格来充当这些产品货币价值的指标值。而某些难以用来交易的生态系统服务成为目前生态资产评估中的难点，并且目前生态系统服务功能价值中的选择价值、遗产价值和存在价值之间存在重叠，会造成重复评估（宋豫秦和张晓蕾，2014；李伟等，2014）。因此，目前生态资产的货币价值法是直接评估直接利用价值和间接利用价值（喻露露等，2016；刘玉龙等，2005）。

（一）直接市场法

直接市场法是通过市场价值估算生态资产价值的方法。该方法具备充分的信息（如充分的实物数据、足够的市场价格、影子价格数据）和明确的因果关系，所以用这种方法进行评估比较客观、争议较少。由于在生态资产价值评估中，有相当一部分生态资产没有相应的市场，没有市场价格或市场价格不准确，无法真实地反映其成本。虽然如此，直接市场法还是由于其易调整、直观明确的优点被广泛应用，成为最常见的评估方法。直接市场法主要包括市场价值法、费用支出法、净价法等（王凯慧，2019；王方，2012）。

1）费用支出法：以消费者为了获得某一服务而对某种环境效益的实际支出费用来表示这种效益的经济价值的评估方法。它是从消费者的角度出发，以游客为获得服务而实际支出的各种费用额作为服务价值。这种方法简单易行，常应用于评估游憩价值，但是，消费者的实际费用支出只是消费者支付意愿的一部分，所以计算价值经常会低于实际游憩价值，而且实际价值的确定常常带有主观随意性。因此，费用支出法的优点是方法简单易行，生态环境价值易量化；缺点是生态资产价值反映不全面。

2）市场价值法：也称生产率变动法，是指用市场价格来充当可直接在市场上交易的生态系统服务和提供的物品的指标值。这种方法的基本原理是将生态系统作为生产中的一个要素，生态系统的变化导致净生产率和生产成本的变化，或者产量或收益的损失，进而引起价格和产出水平的变化，这样可以利用价格的变化表征生态系统变化的经济效益或经济损失。该方法非常适用于有实际市场价格的生态资产。然而这种方法只能计算直接使用价值而不能计算缺乏市场价格的生态资产所提供的服务即间接利用价值和存在价值。市场价值法的优点是评估结果结合市场价格，较为客观；缺点是需要市场全面充足的数据，容易受到市场价格波动影响，不易衡量非物质性资产。

3）净价法：也称逆算法，是用自然资源产品（可交易的产品）的市场价格减去其平均利润，再减去其成本费用来计算自然资源净价值的方法。该方法常用于计算矿产资源的价格，如矿产品市场价格减去矿床勘查和开发运输费用及采矿部门的正常利润，所得的结果就是矿产资源的价格。该方法的优点是简单易行；缺点是应用范围只限于可交易的产品价值（高红梅和黄清，2007）。

（二）替代市场法

替代市场法也称间接市场法，是以现实生活中可以用货币价格测算商品的价值间接反映生态系统价值的方法，是最常用的生态资产评估方法之一。替代市场法可间接运用市场价格来评估生物多样性价值，其原理主要是根据人们赋予环境质量的价值，即通过人们为了享受优质环境物品或防止环境质量退化所愿意支付的价格来推断，该方法先定量评价某种生态功能的效果，然后以这些效果的市场替代物的市场价格为依据来评估其经济价值（高红梅，2007）。生态资产中生态系统服务功能如涵养水源、水土保持功能无法用市场价格将其具象化，为了能更准确地获得生态系统服务功能的价值，通过已知的某种价格来替代我们所需要的价值，如涵养水源的价值可以具化为贮水蓄水带来的价值，通过利用修建水库所花费的成本来替代涵养水源这一生态系统服务的价值。替代市场法主要有影子工程法、替代成本法、旅行费用法、机会成本法等。这些方法已被广泛应用于生态系统的经济价值评估中。

1）机会成本法：机会成本在经济学中的定义是为得到某种东西而必须放弃的东西。机会成本法就是通过生态系统服务功能的提供者为了保护生态环境所放弃的经济收入、发展机会等来估算该生态资产提供的产品和服务价值。该方法使用潜在的支出确定生态环境资源变化的价值，比较适用于对具有唯一性特征或不可逆特征的自然资源如保护区的开发项目的评估。其优点是能够比较全面地体现生态系统的资源价值；缺点是不能体现资源稀缺价值。

2）恢复和防护费用法：以恢复或保护某种生态系统不被破坏而需要的费用作

为这种生态资源被破坏后的损失来估计生态系统服务的经济价值。该方法用来估算避免丧失服务的成本及重置这些服务的成本，并以此评估自然资源的价值。该方法的优点是可通过生态恢复费用或防护费用来量化生态环境价值，比较直观；缺点是其结果只是对生态系统服务经济价值的最低估价，评估价值偏低，对于环境生态系统服务价值破坏的损失无法衡量（张志强等，2001）。

3）影子工程法：指对某些生态系统服务的替代品进行价值评估的手段。通过确定其替代品的花费来确定某些生态系统服务的价值。该方法是重置成本法（恢复成本法）的一种特殊形式。其主要形式是通过人工建造某种生态系统功能，以建造该影子工程的费用作为该生态系统某项功能的价值。该方法能更加精确地反映社会资源供给和配置的关系，但也存在一些问题，生态系统的某项功能可以有多种类型的影子工程，不同的影子工程有不同的价值，即用影子工程法确定某项生态系统功能的价值会出现多种情况，所以在实际使用该方法时，需要选取最符合实际的替代工程，以及最适合该方法的某一类生态资产价值进行评估，以此来尽可能减少偏差。该方法的优点是用替代工程可估算难以直接评估的生态价值，相比显示价格能更为精确地反映社会资源供给和配置的关系；缺点是替代工程非唯一性，且工程造价等客观条件受时间、空间影响，利用替代工程的成本难以全面地估算生态资产多方的功能效益。

4）人力资本法：通过估算生态环境变化对劳动力的体力和智力的影响来评估环境价值。用于评价环境质量变化对人体健康的影响、环境污染对人体健康造成的危害。评价自然保护区生态服务功能，可以用避免人体健康出现问题而造成损失所带来的价值来替代。该方法的优点是可以对生命价值进行量化；缺点是效益归属及理论问题尚不完善。

5）旅行费用法：旅行费用法是通过人们的旅游消费情况对生态系统游憩价值进行评估的方法，该方法使用人们在旅行中的花费作为替代物来衡量旅游景点或其他娱乐物品的价值，并以此作为生态系统中游憩价值评估的依据。旅行成本法计算出的结果只是生态资产风景资源的游憩利用价值的部分。该方法的优点是可以评估无市场价格的生态环境的休憩价值；缺点是不能核算非使用价值，适用面窄。

6）享乐价格法：人们愿意为优质环境所支付的价格即人们赋予环境质量的价值。利用物品的多种特性估计环境质量因素对房地产等资产价值、工作环境价值的潜在影响可以估算环境资产的价值。该方法的优点是可以通过侧面分析得出生态环境的价值；缺点是要求人员具备很高的经济统计技巧，需要大量的精确数据（但常难以获得），不能估算存在价值，会低估总体生态资产的价值，主观性太强，不够客观。

7）替代成本法：替代成本法是利用现有可用替代品的成本来评估生态资产价值。在应用该方法时，替代品需要能提供与原物品相同的功能、相同的人均需求，并且应为最低成本的替代品。该方法的有效性取决于 3 个主要条件：替代品能提供原物品的相同功能；替代品应是最低成本的；对替代品的人均需求应与原物品完全相同。该方法的优点是能准确有效地进行生态资产评估；缺点是无法用技术手段代替生态资产的功能（没有替代品），并且难以准确计算生态资产的价值。

8）碳税法和制氧成本法：碳税即对温室气体排放所征收的税费，尤其指 CO_2 排放的税费，制氧成本法本质上属于影子工程法，是指制取一定量 O_2 所需要的成本。

（三）模拟市场法

模拟市场法是指对一些没有市场交易和实际市场价格的生态系统产品和服务，可以通过人为构造假象市场来评估其价值。模拟市场法的代表性方式是意愿调查法（条件价值法）和选择实验法。

1）条件价值法：又称意愿调查法，是利用效用最大化原理，采用问卷调查的方式考察受访者在模拟市场里的经济行为，以得到消费者支付意愿来对生态系统服务的价值进行计量的一种方法，这是一种直接明确的评估方法。该方法的核心是直接调查人们对生态服务功能的支付意愿，直接询问人们为了消费某物品愿意支付多少货币或愿意接受多少货币而放弃该物品，而不是通过观察行为而获得结果（陈琳等，2006）。这样不但能评估生态资产的利用价值，同时还能评估生态资产的非利用价值，特别适用于娱乐、空气和水质价值的评估。但由于该方法没有对实际市场进行观察，且在调查时会受到调查者心理及社会特征等不可控因素的影响，调查结果会产生一定偏差。

综上所述，该方法的优点是不但能对生态资产的利用价值进行评估，而且可以对生态资产的非利用价值进行评估，特别适用于缺乏实际市场和替代市场的价值评估，尤其适宜于评估独特景观和文物古迹的价值和其他方法难以涵盖的评价问题，如娱乐、空气和水质、自然保护区和生物多样性存在价值的证实与分析，这是其他方法难以做到的。该方法的缺点是并未对实际市场进行观察，也未通过要求消费者以现金的支付方式来表征支付意愿或接受赔偿意愿来验证其有效需求，实际评估结果会因为调查方案设计和被调查对象等诸多客观因素影响出现偏差，当产生偏差时，需要对条件价值法进行可靠性检验。

2）选择实验法：基于随机效用理论，旨在预测消费者选择一种商品而不选择其余替代商品的可能性，包括联合分析法和选择模型法两种，目前尚处于发展的初期阶段，因此相关研究文献并不多见。

（四）价值能值法

奥德姆（Odum）所建立的能值分析理论从系统生态角度出发，基本衡量单位为太阳能值,分析不同时间和空间尺度下的自然和人类-自然生态系统的能量经济行为(包庆德和张秀芬,2013;葛永林和徐正春,2014)。能值分析能弥补货币价值法的不足,对于难以用货币评估的自然物品和生态系统服务的价值比较适用。

价值能值法即通过太阳能值评估生态资产价值。地球上各种能量都直接或间接来自太阳能,某种流动或贮存的能量所包含的另一种能量的数量,就是该能量具有的能值。地球上生态系统及社会经济系统的能量主要来自太阳能,故以太阳能值为标准,可以衡量任何类别的能量。生态资产的形成过程就是直接或间接地利用太阳能,那么生态资产的价值就是由其本身包含多少太阳能所决定的。各类别的生态资产由于太阳能转换效率不同,其太阳能值就不同,这是生态资产具有价值差别的本质原因。

运用能值分析法,把生态系统与人类社会经济系统统一起来,定量分析生态系统为人类提供的产品与服务,有助于调整生态环境与经济发展的关系,对自然资源的科学评估和合理利用、经济发展政策的制定及地球系统未来的预测均有指导意义。由于该方法只与太阳能值有关,可以基本消除人为主观因素的影响,因此是今后生态资产评估的主要发展方向之一,但是该方法也有一定的局限性。例如,产品的能值转换率计算分析非常复杂,难度大;某些物质与太阳能关系不大,很难用太阳能值来度量;能值反映的是物质生产过程中消耗的太阳能,不能反映人类对生态系统所提供的服务需求性,即支付意愿,也不能反映生态系统服务的稀缺性等(赵晟,2006)。

四、自然保护地资源存量价值评估

生态资产存量价值包括自然资源、生态系统服务提供的有机质和物质资料生产产品等价值。自然资源具有维护生态完整、保持系统稳定和平衡的作用,对生态系统整体有着重要价值。自然资源是生态资产的重要基础组成部分,其丰富度越高、结构越稳定,产生相应的存在价值、生态系统服务价值越大(Fenech et al., 2003)。因此一般通过生态系统资源价值和相应产品来实现其价值,即自然资源与产品可以通过拟商品化或市场化来进行估算。例如,以活立木价值代替林地资源进行价值评估,按照目前市场上原木的单位价格计算自然保护地森林活立木蓄积量价值,加上其他林地按相应折旧价值计算得到的价值量,最终得到林地资源总价值。

在一定可活动范围内,自然保护地产出的农产品因其丰富且独特的价值有着一定的市场,有力地促进了农业增效、农民增收(Daily et al., 2015)。生态产品可以直接投入经济生产过程,其价值会转化为产出价值的一部分而包含在产品价格之中（Hou *et al.*，2014）。为了更系统地研究自然保护地生态资产的物质和能量存量，在评估尺度上，以生态系统为单位，对具有实际市场的生态系统产品和服务，以生态系统产品和服务的市场价格作为生态系统服务的经济价值（Sangha *et al.*，2015；Ernstson and Sorlin，2013）。自然保护地自然资源丰富、生物资源、环境资源丰富，可利用价值高。生态系统产品的价值包括林木产品、农产品、野生药材、茶叶、水资源以及农业产出产品等，应针对不同自然保护地类型选取具有代表性的产品价值，掌握周边相关产品单位价值，通过物质量转化成价值量（Gómez-Baggethun *et al.*，2010）。有形生态资产总价值可通过各类自然资源与相关产品价值之和来计算。

第四章　典型自然保护地生态资产评估*

森林是我国森林生态系统的主要部分，是陆地生态系统中的代表性复合型生态系统，在维持区域乃至全国的生态稳定以及持续发展等方面发挥着不可替代的作用。森林生态系统类型的自然保护区是中国自然保护地的重要组成部分，是保护生物多样性及其自然景观的重要基地。据统计，温带森林生态系统类型的自然保护区（以下简称温带森林自然保护区）数量达 1400 余个，占全国各类型自然保护区总数的一半以上，保护面积可达 30 万 km²。温带森林自然保护区包含着人类赖以生存的自然资源、风景优美的生态环境以及社会发展中不可缺少的物质基础要素（欧阳志云等，2002）。

对比其他地带的自然保护区，温带森林自然保护区四季变化明显，景观绚丽多变，物种较为丰富，生态系统具有清晰的层次性，有利于指标选取的代表性。对比全国尺度生态资产评估，温带森林自然保护区可以有针对性地选取详细且丰富的指标，结合在一定时间范围内市区经济发展条件进行价值评估，由此得到的结果具有地域性特征，可以为区域生态管理与保护提供科学依据。对比其他未保护的地区，温带森林自然保护区具有稳定的生态基础，可以产生较高的区域社会经济效益，能够满足当代与后代人类生存发展、健康福祉以及精神文化的多重需求（韩念勇，2000）。因此为了更有效地实现生态管理目标、解决交叉重叠问题、提高管理的有效性、形成全面的保护网络以及为管理决策提供科学依据，对温带森林自然保护区可持续发展进行生态资产价值评估尤为重要。

然而，目前对于温带森林自然保护区生态资产价值进行物质量核算与价值量评估的研究相对较少。一些研究未能结合研究地点的现实经济发展规律，直接套用国内外单位面积价值当量因子法以及生态过程模型进行大尺度评估，从而高估了区域生态资产价值（谢高地，2017）。由于忽视了我国现有自然保护地大多数以温带森林为主体的现实情况，并且缺少较为综合的评估模型、与之匹配的生态资产核算方法与结构完整的生态资产评估体系，自然保护地生态系统及其产品所带来的重要经济价值未能全面体现。因此，本章旨在解决这些问题并弥补研究空缺，提出科学完整的评估体系，进行生态资产的物质量核算与价值量评估。

本章对温带森林自然保护区生态资产基于存量与流量两种属性进行基础分类，基于自然资源、自然产品、生态系统服务进行二级分类，再进一步选取相应

＊ 本章由邢一明、桑卫国、萨娜、周晓莹执笔。

指标进行三级分类，从而全面反映自然保护区生态资产价值。运用生态经济学的方法，结合生态承载力理论、景观生态学、循环经济理论，选取适用于中国典型温带森林自然保护区生态资产的评估方法与标准，有针对性地筛选评估指标，构建生态资产评估体系。目标在于探究温带森林自然保护区生态资产内容组成与价值结构，对其自然资源、生态环境及其生态系统服务功能进行科学研究。

研究选取山东泰山自然保护区与吉林长白山自然保护区分别作为暖温带森林自然保护区与寒温带森林自然保护区的代表，结合两处典型温带森林自然保护区的现状及其资源分布特点，分别先进行物质量核算，再进行其生态资产价值量评估。科学评估量化后的生态资产展现了自然赋予人类的重要经济价值，体现了自然保护区生态现状、保护成效及其生态旅游资源对经济社会发展的影响。

第一节　温带森林生态资产研究意义

本章研究的内容主要包括以下几个方面。

1) 认识不同区域不同尺度的温带森林自然保护区生态资产内容与结构分布，逐条分析生态资产存量与流量价值构成。

2) 量化核算自然保护区生态资产现存物质量，并且以科学统一的价值评估体系进行生态资产价值量评估，体现自然保护区生态资产为人类社会带来的福祉。

3) 为国家政府及管理部门提供生态资产基本资料，作为决策管理依据，进一步加强自然保护区的科学保护，使生态资源不受侵害的同时保证人类、社会、经济协调共生，满足可持续发展以及生态文明的基本要求。

温带森林自然保护区的健康发展在保护生态环境、生态系统功能运作乃至区域稳定等方面发挥着极为重要的推动作用。利用定性和定量的生态资产价值科学地体现温带森林自然保护区生态现状，揭示其生态资产的价值构成与分布。构建完整且统一的价值评估体系的意义在于提高评估效率，保持统一的研究水平。衡量其生态资产价值的研究目的是从生态学与经济学交叉学科的角度，解决生态环境问题，寻求区域生态资产价值与经济发展的平衡点，对于人类的意义举足轻重。

从点着手，可以针对同一自然保护区在不同时间分别开展生态资产价值研究，估算结果可以体现自然保护区生态资产的动态变化，可以揭示自然保护区在发展过程中对人类的作用以及人类活动对自然保护区的影响。

从面而言，生态资产评估体系具有普适性原则，适用于各尺度、各区域拓展使用，可以进一步详细推算全国各自然保护区生态资产价值。通过评估自然保护区的生态资产总价值，可以将生态资产的自然属性、社会属性、生态属性转化为社会经济属性，为中国自然保护区生态保护提供参考（Guerry *et al.*，2015）。

从生态系统角度分析，生态资产评估的意义包括探明区域内资源构成、生态功能定位，促进人们对自然保护区生态资产具体价值的深入了解、提高对自然资源的保护意识、丰富对可持续发展的认识（郑华等，2013），以便建设更科学的生态环境保护模式，提高生态系统服务水平，推进绿色发展。

从生态管理角度分析，价值评估结果可以为生态资源管理提供科学依据与决策支持，可进一步加强区域生态资源的分类管理和制定长效保护机制，有效推动国家生态文明和可持续发展战略的实施。价值评估结果可以由此纳入经济活动、区域发展的衡量标准指标，改善现有的模糊管理与保护、追求生态保护与经济建设的统一发展、加强动态监测与未来预测、完善自然资源资产管理制度建设，同时可以应用于编制自然资源资产负债表、区域领导干部离任审计、国家公园筛选建设、可持续发展战略以及推动生态文明建设等方面（周成敏，2016；蒋洪强等，2014）。

第二节　泰山自然保护区生态资产价值评估

一、泰山概况

泰山位于山东省中部，隶属于泰安市，位于 36°12′15″N～36°22′53″N，116°56′48″E～117°9′34″E。泰山属于暖温带半湿润大陆性季风气候，受暖温带区半湿润季风气候影响，山地气候特征明显，四季分明。保护区域内平均气温较周边区域低，近年来，泰山自然保护区年平均气温为 7.3℃，泰安年平均气温为 14.4℃，泰山自然保护区较泰安年平均气温低 7.1℃左右。

泰山是世界地质公园、国家 5A 级旅游景区，首批国家级风景名胜区，全国文明风景旅游区。其悠久的人文历史、遗存建筑、不计其数的文物古迹，蕴藏着深厚的文化精髓。泰山文化对于泰山保护影响极大，同时也激励着中华民族勇于攀登、自强不息的文化精神。泰山保护地是典型的多类型交叉保护地，是具有科学、美学和历史文化价值的世界文化与自然双遗产，保护管理存在复杂性与典型性。

（一）地质资源

泰山有着 30 亿年的地质历史，其具有复杂的地质构造，是能反映地球演化过程中重要历史进程的典型地质遗迹，因此 2006 年被列为世界地质公园。地质以断裂为主，亦有褶皱的发育。主峰玉皇顶海拔 1545m，是鲁中南丘陵区的最高峰，是区域内地势最高、抬升幅度最大、侵蚀切割最强的山地。保护区属于华北地台基底与盖层双层结构出露比较好且相当典型的地区，太古界泰山群地层绝对年龄为 25 亿年左右，是中国最古老的地层之一。纵横交织的沟谷把泰山切割成若干小地貌类型，奇特的地势地貌形成了南天门、中天门、一天门三大台阶式地貌景观与十八盘、桃花峪、天烛峰、竹林寺、玉泉寺等特色景点，同时也为生物多样性分布提供了优良的自然环境。

（二）生物资源

泰山植物生长繁茂且资源极为丰富，在中国植被区划中属于暖温带落叶阔叶林区域。主要植被类型分为森林、灌丛、灌丛草甸、草甸，植被覆盖率高达 96%，极具景观游览、科学考察价值。植被为以油松和侧柏为主的温性针叶林，种类丰富，区系古老，古树名木众多。现有高等植物 1614 种，其中国家级保护植物 10 种，山东省稀有濒危植物 32 种，泰山特有植物 28 种，中国特有植物 11 种。

泰山自然保护区总面积为 11 892hm²。以生态系统特征与功能为主要依据进行的功能区划布局合理、结构稳定。其中，核心区面积为 4911hm²，占比为 41.3%；缓冲区面积为 2563hm²，占比为 21.6%；实验区面积为 4418hm²，占比为 37.1%。其中林地面积为 11 487.18hm²，非林地等建设用地面积为 404.82hm²，具体林地类型与面积如表 4-1 所示。

表 4-1　泰山自然保护区林地类型与面积

林地类型	面积/hm²	比例/%
乔木林地	11 270.39	98.10
疏林地	14.44	0.13
火烧迹地	106.47	0.93
一般灌木林	51.43	0.45
宜林荒山荒地	28.78	0.25
苗圃	15.67	0.14
合计	11 487.18	100

保护区以森林生态系统为主体，绝大多数属于温带性质，森林中的植物以乔木为主。植被类型主要包括针叶林、阔叶林、针阔混交林、竹林等类型。其中，温带针叶林是泰山森林植被的主要组成部分，是典型的地带性森林，总面积可达 6056.96hm²。保护区内植物主要包括油松（*Pinus tabuliformis*）、侧柏（*Platycladus orientalis*）、赤松（*Pinus densiflora*）、黑松（*Pinus thunbergii*）、华山松（*Pinus armandii*）等。其中油松分布在海拔较高地区，具有典型性和代表性，面积最大，重要值最大，经济价值较高。侧柏为石灰岩山地植物的优势类型，古树众多，自然生长情况良好。暖温带落叶阔叶林主要有麻栎（*Quercus acutissima*）、刺槐（*Robinia pseudoacacia*）、五角枫（*Acer pictum* subsp. *mono*）等，面积与占林地比例如表 4-2 所示。竹林主要包括淡竹（*Phyllostachys glauca*）和毛竹（*Phyllostachys edulis*）。保护区也包括灌丛和草甸生态系统，灌丛生态系统面积约为 299.5hm²，主要典型物种包括连翘（*Forsythia suspensa*）、杜鹃（*Rhododendron simsii*）、酸

枣（*Ziziphus jujuba* var. *spinosa*）、荆条（*Vitex negundo* var. *heterophylla*）等；草甸生态系统的主要典型物种包括结缕草（*Zoysia japonica*）、地椒（*Thymus quinquecostatus*）、山扁豆（*Chamaecrista mimosoides*）等草本植物；疏林地等的生态功能和价值相对较小，主要包括板栗（*Castanea mollissima*）、胡桃（*Juglans regia*）等。

表 4-2　泰山自然保护区典型物种面积与比例

植被类型	典型物种	面积/hm²	比例/%
温性针叶林	油松	4148.58	36.11
	侧柏	957.25	8.33
	赤松	590.79	5.14
	黑松	257.54	2.24
	华山松	102.8	0.89
暖温带落叶阔叶林	麻栎	1607.65	14.00
	刺槐	825.4	7.19
	栓皮栎	498.5	4.34
	五角枫	183.2	1.59

保护区优越的自然条件和丰富的植被类型赋予了具有山东代表类型的动物区系。区内植物繁多、动物食丰富，适宜众多动物栖息。泰山自然保护区的动物主要为鲁中南山地丘陵动物地理区的代表性类群。泰山自然保护区现共记录野生动物 1519 种，其中国家一级保护野生动物 5 种，国家二级保护野生动物 39 种，山东省重点保护动物 54 种。泰山蕴含着 29 种特有动物，这些特有动物具有重要的生态价值和科学研究价值。

受人类影响，泰山自然资源始终处于动态变化的状态之中。因此泰山自然保护区建立后，管理方案坚持以森林生态系统和生物多样性为保护中心，将保护油松天然次生林、侧柏、国槐、银杏等古树名木作为重点，将自然保护区与世界自然与文化双遗产有效结合实施保护措施。充分发挥森林生态系统作为鲁中南山区重要的生命支持系统的不可替代功能，利用已有资源与自身优势，坚持全面保护自然的同时，合理开发保护区内自然资源，促进生态良性循环，因地制宜地开展适度的生态工程与旅游项目，促进人与自然和谐共处，推动社会各项产业经济进步。

（三）水文资源

泰山水资源丰富，山泉纵横交错、河流曲折悠长，森林植被涵蓄水分功能强。总储水量可达 30.43 亿 m³，其中地下水 14.97 亿 m³，地表水 15.46 亿 m³，为周边地区提供较为丰富的可利用水资源。泰山海拔高差较大，地势险峻，水量流速较快。山中泉水富含多种人体所需微量元素与矿物质，是优质的饮用水资源。受气候与地理条件影响，泰山自然保护区年平均降水量为 1046.2mm，最大降水量在海拔1400m 一带，径流系数明显高于四周地区，地表水丰富，多年平均径流深度达300mm 以上（泰安市统计局，2014）。

河流以玉皇顶为分水岭，降水径流顺辐射状排列的沟谷飞流直下，形成了大汶河水系 3 个支流的源头（表 4-3）。因海拔高差较大，地势险峻，谷深坡陡，区域内水量流速较快，山体又多为片麻构造的变质岩，透水性能差，降水渗入地下水较少，进入土层后多在较低部位以泉水形式渗出，形成泉眼多、水少的特点，典型代表有王母泉、涤尘泉、云泉和玉液泉等。

表 4-3　大汶河干流与支流面积和长度

名称	流域面积/km²	长度/km
大汶河	8536	208
嬴汶河	1326	86
柴汶河	1944	116
汇河	1260	49
泮汶河	368	28

保护区附近还有 7 座大中型水库，保护区内水库蓄水量可达 135 万 m³。代表型水库有龙潭水库、虎山水库和黄溪河水库等。

二、评估结果

（一）泰山自然保护区生态资产存量价值计算

1. 自然资源价值

泰山自然保护区集优质的水文、地质、生物和文化为一体，森林生态系统资源丰富，生态效益和社会效益显著。森林活立木蓄积量可达 584 720m³，蓄积量年增长率为 2.1%。以自然保护区内活立木价值代替森林资源进行价值评估，基于2017 年经济市场上每立方米原木 850.00 元的价格计算，所得森林活立木蓄积量价值为 49 701.20 万元。其他林地面积为 216.79hm²，为修正价值量偏高问题，按相应折旧价值计算约为 6.30 万元。最终估算森林资源总价值约为 49 707.5 万元。

由于泰山自然保护区以森林生态系统为主体，森林覆盖率达 94%，与之比较灌丛生态系统、草甸生态系统面积较少，零星分布于岱顶、陡壁、山沟及山坡，其产生的生态系统服务价值相对较少，并且为了避免重复计算，本研究将泰山草地资源价值归纳整理在自然产品类统一进行计算。水体面积达 660hm²，建设用地以及环保设施合计 20 430m^2。选取当地水体生态系统单位面积平均价值计算，以物质量乘以 2017 年度内单位价值计算水资源总价值量，估算得到泰山自然保护区水体资源价值约为 22 479.6 万元。

泰山自然保护区自然资源价值评估结果如表 4-4 所示。

表4-4　泰山自然保护区自然资源价值评估结果

价值类型	区域面积/hm^2	价值/万元
森林资源价值	11 487.18	49 707.5
草地资源价值	—	—
水体资源价值	660	22 479.6
合计	12 147.18	72 187.1

2. 自然产品价值

泰山相关管理部门历来十分重视资源产出，不断调整管理政策，近几年在发展高效特色产品方面成果显著。在一定可活动范围内，泰山年输出木材及相关产品可达 12 279.12m^3。结合经济市场下每立方米原木 850.00 元的价格，计算得到林木产品价值约为 1043.70 万元。泰山产出的少量药材、核桃、板栗、山楂、茶叶、烟草等农业产品因其独特的经济价值具有一定的市场。泰山相关管理部门以自然产品价值实现为目标，充分发挥资源优势，有力地促进了农民增收、农业增效。本研究选取具有代表性的药材、茶叶、烟草作为泰山农业产品价值，产值约为 1.30 亿元。泰山产出的水产品包括天然矿泉水与水库提供的周边城市用水。以2017 年泰安市内以及周边相关水产品价格作为每立方米泰山综合用水的价值，城市综合性用水每立方米价值为 3.35 元，计算得出泰山自然保护地水产品价值可达442.78 万元。

最终得到泰山自然保护区自然产品价值评估结果如表 4-5 所示。

表4-5　泰山自然保护区自然产品价值评估结果

价值类型	产品产量	价值/（万元/a）
林木产品价值	12 279.12m^3	1 043.70
农业产品价值	268.6t	13 000
水产品价值	132 1731m^3	442.78
合计	—	14 486.48

（二）泰山自然保护区生态系统服务价值计算

1. 土壤保持

泰山自然保护区中林地面积为 11 487.18hm^2，每年减少土地损失的面积为

219.23hm^2，每年固定土壤的物质量约为 7.50×10^4t。基于当前经济发展市场单位平均价值每吨 79.00 元结合替代工程法进行计算，则泰山自然保护区森林每年防止土壤侵蚀、土壤保持的经济价值约为 592.50 万元。

2. 固碳释氧

森林生态系统作为泰山自然保护区的主体，在整个生态环境中占有较高比重，具有较高的生物量与生产力。固碳释氧作为自然保护区重要的生态系统服务功能，维系气体流动交换的动态平衡，对区域气候变化与减缓地球大气中的 CO_2 浓度上升起到了很大的作用。泰山自然保护区森林生态系统总碳储量高达 240.54×10^4t，每年每公顷森林生态系统可吸收固定 CO_2 的量达 3.805t，释放 O_2 的量达 2.05t。泰山自然保护区范围内每年可吸收 CO_2 的量约为 4.288×10^4t，产生 O_2 的量约为 2.3×10^4t。根据市场价值法的计算公式，得到泰山自然保护区固碳、释氧价值分别为 2272.32 万元和 951.78 万元，总计 3224.10 万元。

3. 涵养水源

泰山自然保护区山体多为片麻构造的变质岩，地下水较少，自然降水渗入土层中后多在较低部位以泉水形式渗出形成泉眼，水蓄积量较高。本研究结合替代工程方法对自然保护区内涵养水源进行价值量计算，通过模型计算出泰山自然保护区区域发展阶段系数，对结果进行修正，可以解决价值高估问题。泰山自然保护区每年涵养水源的物质量约为 9.0155×10^6m^3，根据在当前社会发展阶段下每立方米水源经济价值为 3.35 元，结合替代工程法计算得到泰山自然保护区每年涵养水源的总价值量约为 2978.12 万元。

4. 空气净化

我国温带阔叶林与针叶林每年对 SO_2 的平均吸收能力分别为 88.65kg/hm^2 与 215.60kg/hm^2。通过替代工程法将其净化空气的物质量转化为价值量，结合在当前社会发展阶段下每吨 SO_2 排污处理成本 600.00 元可以估算泰山自然保护地森林每年可吸收 SO_2 气体的价值约为 104.85 万元。根据每年温带阔叶林与针叶林对粉尘阻滞净化的能力约为 10.11t/hm^2，估算泰山自然保护区阻滞粉尘的物质量约为 26 577.06t。结合在当前社会发展阶段下每吨粉尘削减成本 170.00 元进行同样计算，可以估算出泰山自然保护区森林每年可阻滞粉尘的价值约为 4229.81 万元。泰山自然保护区森林每年可吸收 SO_2 气体的价值与每年可阻滞粉尘的价值之和为生态系统空气净化价值，约为 4334.66 万元。

5. 生物多样性

泰山自然保护区是我国暖温带生物多样性最丰富的典型地区，区内植被划分为12个植被型组55个群系140个群丛，现有野生高等植物157科954种，特有植物20余种；泰山动物种类繁多，国家级保护的有30余种。生物多样性为人类提供生存发展的基础保障，同时自然保护区以多种生态工程进行生物多样性保护，相辅相成、相互依存，发挥着重要作用。根据相应单位面积价值当量法计算生物多样性价值，得到泰山自然保护区生物多样性资源每年对人类的贡献价值约为3430.30万元。泰山自然保护区生物多样性实际监管水平仍有待提高，未来应有针对性地实施及时有效的监控，保护生物栖息地、促进生态-社会可持续发展。

6. 科研价值

泰山自然保护区管理部门注重科学研究管理与生态教育元素的多样性，广泛的环保、科研资金投入是为了更好地为自然保护区的运转提供服务。保护区管理部门加强与科研院校、环保单位的合作，组织制定发展规划，保证社区可持续稳定发展。定期开展生态资源监测、科学研究、生态体验调查，同时广泛的科学活动、科研教育对于当地生态保护、人文教育起到了重要的作用，因此区域及周边文化教育与科技水平较高。2017年泰山共承担省市科技项目9项，已有约30处院校和科研院所将其作为科研教育基地，研究者在各级刊物发表论文150余篇。近年来，做了大量的资源保护工作，生态保护工程投资达1519.40万元，主要包括保护区内防火检查、消防队伍建设、巡护监测、有害生物防治等。科研监测工程投资达1480.00万元，开展科研基础设施建设、配套环境监测、生态系统定位研究、环境影响评价等工程。在宣传教育方面投资1660.00万元，主要包括历史讲解介绍、建立教学实习基地以及网络媒体宣传等。最终计算得出泰山每年生态保护科研价值为4659.40万元。

7. 旅游价值

泰山作为五岳之首，现存众多历史古迹、石刻碑刻、非物质文化遗产等，丰富的人文资源带来丰厚的精神财富。每年游客量巨大，生态旅游管理、协调规划难度大，其必然给泰山生态环境带来严峻挑战。旅游产业数据统计，近年来泰山自然保护区游客量与旅游收入量如表4-6所示。2017年，泰山自然保护区总游客量达546.80万人，同比去年增长1.82%；实现门票、客运、住宿相关产业年收入达11.58亿元，同比去年增长2.48%，如图4-1所示。由此可见，泰山开展的生态旅游、文化体验继续保持着良好的发展势头。

表4-6 2013～2018年泰山自然保护地游客量与旅游收入量

年份	游客量/万人	游客量增长率/%	门票收入/亿元	年收入/亿元
2013	497.6	—	4.0	9.72
2014	546.6	9.85	4.2	11.2

续表

年份	游客量/万人	游客量增长率/%	门票收入/亿元	年收入/亿元
2015	589.8	7.90	4.5	11.6
2016	537.0	−8.95	4.3	11.3
2017	546.8	1.82	4.4	11.58
2018	562.1	2.80	4.4	11.1

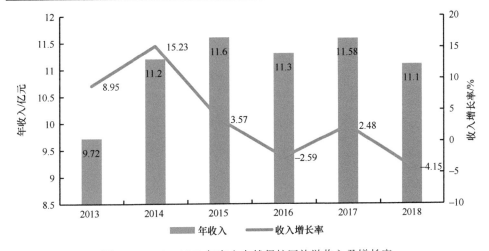

图 4-1　2013～2018 年泰山自然保护区旅游收入及增长率

以 2017 年游客量与年收入额进行计算，泰山门票旺季价格为每人 125.00 元，淡季价格为每人 100.00 元，取均值 112.50 元计算，并且索道单程票价为每人次 100.00 元，加入相关资源管理收入，去除人员工资、基本运行费与基础设施建设费用，最终计算出泰山 2017 年生态旅游价值为 32 350.00 万元。

泰山自然保护区生态系统服务价值评估结果如表 4-7 所示。

表 4-7　泰山自然保护区生态系统服务价值评估结果

价值类型	价值/（万元/a）
土壤保持	592.50
固碳释氧	3 224.10
涵养水源	2 978.12
空气净化	4 334.66
生物多样性	3 430.30
科研价值	4 659.40
旅游价值	32 350.00
合计	51 569.08

三、结果分析

泰山自然保护区有着丰富的生态、环境、科学、经济、文化等多重价值，对其生态资产评估后得到各项生态资产指标价值，如图 4-2 所示。最终计算得到 2017 年泰山自然保护区生态资产总价值。

生态资产总价值=自然资源存量价值+生态系统服务流量价值

=森林资源价值+水体资源价值+林木产品价值+农业产品价值
+水产品价值+土壤保持价值+固碳释氧价值+涵养水源价值
+空气净化价值+生物多样性价值+科研价值+旅游价值

=138 242.66 万元

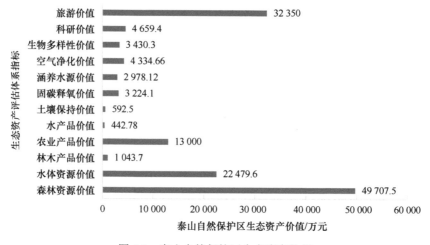

图 4-2　泰山自然保护区生态资产价值

其中森林资源价值达 49 707.50 万元，经济价值最高，占比约为 35.96%；其次为旅游价值，占比约为 23.40%；水体资源价值占比约为 16.26%；林木产品价值占比约为 0.75%；农业产品价值占比约为 9.40%；水产品价值占比约为 0.32%；土壤保持价值占比约为 0.43%；固碳释氧价值占比约为 2.33%；涵养水源价值占比约为 2.15%；生物多样性价值占比约为 2.48%；科研价值占比约为 3.37%。可以看出对于泰山自然保护区而言，自然资源价值远大于生态系统服务价值，旅游业对区域经济发展有着重要的推动作用，其他生态系统服务价值有着巨大的提升潜力。泰山在保护好森林等重要自然资源的基础上，结合自然保护区实际，充分利用当地生态特点和优势，带动区域兴办一二三产业，适度开展种植业、养殖业、生态旅游业，促进区域经济发展壮大。

第三节 长白山自然保护区生态资产价值评估

一、长白山概况

长白山自然保护区位于吉林省安图、抚松、长白三县交界处,位于41°41′49″N~42°51′18″N,127°42′55″E~128°16′48″E。长白山自然保护区属于北温带大陆性季风气候,是一个以保护火山地貌景观与森林生态系统为主要对象的国家级自然保护区,是中国国家自然遗产、国家自然与文化双遗产、首批国家 5A 级景区,是典型的多类型自然保护地,其保护和管理存在复杂性与典型性。

长白山地区有着多元一体的文化组成,传统文化积淀深厚,民俗活动特色鲜明。回顾历史,可以看到长白山是汉族、满族、蒙古族、朝鲜族等各族人民的"圣山",长白山山脉也是历史上各朝代的军事要地,关于长白山有着不计其数的神话故事。作为吉林特色文化品牌,长白山不仅是拥有传奇历史文化的圣山,更代表着国家文化形象,现已经成为经济社会发展的重要旅游生产力和战略资源,长白山推动经济发展的同时在一定程度上推动社会文化进步。

长白山自然保护区原始森林面积在全国各保护区中位居前列,独特的地形地貌、气候、完整的生态结构以及良好的生态环境为种类众多的动植物提供了栖息地。区域地理环境特殊,人为干扰较少,生态系统处于自然生长与演替过程,为动植物群落提供良好栖息地。保护区内已知的野生植物有 2806 种,高等植物中有 36 种珍稀濒危物种,其中包括人参(*Panax ginseng*)、岩高兰(*Empetrum nigrum*)、对开蕨(*Asplenium komarovii*)等,其中属于国家重点保护的有 23 种。野生植物与药材具有极高的科研价值和经济价值。野生动物有 1578 种,其中属于国家重点保护的有 58 种,国家Ⅰ级重点保护动物有 10 种,国家Ⅱ级重点保护动物有 48 种,食物网层次结构复杂、营养结构丰富,在寒温带气候条件下保持着生态平衡。

长白山自然保护区总面积为 196 464hm²,其中林地面积为 165 337hm²,森林覆盖率可达 85%以上。结合当地自然情况、生态系统完整性与适宜性,按功能划分为核心区、缓冲区和实验区,按管理方案不同分别设置相应监测点与管理局。其中核心区面积达 128 311hm²,占比高达 65.31%,在很大程度上起到保护自然资源与景观的作用;缓冲区面积约为 20 043hm²,占比 10.20%;实验区面积约为 48 110hm²,占比 24.49%,在实施全面生态保护的同时,为科学观测、生态研究与实验基地提供良好基础条件。长白山自然保护区以森林生态系统为主体,主要包括中温带落叶阔叶林生态系统、针阔混交林生态系统、寒温带北方针叶林生态系统、暖温带落叶阔叶林生态系统以及草甸生态系统等。

植被类型主要包括苔原、岳桦林、针叶林、针阔混交林、落叶松林、人工林及灌丛与草甸等,面积如表 4-8 所示。其中林地占比达 86.14%,如表 4-9 所示。

随着海拔的变化呈现出明显的植被垂直地带性特征，保护区内从低到高依次形成
4 个植被分布带，生长情况良好，原始自然保存完整，极具景观观赏性、科学考
察价值。由下至上分别为：①阔叶林带，处于海拔 1100m 以下地势平缓地带，气
候湿润，物种繁多；②针叶林带，处于海拔 1100～1700m，气候冷湿，层次清晰，
地带性景观明显；③岳桦林带，处于海拔 1700～2000m，气温低，风力大，地势
陡峭；④高山苔原带，处于海拔 2000m 以上火山锥体中上部，气候条件恶劣。因
此长白山植物资源分布特点为针阔混交林与落叶松林分布广、面积占比大，经济
价值高。群丛包括典型高山草甸、高山苔原、红松林、槭林、云杉林、桦树林、
落叶松林等，具体面积如表 4-10 所示。

表4-8　长白山自然保护区植被类型面积与比例

植被类型	面积/hm²	比例/%
苔原	5 467.87	2.81
岳桦林	5 288.88	2.72
针叶林	69 197.04	35.53
针阔混交林	49 612.44	25.47
落叶松林	15 479.15	7.95
阔叶林	29 230.94	15.01
人工林	12 007.76	6.16
灌丛	440.42	0.23
草甸	8 051.15	4.13

表4-9　长白山自然保护区林地类型与面积

林地类型	面积/hm²	比例/%
林地	169 244	86.14
疏林地	8 406	4.28
灌木林	4 893	2.49
宜林荒山荒地	10 956	5.58
设施与其他用地	2 966	1.51
合计	196 465	100

表4-10　长白山自然保护区群丛面积和群丛中的典型物种

群丛	典型物种	面积/hm²
高山草甸	单花囊吾	3 137.34
高山苔原	高山罂粟、仙女木	14 756.53
红松林	红松	40 444.25
槭林	槭树	13 568.04
云杉林	鱼鳞云杉	108 289.96
桦树林	岳桦矮曲林	466.30
落叶松林	长白落叶松	15 851.06

经历漫长地质演变、造山运动以及多次火山喷发，现存的长白山火山口形成了一个巨型椭圆形高山湖泊，集水面积为 21.4km²，水面面积为 9.82km²，总蓄水量为 20.4 亿 m³，大气降水是其主要水源，孕育了许多河流、瀑布、泉水与湖泊。长白山自然保护区将其中特色各异的水资源进行有效保护，主要包括以天池为主体的火山口积水湖泊、河流湿地、矿泉点，具体有鸭绿江、松花江、图们江、天池、聚龙温泉等。

长白山作为三江水体的主要源头，区域内水源丰富、河流众多，每年可为东北地区提供丰富的饮用矿泉水资源。年平均流量可高达 240 亿 m³，其中，鸭绿江多年平均流量为 81.0 亿 m³；图们江多年平均流量为 69.2 亿 m³；松花江源头二道白河多年平均流量为 1.7 亿 m³。除湖泊与河流之外，长白山凭借其丰富的森林资源及特有的地质条件，形成了独特的长白山天然矿泉水资源。温泉群有 200 多个泉眼，日平均流量约为 90t，多数成为矿物质丰富的露天温泉，二道白河西岸的两眼冷水泉，日平均流量约为 200t，可产出沁人心脾的可饮用泉水。矿泉水资源流量稳定，成为长白山特色品牌，产生了巨大的经济价值。据统计，现已发现的矿泉点日涌水量达 100 多万 t，已通过省级或国家级鉴定的矿泉水水源地有 48 处，区域周边水厂 6 座，供水能力每日可达 1.4 万 t。

二、长白山自然保护区生态资产存量价值计算

长白山自然保护区蕴藏着大量自然资源，是我国自然状态保存完好且最具代表性和典型性的寒温带自然保护区。森林生态系统作为长白山自然保护区的主体，占整个自然保护区的 86%。自然保护区内的森林不允许开发砍伐，森林生态系统资源价值将以活立木蓄积量价值代替进行价值评估。保护区内现有活立木总蓄积量约为 841 万 m³，按照 2017 年经济市场上原木每立方米 850.00 元的价格计算得到森林资源价值为 715 369.31 万元。为了解决价值量偏高问题，本研究还从单位面积量与价值量角度出发给予修正，应用中国森林生态系统单位面积平均价值 350.00 万元/km²，计算得到森林资源价值为 578 679.50 万元。最终长白山自然保护区森林资源价值结果按二者平均值计算为 647 024.40 万元。

长白山自然保护区具有极高的生物量、丰富度和植被覆盖度，草地资源量与林地资源量有着很大差别，典型草甸生态系统面积较少，因此本研究将灌丛、草甸与高山苔原植被归于此类，总面积达 13 959hm²。根据中国草地生态系统单位面积平均价值 20 万元/km² 估算，得到长白山自然保护区草地资源价值约为 2791.80 万元。

长白山水体总面积可达 1483.19hm²，蓄水量约为 20.4 亿 m³。市场相关水资源利用主要包括居民生活用水与行政事业用水两方面，价值分别为每立方米 2.80

元与 3.90 元，因此以二者平均数 3.35 元作为每立方米水的价值。以现有水资源物质量结合每立方米水的价值，可计算得到水资源总价值量为 683 400 万元。按照水生态系统单位面积平均价值 73.00 万元/km^2 计算得到长白山自然保护区水资源价值为 108 569.69 万元。长白山自然保护区水资源价值结果取平均值计算为 395 984.85 万元。

长白山自然保护区自然资源价值评估结果如表 4-11 所示。

表 4-11 长白山自然保护区自然资源价值评估结果

价值类型	产品产量	价值/（万元/a）
林地资源价值	841 万 m^3	647 024.40
草地资源价值	13 959hm^2	2 791.80
水资源价值	20.4 亿 m^3	395 984.85
合计	—	1 045 801.05

三、长白山自然保护区生态系统服务价值评估

（一）土壤保持

长白山自然保护区是以针叶林为典型代表的森林生态系统，是大陆性山地气候的典型区域。因森林面积较大，不进行林地分类计算，采用无林情况下土壤侵蚀总量替代自然保护区内林地土壤侵蚀差异总物质量与土壤容重来计算土壤保持量，得到每年土壤保持物质量为 496 011m^3。以当前市场每吨土壤单位平均价格 79 元进行计算，则每年土壤保持价值为 5094.03 万元。以单位面积每年森林生态系统土壤保持平均价值 318.10 元/hm^2 进行替代工程法计算，得到长白山自然保护区每年土壤保持价值为 5259.37 万元。最终综合二者平均值估算长白山自然保护区内森林每年防止土壤侵蚀的经济价值为 5176.70 万元。

（二）固碳释氧

近 10 年间，长白山自然保护区主要林地类型有针阔混交林与针叶林，森林植被的平均碳密度呈现增长的趋势。长白山自然保护区内森林生态系统郁闭度高，总碳储量约为 82 977t，每年每公顷森林生态系统可吸收 CO_2 的量达 3.81t，释放 O_2 的量达 2.05t。长白山自然保护区每年可吸收 CO_2 的量达 629 107t，产生 O_2 的量达 338 941t。碳的市场平均价格为 1200 元/t，氧气的平均价格为 1000 元/t。根据市场价值法计算公式，得到其固碳、释氧价值分别为 62 911 万元和 33 894 万元。同时根据每年森林固碳释氧的价值 2389.1 元/hm^2 进行修正，计算得到长白山年固碳释氧的价值为 39 500.6 万元。取平均值估算长白山自然保护区内每年固碳释氧的

价值为 68 152.80 万元。

（三）涵养水源

长白山森林生态系统丰富，空气中水汽含量高，通过水循环流动被生态系统吸收利用，有利于土壤保持、增加地下水、减少洪涝灾害。根据长白山完整的森林生态系统林地面积与平均年降水量得到全年径流总量，即每年涵盖的物质量为 14 880.33 万 m^3，结合在当前社会发展阶段下每立方米水源经济价值为 3.3 元，经计算，长白山自然保护区涵养水源的总价值量为 49 105.09 万元。以单位面积森林生态系统水源涵养平均价值为 2831.50 元/hm^2 进行替代工程法计算，得到长白山自然保护区森林生态系统涵养水源价值为 46 815.17 万元。最终取平均值估算长白山自然保护区内森林涵养水源价值为 47 960.13 万元，加之水体生态系统涵养水源价值为 2674.67 万元，估算长白山自然保护区内涵养水源价值总计 50 634.80 万元。

（四）空气净化

依据每年温带阔叶林与针叶林对 SO_2 平均吸收能力分别为 88.65kg/hm^2 与 215.60kg/hm^2 进行替代工程法计算，结合在当前社会发展阶段下每吨 SO_2 削减成本 600 元可以估算长白山自然保护区森林每年可吸收 SO_2 气体价值约为 1509.16 万元。根据每年温带森林对粉尘阻滞的能力 10.11t/hm^2 进行替代工程法计算，结合在当前社会发展阶段下每吨粉尘削减成本 170 元可以估算长白山自然保护区森林每年可阻滞粉尘价值约为 60 880.39 万元。由此可得到长白山自然保护区森林生态系统空气净化价值为二者之和，约为 62 389.55 万元。

（五）生物多样性

长白山自然保护区生态系统结构复杂、功能完整，生态系统服务丰富，适于多种生物物种生存，具有极高的生物多样性。其中长白山孕育的生物多样性是多要素共同构成的综合性统一体，生物多样性的维持关系着自然保护区乃至区域周边的生态系统平衡与人类社会发展。保护区内野生植物有 73 目 256 科 2806 种；野生动物有 52 目 258 科 1578 种。通过与生态系统生物量的间接比较，根据专家知识确定了相应的等效系数，以每年对人类的贡献价值单位面积当量因子 2284.60 元/hm^2 计算，最终得到长白山自然保护区生物多样性资源对人类的贡献价值为 47 692.20 万元。

（六）科研价值

长白山自然保护区进行科学研究与科普宣传，公众逐步认知保护自然资源、生态环境的重要性。公众参与自然保护区的保护建设管理，共享自然保护区的科学研究成果和众多数据信息。为了更好地认识并管理好自然资源，众多院校和科研院所在长白山积极开展科学技术研究，开展了许多有针对性的调查监测研究工作。自建立自然保护区以来，为有效实施长白山生态保护工程、保证自然资源的科学合理有序利用，长白山管理部门建立了自然博物馆、自然生态教育基地，推进生态教育、拓展生态实践活动。现已有多所院校将其作为科研教育基地，实施重点研发项目和重点实验室专项计划课题 3 项。近年来在长白山自然保护区做了大量的资源保护工作，针对自然保护区实施各类生态保护项目 130 余个。生态保护科研工程总计相关投资累计可达 50 亿元。

（七）旅游价值

长白山管委会统计资料显示，在 2010～2017 年的 8 年中，景区年到访游客量从 88 万人增长到 223.2 万人，出现翻倍增长，如表 4-12 所示；年旅游收入从 2.1 亿元增长至 6 亿元，游客量和旅游收入每年持续增长，如图 4-3 所示。从相关数据可知，长白山旅游产业在确保生态环境承载力范围内生态效益不受侵害的同时生态旅游发展强劲，总体经济态势保持快速增长。以 2017 年游客量 223.2 万人进行计算，长白山自然保护区门票每人次 105 元，门票收入可达 23 436 万元。加之保护区内交通收入以及相关资源收入，减去人员工资、基本运行费与基础设施建设管理费用，最终计算得到长白山自然保护区 2017 年生态旅游价值约为 5 亿元。

表 4-12　2010～2017 年长白山自然保护区游客量与游客量增长率

年份	游客量/万人	游客量增长率/%
2010	88.0	—
2011	142.0	61.4
2012	167.0	17.6
2013	157.3	−5.8
2014	193.4	22.9
2015	215.0	11.2
2016	218.4	1.6
2017	223.2	2.1

长白山自然保护区生态系统服务价值评估结果如表 4-13 所示。

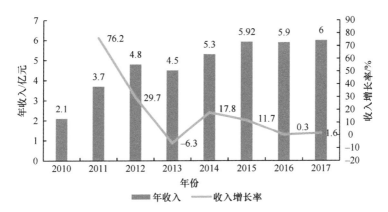

图 4-3 2010～2017 年长白山自然保护区旅游年收入及收入增长率

表 4-13 长白山自然保护区生态系统服务价值评估结果

价值类型	价值/（万元/a）
土壤保持	5 176.70
固碳释氧	68 152.80
涵养水源	50 634.80
空气净化	62 389.55
生物多样性	47 692.20
科研价值	500 000.00
旅游价值	50 000.00
合计	784 046.55

四、结果分析

由上述计算得到，长白山自然保护区的各项生态资产价值如图 4-4 所示，由此得出 2017 年长白山自然保护区的生态资产总价值为各项指标的总和，即

生态资产总价值＝自然资源存量价值＋生态系统服务流量价值

    ＝森林资源价值＋草地资源价值＋水体资源价值

    ＋土壤保持价值＋固碳释氧价值＋涵养水源价值

    ＋空气净化价值＋生物多样性价值＋科研价值＋旅游价值

    ＝1 829 847.10 万元

其中森林资源价值高达 647 024.40 万元，贡献经济价值最高，占比约为 35.36%；其次是水体资源价值，占比约为 21.64%。

长白山自然保护区生态资产特点是物种资源丰富，自然产品存在潜在价值；森林自然资源价值存量大，生态价值高，说明自然保护区的森林生态系统所提供

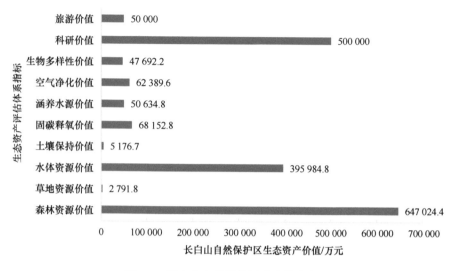

图 4-4　长白山自然保护区生态资产价值

的服务发挥了巨大的生态服务效益，同时也说明保护管理主要以森林生态系统为重要基础。长白山依托地理优势，有着优异的生态环境条件基础，自然资源底蕴丰富，在国内外范围有着重要地位，提供着巨大的市场经济价值。保护区周边经济开发利用前景广阔，发展趋势强劲，积极应用新的科学技术实施管理保护，开展适度的生态旅游活动，通过多元化发展模式带动了相关行业产业可持续发展，为区域经济提供有力支撑。长白山自然保护区有着丰富的生态、环境、科学、经济、文化等多重价值。本研究通过将生态资产价值分为有形的自然资源存量价值和无形的生态系统服务流量价值之和进行评估核算。根据上述估算，可以得出长白山自然保护区生态资产总价值为 1 829 847.10 万元（图 4-4）。在经济社会绿色转型发展中，通过设定具体的可持续发展决策状态或情景、细化评估指标、明确决策对象，并对其生态资产进行价值评估，这一系列过程具有独特的代表性和示范意义。生态资产的价值量表征将逐步成为衡量区域可持续发展的重要评价工具，同时有助于自然保护区处理好保护与开发的关系、合理利用自然资源、客观审视当前面临的生态问题，为未来自然保护区绿色发展提供思路。

因相关珍稀生物物种、矿产资源、基因资产难以用价值核算，因此生态资产价值核算结果具有不确定性，这一价值不代表生态资产最终的精确价值。这一价值还不能与日常生产中的物质价值对应，因此不应盲目将核算结果总量与区域经济总量直接对比，而应当进一步设定具体的可持续发展决策状态或情景，将核算结果作为现状评判或情景比较的量化依据。例如，在未来应用相关模型进行更多的评估，为自然资源资产负债表提供相关科研依据；应用于领导干部离任审计、生态文明建设目标评价考核体系；在资源利用以及开展生态旅游等方面起到示范作用，从而保证自然资源和生态系统服务的生态基线。本研究利用常见的生态学统一指标，提供了一个可适用于世界各地生态环境的综合量化评估体系，在未来需要由点及面进行更多的评估工作，在各级自然保护区进行广泛研究，将研究结果应用到决策及管理决策领域。

第四节　温带典型森林保护区生态资产评估总结

温带森林自然保护区作为全球自然保护区中的重要部分，有着丰富的基因库、资源库和能源库，资源与环境有机地结合在一起，构成完整且稳定的复合型生态系统，在多项指标中森林生态系统资源产生的生态价值占比较高，其生态效益对维系全球生态平衡起着至关重要的作用。

研究发现，长白山自然保护区有着丰富的生物多样性与多种珍稀动植物资源，为人类提供了生活与生产所必需的物质资源，受到国内外社会的关注与重视。依靠这些自然资源与生态系统服务等生态资本，自然保护区具有较高的经济价值。作为吉林省重要经济开发产业，长白山自然保护区受季风气候影响四季分明，冬季较为寒冷且持续时间久，旅游产业存在季节性问题，旺季时间短、游客量高，基础设施、交通运输与接待能力有限，同时生态环境受人类威胁较大，带来众多挑战；淡季旅游相关产业结构单一，市场收益下降，相关资源未得到有效利用，经济效益转换率较低。因此仍需要建立科学的管理规划体系，进行产业结构调整，促进观光休憩产业模式向生态旅游产业模式的转型，发挥市场调节机制，增加就业以及引入更多市场动力，激发生态旅游资源潜力。

泰山自然保护区相比之下面积较小，产生的价值量较小，曾受战争影响、人类破坏，生态建设困难，特有物种、野生动植物数量不多，珍稀物种、国家级重点保护动物比例不高。一些自然资源作为重点生态保护对象存在着脆弱性和不可再生性。然而泰山将生态资产价值与历史悠久的文化价值有机结合，加之良好的基础条件设施与便利的道路交通，形成了独特的自然人文旅游产业。旅游资源等级高，知名度高，游客来源丰富。作为五岳之首的泰山拥有成熟广阔的市场平台，实施多元化发展为经济发展以及保护区建设提供了良性循环。保护区通过与周边经营单位联营产生多种经济实体与资源加工产业，包括土地、林木、水、农业的利用与副产品的产出等多种经济活动。明确资源利用重点，提高了资源合理利用率，构成了多部门、多行业统一管理模式。泰山自然保护区凭借区位优势、历史传颂及丰富的自然景观条件，利用其自身资源进行经济市场开发，合理布局，改善管理，积极推动着经济价值转换。自然保护区的未来发展应实行更加科学积极且具有系统性的保护措施，避免人类活动对生态资产的负面影响，与此同时对于生态旅游产业应保持宏观调控、高效管理与持续运行，发挥经济优势。

未来研究工作中还需要进一步改进生态资产价值评估的相关问题。一方面，本研究尚有许多生态系统的直接和间接价值因统计资料的复杂性以及缺少适当的评估技术未能进行计算，导致其生态价值无法估算，如野生动植物价值、矿产资源价值、自然景观价值、生物栖息地价值等。因此估算结果还不能涵盖日常生产中自然保护区生态价值的全部贡献，不能盲目将核算价值总量与区域经济总量直接对比。应将核算结果作为生态现状评判基础、未来审计的标准或不同生态情景比较的量化依据，从生态经济学、可持续发展理论的角度论证生态资产的经济属性及其对生态可持续发展的贡献。

另一方面，体系当中主要的生态系统服务类型及指标选择对核算结果的影响较大。其价值结果是生态资产评估的重要输出部分，受到研究区域时空尺度、地点位置选取、研究目的和不同研究人员学科背景的影响。相关价值评估方法还应针对区域现存资源状况进一步改善，变通设计符合当地社会经济发展现状的计算方法与体系，以确保评估过程实施因地制宜的原则。生态系统服务价值属于隐形生态资产，其价值流动是一个非常复杂的过程，随时间、空间、能量流动、经济社会重心转移的规律各不相同，各研究区域自然资源情况各异，而且其发展规律和内容特点尚不明确，现有的评估模型只能实现区域在一定时间内的价值衡量，还需要通过模型模拟分析和预估，加强长期详细的生态系统服务价值动态模拟研究。

随着相关交叉学科研究及社会对生态资产价值的认识深入，结合边际效益与市场价格、客观与现实情况进行生态资产价值评估，可以提高结果的科学性与准确性，使评估结果更加符合实际。生态资产价值评估体系的构建涉及自然环境、社会发展、市场经济等多方面的影响，在实际评估过程中，对于涉及的相关利益方的经济发展、当地社会背景、城市运转情况无法把控，应重在参考自然保护区生态工程效益、市场经济效益综合评估，相关价值量输入与评估输出还需要研究者在评估时结合实际适当调控。倡导生态资源的科学合理有序利用，有效推动生态保护，为人类社会-经济-自然复合生态系统提供生存发展的重要基础条件。

生态资产的核算结果可以清晰地反映自然保护区生态现状、保护管理实施效果以及生态系统对经济社会发展的支撑作用。本研究在生态科普宣传、相关部门管理工作与政府宏观调控3个方面提出对策建议。

1）随着公众生活消费观念转变，迫切追求自然景观、生态体验、休憩游赏等生态娱乐活动，旅游业的发展对自然保护区有着风险性影响，科普宣传生态资产可以让公众了解生态资源的脆弱性与重要性，提高生态环境保护意识。基于公众自发保护意识实行社区参与保护，在享受生态自然福祉的同时回馈生态保护，奠定社会发展基础与自然保护区未来方向，在此基础上探索自然保护区的生态环境保护以及公众的生态旅游可持续良好发展平衡模式。

2）自然保护区相关管理部门以生态资产为基准，将其作为衡量区域生态保护、可持续发展水平与状态的评价工具，可以客观审视面临的生态问题，合理利用自然资源，为未来自然保护地体系绿色发展提供思路，从而以行政和科学技术为主要手段，保障生态系统多样性与完整性，维持生态系统必要的结构与功能，基于社会经济的客观发展和生态效益的增长等方面进行管理与建设。例如，利用定位观测、设立科研样地、应用高精度系统监测网络，建立生态资产相关基础资料数据库，增加定点、定时、定位生态资产动态监测；明确森林生态系统在自然保护区中的重要性，同时深入调整林业及林产品发展模式；通过加强林木防火、病虫害防治、利用清洁型能源等手段保护森林生态系统健康；在保护管理过程中落实信息系统化、管理清晰化，推行量化考核制度，提高管理水平；合理利用规划自然保护区优势，合理布局以及优化区域交通分布，制定多元发展战略，适度合理开展生态旅游，促进自然保护区与区域经济共同发展。

3）价值量表征可以使政府决策部门能更多地考虑经济社会发展对自然保护区生态资产的影响，以此明确职责、完善制度、依法管理。例如，重视生态功能区规划建设，制定科学完善的生态保护政策、生态补偿机制与生态问责制度；引导各级政府加强对生态环境与自然资源的执法监督，从问题源头抓起，控制矛盾因素、打击违法行为；加大对自然保护区的投资、鼓励科研项目的投入，积极开展科学研究；明确界定资产产权关系与保护权限，实行生态资源的有偿使用，追求生态良性循环；平衡保护与开发的关系，融社会、经济、生态效益于一体，进而促进人与自然的和谐发展。

第五章　典型国家公园生态资产评估*

本章以三江源国家公园和神农架国家公园为例，评估其生态资产存量价值和生态系统服务价值。国家公园生态资产物质量与价值量将为自然保护区生态环境保护建设提供科学理论依据，有助于提高人们对自然保护区的保护意识，以此改善该地区生态系统服务效益，促使自然保护区环境、经济和社会效益高度统一和协调发展。

生态资产的价值量表征将逐步成为衡量区域可持续发展的重要评价工具，同时有助于自然保护区处理好保护与开发的关系、合理利用自然资源、客观审视当前面临的生态问题，为未来自然保护区绿色发展提供思路。在未来需要由点及面开展相应评估工作，在各种类型的自然保护地进行广泛研究，将研究结果应用到决策领域。

第一节　三江源国家公园生态资产评估

一、研究区概况

地理位置：三江源国家公园位于青海省南部，32°22′36″N～36°47′53″N，89°50′57″E～99°14′57″E，试点区域总面积 12.31×10⁴km²。作为中国面积最大的自然保护区、三江源生态系统最敏感的地区，它是长江、黄河、澜沧江 3 条大河的发源地。

地形地貌：三江源地区是青藏高原的腹地和主体，可可西里山及唐古拉山脉横贯其间，以山地地貌为主，山脉绵延、地势高耸、地形复杂，海拔为 3335～6564m，平均海拔为 4400m。

气候条件：区内气候属于青藏高原气候系统，为典型的高原大陆性气候，表现为冷热两季交替、干湿两季分明，年平均降水量为 262.2～772.8mm，具有年温差小、日温差大、日照时间长、辐射强烈（年辐射量 5500×10⁶～6800×10⁶ J/m²）、无四季区分等气候特征。

水资源：三江源地区高大山脉的雪线以上分布有终年不化的积雪，雪山冰川广布，是中国冰川集中分布地之一，河流密布，湖泊、沼泽众多，是世界上海拔

---

* 本章由马婷、杨丽雯、萨娜执笔。

最高、面积最大、湿地类型最丰富的地区。长江总水量的 25%，黄河总水量的 49%和澜沧江总水量的 15%都来自三江源地区，使这里成为我国乃至亚洲的重要水源地，素有"江河源""中华水塔""亚洲水塔"之称。世界著名的 3 条江河集中发源于一个较小区域内在世界上绝无仅有，青海省也由此闻名于世。

动植物资源：三江源地区有着丰富的动植物资源。长江源是世界高海拔地区生物多样性特点最显著的地区，被誉为高寒生物自然种质资源库。三江源地区具有独特而典型的高寒生态系统，为中亚高原高寒环境和世界高寒草原的典型代表。植被类型有针叶林、阔叶林、针阔混交林、灌丛、草甸、草原、沼泽及水生植被、垫状植被和稀疏植被等 9 个植被型，可分为 14 个群系纲、50 个群系。区内国家二级保护植物有油麦吊云杉（*Picea brachytyla* var. *complanata*）、红花绿绒蒿（*Meconopsis punicea*）、虫草 3 种，列入《濒危野生动植物种国际贸易公约》附录 II 的兰科植物 31 种；青海省级重点保护植物 34 种。野生动物有兽类 85 种，鸟类 237 种（含亚种为 263 种），两栖爬行类 48 种。国家重点保护动物有 69 种，其中国家一级重点保护动物有藏羚（*Pantholops hodgsoni*）、野牦牛（*Bos grunniens*）、雪豹（*Uncia uncia*）等 16 种，国家二级重点保护动物有岩羊（*Pseudois nayaur*）、藏原羚（*Procapra picticaudata*）、棕熊（*Ursus arctos*）、猞猁（*Lynx lynx*）、盘羊（*Ovis ammon*）等 35 种，珍稀鸟类有黑颈鹤（*Grus nigricollis*）、金雕（*Aquila chrysaetos*）、藏雪鸡（*Tetraogallus tibetanus*）等。另外，还有省级保护动物艾鼬（*Mustela eversmanii*）、沙狐（*Vulpes corsac*）、斑头雁（*Anser indicus*）、赤麻鸭（*Tadorna ferruginea*）等 32 种。已探明的矿产资源有砂金、铜、水晶等。

历史上，三江源曾是水草丰美、湖泊星罗棋布、野生动植物种群繁多的高原草甸区，被称为生态和生命的"净土"，但受严酷自然条件的制约，生态环境十分脆弱。近几十年来，由于自然因素和不合理人类活动的双重作用，这里生态环境日益恶化。位于高原腹地的"三江源"随着全球气候的变暖，冰川、雪山逐年萎缩，众多江河、湖泊和湿地缩小、干涸；沙化、水土流失面积仍在不断扩大；荒漠化和草地退化问题日益突出；长期的滥垦乱伐使大面积的草地和近一半的森林遭到严重破坏；虫鼠害肆虐，据调查，三江源地区每公顷高原鼠兔平均洞口为 1624 个，每公顷有鼠兔 120 只，每年消耗牧草 4.7×10^9 kg，相当于 286 万只羊一年的食草量。鼠害不仅消耗了大量的牧草，同时鼠类的啃食、掘洞等活动造成了大面积的裸地，加速了退化草地的发生；珍稀野生动物盗猎严重；无序的黄金开采及冬虫夏草的采挖屡禁不止；受威胁的生物物种占总类的 20%以上，远高于世界 10%～15%的平均水平。三江源地区生态环境的恶化严重影响和制约了当地各民族的生存与发展，造成本地区畜牧业生产水平低而不稳，经济发展落后，部分地区的人类已难以生存，被迫搬迁他乡，严重影响大江大河中下游地区的生存与发展。

二、评估方法

能值分析法由奥德姆（Odum）等最早提出，是在传统能量分析的基础上创立的一种新的研究方法。它把各种形式的能量转化为统一的单位——太阳能焦耳（sej）。采用一致的能值标准，以统一的能值标准为量纲，把系统中不同种类、不可比较的能量转化成同一标准的能值来衡量和分析，从而评价其在系统中的作用和地位，综合分析系统的能量流、物质流、货币流等，得出一系列反映系统结构、功能和效率的能值分析指标，从而定量分析系统的功能特征和生态、经济效益。因其以太阳能为基准，不受市场、货币等条件变化的影响，在计算非使用价值、存在价值等难以货币化的自然保护地生态资产时，尤其是生态资产存量，较基于市场、货币等的计算方法具有更高的可靠性。

通过专家评分进行生态资产评估，最早由谢高地等所倡议。该方法可以在得出可接受的近似结果的条件下，极大程度地简化计算工作量；同时解决了传统生态资产评估中误差大、单位标准受地域影响严重、难以普遍推广等问题，具有很强的现实意义。

由于三江源地域广、面积大、管理情况复杂，本研究运用能值计算方法进行生态资产评估计算。主要应用到的方法与计算公式有

可更新输入能值=太阳能值投入量+雨水势能+雨水化学能+地球循环能+风能

其中：

太阳能值投入量＝系统土地面积（m^2）×太阳年平均辐射量（J/m^2）

雨水势能＝系统土地面积（m^2）×平均降水量（mm）×平均海拔（m）
$$×雨水密度（kg/m^3）×重力加速度（9.8m/s^2）$$

雨水化学能＝系统土地面积（m^2）×平均降水量（mm）×雨水的吉布斯自由能（J/g）
$$（雨水的吉不斯自由能为4.94J/g）$$

地球循环能＝系统土地面积（m^2）×地热通量（J/m^2）（地热通量值为$1.87×10^6 J/m^2$）

风能＝（1/2）×mV^2＝（1/2）×（空气密度×1000m×系统总土地面积）
$$×V^2（V为1月与7月平均风速）$$

根据谢高地等基于专家评分的生态系统单位面积价值当量调查，不同生态系统单位面积生态资产系数如表 5-1 所示。

表 5-1　不同生态系统单位面积生态资产系数

生态系统	森林	草地	农田	水体与湿地	荒漠
单位面积生态资产系数	27.065	11.34	6.595	73.1475	0.895

三、评估结果

三江源自然保护区不同类型生态系统面积统计表如表 5-2 所示。

表 5-2　三江源生态系统类型面积

	森林	草地	农田	水体与湿地	荒漠
面积/km²	14 164.59	202 977.6	915.06	22 373.82	15 833.1

根据公式可得到能值计算结果（表 5-3）。

表 5-3　三江源生态资产价值

	太阳能	雨水势能	雨水化学能	地球循环能	风能
三江源自然保护区总量/sej	2.23×10^{23}	7.20×10^{25}	1.43×10^{19}	1.97×10^{22}	2.99×10^{21}
平均单位面积能值/（sej/m²）	6.15×10^{11}	1.98×10^{14}	3.94×10^{7}	5.42×10^{10}	8.23×10^{9}

结合平均单位面积能值，可得到三江源自然保护区生态资产计算结果（表 5-4）。

表 5-4　三江源自然保护区生态资产计算结果

项目	森林	草地	农田	水体与湿地	荒漠
单位面积生态资产	5.37×10^{15}	2.25×10^{15}	1.31×10^{15}	1.45×10^{16}	1.78×10^{14}
总生态资产	7.61×10^{25}	4.57×10^{26}	1.20×10^{24}	3.25×10^{26}	2.81×10^{24}

注：该生态资产单位为系数，仅用于不同时空同种算法结果进行比较，不能与能量、能值或货币直接比较

　　该方法希望可以成为全国不同地区、不同类型自然保护地的泛用型生态资产存量计算方法，而不局限为一地一例、一例一法。通过更及时的数据更新，甚至实时数据，对生态资产计算的最终结果有着至关重要的影响。

　　在有条件的基础上进行网格化可更新输入能值与生态系统类型本底数据收集，可以更有效地反映不同网格生态资产存量的区别及变化趋势。基于专家评分的不同生态类型单位面积生态资产系数是保证该方法准确性的关键，而其具体赋值仍需在未来的研究中进行多轮调查，予以确认，并通过专家进行修正，这也是未来工作的重点。该方法有潜力将社区中人类活动对生态系统输入的能值流动纳入计算中，对于区内仍有农牧民生产、生活的某些自然保护地有一定的现实意义。

四、基于 INVEST 模型的三江源地区生态资产评估

（一）土壤保持功能

将相关数据输入到 InVEST 模型土壤保持模块，得到了三江源地区 2000 年、

2005 年、2010 年、2015 年的土壤保持情况。

从表 5-5 来看，2000～2005 年，班玛县、达日县、玉树县、杂多县、称多县、囊谦县的土壤保持功能下降，其中囊谦县的占比下降最多，为 32.97%。2005～2010 年，班玛县、甘德县、达日县、久治县、玉树县、囊谦县的土壤保持功能下降，其他县域的土壤保持功能呈上升趋势。2010～2015 年，泽库县、河南蒙古族自治县、同德县、兴海县、玛沁县、玛多县、杂多县、称多县、治多县、曲麻莱县、格尔木市的土壤保持功能下降，其他几个县的土壤保持功能呈上升趋势。整体来看，班玛县、达日县、玉树县、杂多县、称多县、囊谦县的土壤保持能力与其他地区呈现此消彼长的发展态势，而且南部地区的囊谦县、玉树县、杂多县的变化幅度最大，说明三江源南部地区土壤保持能力的稳定性差，生态环境脆弱易变，容易影响三江源的整体环境情况。

表 5-5　不同时期各县/市土壤保持量占土壤保持总量的比例 　（%）

地区	2000 年	2005 年	2010 年	2015 年
泽库县	1.276	1.300	1.993	1.421
河南蒙古族自治县	1.192	1.616	1.672	1.538
同德县	1.288	1.710	2.265	2.014
兴海县	3.567	4.619	6.221	4.644
玛沁县	5.323	7.337	7.565	7.466
班玛县	4.785	4.686	3.176	7.175
甘德县	2.224	2.930	2.306	3.082
达日县	4.573	4.085	3.262	5.014
久治县	4.483	6.311	3.865	7.355
玛多县	1.657	1.880	2.924	2.208
玉树县	15.623	11.726	11.119	11.938
杂多县	12.181	10.160	10.879	9.469
称多县	5.239	4.540	4.882	4.709
治多县	10.236	13.791	14.488	10.031
囊谦县	18.546	12.432	9.941	12.877
曲麻莱县	3.424	6.110	6.649	4.477
格尔木市	4.383	4.765	6.796	4.581

总体来看，2000～2015 年，三江源的土壤保持功能呈下降趋势，土壤保持多年平均量为 $1.92×10^9$t，且多年来以 0.82t/（$hm^2·a$）速率递减。

（二）土壤保持功能的空间变化特征

三江源的土壤保持服务功能在空间上较为稳定。土壤保持服务呈现东南高、西北低的分布态势。研究发现 2000～2015 年整个研究区的土壤保持量有增有减。

（三）不同土地利用类型的土壤保持功能分析

由表 5-6 可以看出，建筑用地的土壤保持功能最强，林地和耕地次之，湿地最弱。经过分类统计，三江源地区的平均土壤保持能力从高到低依次为：建筑用地、林地、耕地、草地、裸地、湿地。建筑用地和林地的土壤保持能力远超其他土地利用类型。人为的工程加固措施和较高的植被覆盖率增强了土壤的水土保持能力。

表 5-6　不同时期各土地利用类型平均土壤保持量　　（单位：t/km²）

用地类型	2000 年	2005 年	2010 年	2015 年
草地	622 111.027	839 916.376	627 228.114	516 356.763
建筑用地	3 664 591.338	3 099 913.431	2 476 381.807	1 586 496.833
林地	1 953 226.621	2 813 353.793	1 825 334.502	1 873 273.745
耕地	1 059 244.802	1 032 313.684	740 372.444	624 866.714
湿地	174 263.672	310 604.747	289 143.614	171 204.143
裸地	319 450.365	465 542.708	390 589.319	255 319.741

经统计分析，研究区 2000 年、2005 年、2010 年、2015 年的平均产水量分别为 259.63mm、378.94mm、328.11mm、292.11mm，区域总产水量分别为 89.75×10⁶mm、130.94×10⁶mm、113.32×10⁶mm、100.84×10⁶mm。

从表 5-7 看出，治多县的水源涵养量占水源涵养总量的比例最大，杂多县次之，同德县最小。从时间变化来看，2000～2005 年，班玛县、达日县、玉树县、杂多县、治多县、囊谦县、格尔木市的水源涵养量占比下降；2005～2010 年，泽库县、玛多县、治多县、曲麻莱县、格尔木市的水源涵养量占比呈上升趋势，曲麻莱县水源涵养量的占比上升最大，其他县的水源涵养量占比呈下降趋势；2010～2015 年，玛多县、称多县、治多县、曲麻莱县、格尔木市的水源涵养量占比呈下降趋势，其他县的水源涵养量占比呈现上升趋势。总体来看，曲麻莱县、兴海县、杂多县、囊谦县和玉树县的总体变化幅度较大，说明三江源地区水源涵养总量的变化主要与这几个县有关。

表 5-7　不同时期各县/市水源涵养量占水源涵养总量的比例　　（%）

地区	2000 年	2005 年	2010 年	2015 年
泽库县	1.50	1.88	1.98	2.02
河南蒙古族自治县	1.75	2.21	2.01	2.16
同德县	0.94	1.43	1.37	1.59
兴海县	2.10	3.37	3.22	3.34

地区	2000 年	2005 年	2010 年	2015 年
玛沁县	3.59	4.82	3.92	4.62
班玛县	3.04	2.67	1.93	2.73
甘德县	2.36	2.91	2.11	2.73
达日县	5.84	5.49	4.44	5.70
久治县	3.33	3.86	2.59	3.66
玛多县	5.80	6.82	7.38	6.78
玉树县	6.27	5.04	4.64	5.03
杂多县	12.10	9.72	9.58	9.66
称多县	4.31	4.44	4.39	4.37
治多县	21.79	20.80	22.97	20.71
囊谦县	6.06	4.42	3.77	4.34
曲麻莱县	6.70	8.46	10.99	8.32
格尔木市	12.53	11.65	12.71	12.22

（四）水源供给功能的空间变化特征

三江源水源涵养服务的空间分布呈现东南地区高、西北地区较低的分布态势。水源涵养的高值区主要位于囊谦县、玉树县、达日县、班玛县、久治县等地，低值区主要位于曲麻莱县、玛多县、称多县、治多县等地。

降水量大、蒸散量小是这些地区水源供给量高的主要原因。三江源地区的产水能力呈现从西北到东南递减的趋势。

（五）不同土地利用类型的水源涵养功能分析

由表 5-8 可见，不同土地利用类型对三江源地区水源涵养功能的贡献依次是草地、裸地、湿地和林地，维护草地、森林、湿地等自然生态系统的稳定与健康，对三江源地区的生态环境建设与社会经济发展意义重大。

表 5-8 不同年份不同土地利用类型的水源涵养量占水源涵养总量的比例 （%）

用地类型	2000 年	2005 年	2010 年	2015 年
草地	64.20	65.74	63.67	68.21
建筑用地	0.02	0.02	0.02	0.03
林地	5.07	5.22	4.30	4.59
耕地	0.20	0.25	0.24	0.25
湿地	5.43	4.97	5.51	4.64
裸地	25.08	23.79	26.26	22.28

（六）生境质量的空间变化特征

经统计分析得到三江源地区 2000 年的平均生境质量指数是 0.6512，2005 年的平均生境质量指数为 0.6516，2010 年的平均生境质量指数是 0.6481，2015 年的平均生境质量指数是 0.6484。三江源的生境质量总体上呈现先增加后减小又增加的趋势，可知近些年来，三江源地区的生态环境是不断恶化的。2000～2015 年，整个研究区域的不同地区生境质量呈现有增有减的变化趋势。

2000～2015 年，三江源多数区域的生境质量处于较高水平，区域均值为 0.6 左右。三江源生境质量的总体变化不大。

（七）不同土地利用类型的生境质量分析

对不同土地利用类型进行平均生境质量指数分析比较，通过 ArcGIS 的区域统计功能统计出了三江源地区的平均生境质量指数。经过分类统计，三江源地区的耕地生境质量指数>湿地生境质量指数>林地生境质量指数>裸地生境质量指数>草地生境质量指数>建筑用地生境质量指数（表 5-9）。

表 5-9　不同年份各土地利用类型的生境质量指数

用地类型	2000 年	2005 年	2010 年	2015 年
草地	0.599 260	0.599 249	0.600 008	0.600 008
建筑用地	0.294 780	0.294 787	0.290 657	0.290 377
林地	0.844 002	0.843 963	0.838 816	0.838 799
耕地	0.997 960	0.998 033	0.995 602	0.995 625
湿地	0.985 974	0.985 944	0.983 388	0.983 631
裸地	0.699 999	0.700 000	0.699 103	0.699 116

（八）生态系统服务功能区动态

综合来看，三江源地区的土壤保持高值区、水源涵养高值区、生境质量高值区 3 个生态系统服务的高值区重合的比例很低，3 项服务的高值区互相重叠的栅格数占栅格总数的比例从 2000 年的 2%增加为 2005 年的 3%，2010 年相较 2005 年未发生变化，2015 年下降为 2%，总体来说变化不大；某两项服务的高值区互相重叠的比例从 2000 年的 15%下降为 2005 年的 14%，再增加为 2010 年的 15%，但是 2015 年下降为 13%，总体呈下降趋势；只有一项服务的高值区从 2000 年的 14%增加为 2005 年的 16%，再下降为 2010 年的 15%，2015 年又增加到 17%，总体呈增加趋势。非生态系统服务高值区从 2000 年的 69%下降到 2005 年的 67%，再增加为 2010 年的 68%，2015 年比例未发生变化，仍为 68%，但总体呈下降趋势。

（九）不同土地利用类型的生态系统服务变化

通过分析土地利用类型对生态系统服务的影响，可以发现对于草地来说，产水量和土壤保持量呈现此消彼长的变化方式，林地、建筑用地的产水量和土壤保持量呈现同时增加的变化特征。湿地、耕地和裸地的产水量 2015 年较 2000 年下降明显。不论哪种土地利用类型，2000～2015 年生境质量均未发生明显变化。

（十）生态系统服务间权衡与协同关系的定量分析

生境质量与土壤保持量之间的相互关系，在空间上为权衡关系的像元个数占比为 66%，在空间上为协同关系的像元个数占比为 29%。三江源地区西北部的长江源园区、南部澜沧江园区的两种服务的相互关系以协同为主，东部黄河源园区两种服务的相互关系以权衡为主。固定土壤保持服务不变，求生境质量和产水量的偏相关关系。

生境质量与产水量之间的相互关系，在空间上为协同关系的像元个数占比为 81%，在空间上为权衡关系的像元个数占比仅为 13%。三江源地区东北部、西北部和澜沧江园区西北部的生境质量和水源涵养的权衡关系尤其显著。

在长江源园区，土壤保持量与生境质量以协同关系为主、生境质量与产水量以协同关系为主、土壤保持量与产水量以权衡关系为主；在澜沧江园区，土壤保持量与生境质量以协同关系为主、生境质量与产水量以协同关系为主、土壤保持量与产水量以权衡关系为主；在黄河源园区，土壤保持量与生境质量以权衡关系为主、生境质量与产水量以协同关系为主、土壤保持量与产水量以协同关系为主。

综合来说，生境质量与土壤保持量间相互权衡，生境质量与产水量以协同关系为主，但是耕地的生境质量与产水量之间呈权衡关系的占比却接近 68%；产水量与土壤保持量之间以协同关系为主，但是草地的这两种服务之间呈权衡关系的占比却达 57%。综上，不同的土地利用类型中，林地、湿地、建筑用地和裸地呈现土壤保持量和生境质量在空间上相互权衡，产水量与生境质量、产水量与土壤保持量在空间上相互协同的分布格局；仅耕地表现为生境质量和产水量的权衡关系，草地表现为产水量与土壤保持量的权衡关系。

第二节　神农架国家公园生态资产评估

一、研究区概况

地理位置：神农架国家级自然保护区位于湖北省神农架林区西南部（31°21′20″N～31°36′20″N，110°03′05″E～110°33′50″E），地处湖北、重庆交接处，全区占地 70 186.7hm²。

地形地貌：保护区位于秦巴山脉东端的神农架山系，地势西南高、东北低，山体相对高差较大，分布在海拔 800～3105.4m，海拔 3000m 以上的山峰有 6 座，其中最高峰神农顶海拔 3105.4m。神农架国家公园地貌复杂，主要有山地地貌、流水地貌、喀斯特地貌和第四纪冰蚀地貌。

气候条件：神农架自然保护区地处中纬度北亚热带季风区，属于亚热带季风区，气温温凉且多雨，区内具有明显的气候垂直分带，在海拔 1000m 处表现为暖温带气候特征，海拔 1700m 处表现为温带气候特征，海拔 2000m 及以上地区表现为寒温带气候特征。与此同时，神农架自然保护区也具有明显的水平气候分带，表现为东部较西部干燥温暖，全区多年平均气温为 11.0～12.2℃。

水资源：神农架水系分属香溪河、沿渡河和南河三大水系，其中前两者汇入长江，南河则流入汉江。多年平均地表水资源量为 24.59 亿 m³，平均地下水资源量为 8.46 亿 m³，全区香溪河和沿渡河地下水量较为丰富，而南河和堵河为低值区。神农架地区雨水充沛，多年平均年降水量为 1170.2 mm，全年降水主要集中在 4～9 月，占全年的 80%左右，冬季则较为干燥。

动植物资源：神农架自然保护区内有大量野生动植物资源，其中维管植物种类占中国的 5.1%、世界的 1%，其中 43 属是中国特有属，有 124 属是东亚分布型，67 属是东亚和北美间断分布型；区内脊椎动物有 401 种，占中国的 6.3%、世界的 0.9%。此外，由于保护区内生态系统结构独特，物种多样性高，且受第四纪冰川期影响甚微，保存有完好的原生生物群落，所以是一个不可多得的古老孑遗植物"避难所"。区内国家重点保护野生植物有珙桐（*Davidia involucrata*）、光叶珙桐（*Davidia involucrata* var. *vilmoriniana*）等 25 种，特有植物如细叶青冈（*Quercus shennongii*）、薄叶鼠李（*Rhamnus leptophylla*）等 42 种，国家重点保护野生动物如川金丝猴（*Rhinopithecus roxellanae*）、华南虎（*Panthera tigris amoyensis*）、金钱豹（*Codonopsis javanica*）等 54 种。由于得天独厚的自然条件，保护区也孕育了丰富的药用植物资源。

神农架的自然环境条件独特，物种资源丰富，亚热带森林生态系统和珍稀动植物保护工作对中国乃至全球森林生态系统和生物多样性保护都具有重要的意义。

二、评估方法

考虑到神农架自然保护区森林面积达 70 465.1hm²，森林覆盖率达 95.29%，所以本研究通过计算森林生态系统服务功能价值来表示自然保护区的生态服务价值，其中对生态效益的评估采用《森林生态系统服务功能评估规范》（LY/T 1721—2008）中的评估方法，对林产品价值的评估采用市场价值法，最后对各项指标的价值进行加和得到神农架自然保护区的总生态服务价值。所有评估方法均属于单项服务评价法，该方法针对各项生态系统服务的特征，选择了差异化评估方法，所以结果更为可靠且误差较小，尤其是在较小的空间尺度中，该方法的评估过程更为精细，结果相比其他方法更全面、更科学，如当量修正法。

（一）涵养水源价值

森林涵养水源的能力可以通过森林土壤的蓄水能力、森林区域的年径流量、森林区域的水量平衡3种指标来计算，本研究采用森林土壤的蓄水能力来计算涵养水源量，分别从调节水量和净化水质2个指标来反映神农架自然保护区森林涵养水源功能，进一步得到涵养水源价值。

1. 调节水量价值

通过降水量减去林分蒸散量、地表径流量的差与林分面积相乘得到涵养水源量，再用涵养水源量乘以水库建设单位库容投资得到神农架自然保护区调节水量价值。

$$U_{调}=10C_{库}A(P-E-C) \tag{5-1}$$

2. 净化水质价值

通过涵养水源量和水的净化费用相乘得到神农架自然保护区的净化水质价值。

$$U_{水质}=10KA(P-E-C) \tag{5-2}$$

式中，$U_{调}$为林分年调节水量价值（元/a）；$U_{水质}$为林分年净化水质价值（元/a）；P为降水量（mm/a）；E为林分蒸散量（mm/a）；C为地表径流量（mm/a）；$C_{库}$为水库建设单位库容投资（元/m³）；K为水的净化费用（元/t）；A为林分面积（hm²）。

（二）保育土壤价值

由于森林中活地被物和凋落物层截留住降水，从而降低了水滴对表土的冲击、减少地表径流带来的侵蚀作用，达到了保育土壤的功能。减少土壤侵蚀量=无林地土壤侵蚀模数（X_2）-林地土壤侵蚀模数（X_1）。森林资源二类调查结果显示，神农架自然保护区森林覆盖率达95.29%，对当地土壤保育起到了重要作用，主要表现在固持土壤和减少土壤肥力损失两个方面。

1. 固持土壤价值

$$U_{固土}=\frac{AC_土(X_2-X_1)}{\rho} \tag{5-3}$$

2. 减少土壤肥力损失价值

$$U_{肥} = A(X_2 - X_1)\left(\frac{NC_1}{R_1} + \frac{PC_1}{R_2} + \frac{KC_2}{R_3} + MC_3\right) \tag{5-4}$$

式中，$U_{固土}$ 为林分年固土价值（元/a）；$U_{肥}$ 为林分年保肥价值（元/a）；X_1 为林地土壤侵蚀模数[t/(hm²·a)]；X_2 为无林地土壤侵蚀模数[t/(hm²·a)]；$C_土$ 为挖取和运输单位体积土方所需费用（元/m³）；A 为林分面积（hm²）；ρ 为林地土壤容重（t/m³）；N 为林分土壤平均含氮量（%）；P 为林分土壤平均含磷量（%）；K 为林分土壤平均含钾量（%）；M 为林分土壤有机质含量（%）；R_1 为磷酸二铵化肥含氮量（%）；R_2 为磷酸二铵化肥含磷量（%）；R_3 为氯化钾化肥含钾量（%）；C_1 为磷酸二铵化肥价格（元/t）；C_2 为氯化钾化肥价格（元/t）；C_3 为有机质价格（元/t）。

（三）固碳释氧价值

固碳释氧指森林生态系统通过森林植被、土壤动物和微生物固定碳素、释放氧气的功能，其中主要通过植物的光合作用和呼吸作用进行森林及大气的气体交换，森林生态系统对维持地球大气 CO_2 和 O_2 的动态平衡、减缓温室效应、提供人类生存必要气体条件有着无法替代的重要作用。根据光合作用方程式，每形成 1g 干物质，植物会固定 1.63g CO_2；根据呼吸作用方程式，每形成 1g 干物质，植物会释放 1.2g O_2。根据造林成本法计算分别获得碳氧价格，再根据神农架地区森林年均净初级生产力获得神农架自然保护区固碳释氧价值。

1. 固碳价值

$$U_{碳} = AC_{碳}\left(1.63R_{碳}B_{年} + F_{土壤碳}\right) \tag{5-5}$$

2. 释氧价值

$$U_{氧} = 1.2C_{氧}AB_{年} \tag{5-6}$$

式中，$U_{碳}$ 为林分年固碳价值（元/a）；$U_{氧}$ 为林分年释氧价值（元/a）；$B_{年}$ 为林分净初级生产力[t/(km²·a)]；$C_{碳}$ 为固碳价格（元/t）；$R_{碳}$ 为 CO_2 中碳的含量，为27.27%；$F_{土壤碳}$ 为单位面积林分土壤年固碳量[t/(hm²·a)]；A 为林分面积（hm²）；$C_{氧}$ 为氧气价格（元/t）。

（四）积累营养物质价值

积累营养物质指森林植物通过生化反应在大气、土壤和降水中吸收 N、P、K 等营养物质，并将其贮存在体内各器官中的功能，该功能对降低森林下游面域污染和水体富营养化有着重要作用。评价神农架自然保护区在养分循环中提供的价值时，可通过森林生态系统对营养物质的固定量乘以全国化肥平均价格得到结果。

$$U_{营养} = AB_{年}\left(\frac{N_{营养}C_1}{R_1} + \frac{P_{营养}C_1}{R_2} + \frac{K_{营养}C_2}{R_3}\right) \tag{5-7}$$

式中，$U_{营养}$ 为林分年营养物质积累价值（元/a）；$N_{营养}$ 为林木含氮量（%）；$P_{营养}$ 为林木含磷量（%）；$K_{营养}$ 为林木含钾量（%）；R_1 为磷酸二铵化肥含氮量（%）；R_2 为磷酸二铵化肥含磷量（%）；R_3 为氯化钾化肥含钾量（%）；C_1 为磷酸二铵化肥价格（元/t）；C_2 为氯化钾化肥价格（元/t）；$B_{年}$ 为林分净生产力[t/(hm²·a)]；A 为林分面积（hm²）。

（五）净化大气环境价值

净化大气环境指森林生态系统对 SO_2、N_xO_y、粉尘等大气污染物的吸收、过滤、阻隔和分解，以及降低噪声、提供负离子等功能。本研究主要研究神农架自然保护区森林生态系统对 SO_2 的吸收和阻滞粉尘所带来的价值量，通过市场价值法进行估算。

1. SO_2 净化价值

$$U_{SO_2} = K_{SO_2}Q_{SO_2}A \tag{5-8}$$

2. 滞尘价值

$$U_{滞尘} = K_{滞尘}Q_{滞尘}A \tag{5-9}$$

式中，U_{SO_2} 为林分年吸收 SO_2 价值（元/a）；K_{SO_2} 为二氧化硫治理费用（元/kg）；Q_{SO_2} 为单位面积林分年吸收二氧化硫量[kg/(hm²·a)]；$U_{滞尘}$ 为林分年滞尘价值（元/a）；$K_{滞尘}$ 为清理降尘费用（元/kg）；$Q_{滞尘}$ 为单位面积林分年滞尘量[kg/(hm²·a)]；A 为林分面积（hm²）。

（六）生物多样性保护价值

森林生态系统为生物物种提供了生存和繁衍的场所，所以森林生态系统自然保护区是保护生物多样性的主要区域。本研究采用机会成本法对神农架自然保护区生物多样性保护价值进行估算。根据《森林生态系统服务功能评估规范》（LY/T 1721—2008），该指标通过香农-维纳（Shannon-Wiener）指数 H' 来确定单位面积年物种损失的机会成本，共划分为 7 级，具体参数如表 5-10 所示。

$$U_{生物} = S_{生}A \tag{5-10}$$

式中，$U_{生物}$ 为林分年物种保育价值（元/a）；$S_{生}$ 为单位面积年物种损失的机会成本[元/(hm²·a)]；A 为林分面积（hm²）。

表 5-10　Shannon-Wiener 指数等级划分及其价值

H'	$S_{\pm}/[元/（hm^2 \cdot a）]$
$H'<1$	3 000
$1 \leqslant H'<2$	5 000
$2 \leqslant H'<3$	10 000
$3 \leqslant H'<4$	20 000
$4 \leqslant H'<5$	30 000
$5 \leqslant H'<6$	40 000
$H' \geqslant 6$	50 000

三、结果与分析

根据森林资源二类调查，神农架自然保护区内主要林种为生态公益林，面积为 70 465.10hm²，其中乔木林 65 927.98hm²，灌木林 2 979.5hm²，竹林 0.82hm²，乔木林面积占全区森林面积的 93.57%，本研究对神农架自然保护区生态系统服务功能评估所用的林分类型为乔木林中的针叶林、阔叶林和针阔混交林。神农架自然保护区各类土地面积和生态系统服务价值评估结果如表 5-11 和表 5-12 所示。

表 5-11　神农架自然保护区各类土地面积

林地类型		林地面积/hm²
林地	乔木林地	65 927.98
	灌木林地	2 979.50
	未成林地	54.01
	无立木林地	1 363.21
	宜林地	78.96
	林业辅助生产用地	60.62
	小计	70 465.10
非林地		1 850.27
合计		72 315.37

（一）涵养水源价值

神农架地区气候受亚热带季风气候影响强烈，降水充沛，多年平均降水量为 1170.20mm/a。各林分年蒸发量为：针叶林 567.2mm/a，阔叶林 581.6mm/a，针阔混交林 585.1mm/a。各林分地表径流量为：针叶林 28.05mm/a，阔叶林 7.50mm/a，针阔混交林 17.78mm/a。最终求得神农架自然保护区生态系统涵养水源价值约为 36.13 亿元/a，其中调节水量价值为 30.34 亿元/a，净化水质价值为 5.79 亿元/a。

表5-12 神农架自然保护区生态系统服务价值评估结果

林分类型		针叶林						合计	阔叶林				
		合计	幼龄林	中龄林	近熟林	成熟林	过熟林		幼龄林	中龄林	近熟林	成熟林	过熟林
林分面积/hm²		5 179.36	806.66	843.08	1 089.98	2 340.24	99.40	45 183.64	16 848.37	18 944.31	5 023.09	4 183.79	184.08
涵养水源价值/(亿元/a)	调节水量	2.38	0.37	0.39	0.50	1.07	0.05	20.93	7.80	8.77	2.33	1.94	0.09
	净化水质	0.45	0.07	0.07	0.10	0.20	0.01	3.99	1.49	1.67	0.44	0.37	0.02
	小计	2.83	0.44	0.46	0.59	1.28	0.05	24.92	9.29	10.45	2.77	2.31	0.10
保育土壤价值/(亿元/a)	固土	1.79	0.28	0.29	0.38	0.81	0.03	16.84	6.28	7.06	1.87	1.56	0.07
	保肥	37.10	5.78	6.04	7.81	16.76	0.71	260.50	97.14	109.22	28.96	24.12	1.06
	小计	38.89	6.06	6.33	8.18	17.57	0.75	277.34	103.42	116.28	30.83	25.68	1.13
固碳释氧价值/(亿元/a)	固碳	0.051	0.01	0.01	0.01	0.02	0.001 0	1.074 4	0.40	0.45	0.12	0.10	0.004 4
	释氧	0.153	0.02	0.03	0.03	0.07	0.003 0	3.19	1.19	1.34	0.35	0.30	0.01
	小计	0.194	0.03	0.03	0.04	0.09	0.004 0	4.26	1.59	1.79	0.47	0.39	0.02
积累营养物质价值/(亿元/a)		3.19	0.50	0.52	0.67	1.44	0.06	64.80	24.16	27.17	7.20	6.00	0.26
净化大气环境价值/(亿元/a)	吸收SO$_2$	0.013 4	0.002 1	0.002 2	0.002 8	0.006 1	0.000 3	0.048 1	0.017 9	0.020 2	0.005 3	0.004 5	0.000 2
	滞尘	0.257 9	0.040 2	0.042 0	0.054 3	0.116 5	0.005 0	0.685 2	0.255 5	0.287 3	0.076 2	0.063 4	0.002 8
	小计	0.271 3	0.042	0.044 2	0.056	0.122 6	0.055 3	0.733 3	0.273 4	0.307 5	0.081 5	0.067 9	0.003 0
生物多样性保护价值/(亿元/a)		0.26	0.04	0.04	0.05	0.12	0.005 0	18.07	6.74	7.58	2.01	1.67	0.07
合计/(亿元/a)		45.634	7.112	7.424 2	9.586	20.622 6	0.924 5	372.058 3	145.473 4	163.577 5	43.361 5	36.117 9	1.583

续表

林分类型		针阔混交林						合计
		小计	幼龄林	中龄林	近熟林	成熟林	过熟林	
林分面积/hm²		15 564.98	1 612.46	3 234.98	2 650.46	7 996.18	70.90	65 927.98
涵养水源价值/(亿元/a)	调节水量	7.04	0.73	1.46	1.20	3.62	0.03	30.34
	净化水质	1.34	0.14	0.28	0.23	0.69	0.01	5.79
	小计	8.38	0.87	1.74	1.43	4.31	0.04	36.13
保育土壤价值/(亿元/a)	固土	5.63	0.58	1.17	0.96	2.89	0.03	24.25
	保肥	101.15	10.48	21.02	17.22	51.96	0.46	398.76
	小计	106.78	11.06	22.19	18.18	54.85	0.49	423.01
固碳释氧价值/(亿元/a)	固碳	0.19	0.02	0.04	0.03	0.10	0.000 9	1.32
	释氧	0.59	0.06	0.12	0.10	0.30	0.002 7	3.93
	小计	0.78	0.08	0.16	0.13	0.40	0.003 6	5.25
积累营养物质价值/(亿元/a)		11.51	1.19	2.39	1.96	5.91	0.05	79.50
净化大气环境价值/(亿元/a)	吸收SO$_2$	0.028 4	0.002 9	0.005 9	0.004 8	0.014 6	0.000 1	0.09
	滞尘	0.505 6	0.052 4	0.105 1	0.086 1	0.259 7	0.002 3	1.45
	小计	0.534	0.055 3	0.111 0	0.090 9	0.274 3	0.002 4	1.54
生物多样性保护价值/(亿元/a)		3.11	0.32	0.65	0.53	1.60	0.01	21.45
合计/(亿元/a)		131.094	13.575 3	27.241	22.320 9	66.984 3	0.596	566.88

（二）保育土壤价值

根据我国土壤研究成果，无林地土壤中等程度的侵蚀深度为 15～35mm/a，无林地土壤侵蚀模数为 150.00～350.00m³/（hm²·a），取平均值 319.80m³/（hm²·a）进行计算；有林地土壤侵蚀模数分别为针叶林 7.80m³/（hm²·a），阔叶林 0.50m³/（hm²·a），针阔混交林 4.15m³/（hm²·a）。根据神农架森林生态系统长期连续定位观测，得到各林分的土壤容重 ρ 及土壤营养成分含量（N、P、K、有机质）如表 5-13 所示。计算得到神农架自然保护区保育土壤价值 423.01 亿元/a，其中固持土壤价值约为 24.25 亿元/a，减少肥力损失价值约为 398.76 亿元/a。

表5-13　各林分土壤容重及土壤养分含量（程畅等，2015）

林分类型	针叶林	阔叶林	针阔混交林
土壤容重 ρ/（t/m³）	1.14	1.08	1.10
土壤有机质含量/（mg/g）	14.93	12.74	0.49
土壤平均含 N 量/（mg/g）	0.62	0.49	0.56
土壤平均含 P 量/（mg/g）	0.11	0.11	0.11
土壤平均含 K 量/（mg/g）	1.63	1.13	1.38

（三）固碳释氧价值

根据李高飞和任海（2004）对中国不同气候带各类型森林净初级生产力的研究结果，寒温带针叶林的平均净初级生产力为 7.20t/（hm²·a），温带针阔混交林净初级生产力 8.99t/（hm²·a），暖温带落叶阔叶林净初级生产力为 9.54t/（hm²·a），亚热带常绿阔叶林净初级生产力 16.81t/（hm²·a），因为神农架自然保护区属于亚热带森林生态系统，所以采用 16.81t/（hm²·a）为阔叶林净初级生产力进行计算。李晓曼和康文星（2008）的研究表明不同森林类型土壤的固碳能力也不同，其中针叶林的土壤年固碳量为 0.6727t/（hm²·a），阔叶林 1.6470t/（hm²·a），针阔混交林 0.7371t/（hm²·a）。最终得到神农架自然保护区固碳释氧总价值达 5.25 亿元/a，其中固碳价值约为 1.32 亿元/a，释氧价值为 3.93 亿元/a。

（四）积累营养物质价值

考虑到神农架自然保护区属于亚热带气候，根据赵同谦等（2004）对中国主要森林生态系统类型的植物体内各营养元素含量的研究，得到针叶林植物体内含 N 量为 4.20mg/g，含 P 量为 0.75mg/g，含 K 量为 2.13mg/g；阔叶林植物体内含 N 量为 4.56mg/g，含 P 量为 0.32mg/g，含 K 量为 2.21mg/g；针阔混交林则根据已有研究，取针叶林与亚热带落叶阔叶林植物体内养分含量的平均值，即含 N 量为 4.38mg/g，含 P 量为 0.54mg/g，含 K 量为 2.17mg/g。最终得到神农架自然保护区积累营养物质价值为 79.50 亿元/a。

（五）净化大气环境价值

根据森林资源二类调查（2012 年）和林地落界数据（2016 年），神农架自然保护区有针叶林 5179.36hm²，阔叶林 45 183.64hm²，针阔混交林 15 564.98hm²。由《中国生物多样性国情研究报告》的相关资料可得（《中国生物多样性国情研究报告》编写组，1998），针叶林、阔叶林对 SO_2 的吸收能力分别是 215.60kg/（hm²·a）、88.65kg/（hm²·a），针阔混交林取二者平均即 152.13kg/（hm²·a），计算得出神农架自然保护区吸收 SO_2 带来的价值为 0.09 亿元/a。据研究，针叶林的滞尘能力为 33 200kg/（hm²·a），阔叶林的滞尘能力为 10 110kg/（hm²·a）（肖寒等，2000），针阔混交林的滞尘能力取针叶林和阔叶林平均值，即 21 655kg/（hm²·a），计算得出神农架自然保护区滞尘带来的价值为 1.45 亿元/a。最终得到神农架自然保护区净化大气环境价值为 1.54 亿元/a。

（六）生物多样性保护价值

根据森林资源二类调查（2012 年）和林地落界数据（2016 年），由于神农架自然保护区内针叶林以冷杉和松类为主，阔叶林以阔叶混树种为主，参照王兵等对中国森林物种多样性保育的研究成果，得到针叶林 Shannon-Wiener 指数等级为 VI，即 $1 \leqslant H' < 2$；阔叶林 Shannon-Wiener 指数等级为 II，即 $5 \leqslant H' < 6$；针阔混交林 Shannon-Wiener 指数等级为 IV，即 $3 \leqslant H' < 4$，计算得出神农架自然保护区生物多样性保护价值为 21.45 亿元/a。

（七）神农架自然保护区生态系统服务总价值

神农架自然保护区生态系统服务价值总共达到 566.86 亿元/a，各单项生态系统服务价值从高到低排序为：保育土壤价值（74.62%）＞积累营养物质价值（14.03%）＞涵养水源价值（6.37%）＞生物多样性保护价值（3.78%）＞固碳释氧价值（0.93%）＞净化大气环境价值（0.27%），保育土壤价值超过了总价值的 50%，为贡献率最大的指标，其中减少土壤肥力损失价值达到了保育土壤价值的 94.27%，说明神农架自然保护区对土壤的保育功能尤其是土壤肥力的保持较好，与程畅等（2015）对神农架森林生态系统服务价值研究的结果相一致。其次为积累营养物质价值，占总价值的 14.03%，剩余 4 项贡献率总共占 11.35%。根据计算结果，生物多样性保护价值仅占总价值的 3.78%，位于各项生态系统服务功能贡献率的第 4 位。神农架自然保护区生态系统服务价值的构成及其贡献率如图 5-1～图 5-5 所示。

图 5-1　神农架公园涵养水源价值构成及其比例

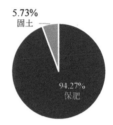

图 5-2　保育土壤价值构成及其比例

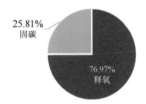

图 5-3　固碳释氧价值构成及其比例

图 5-4　净化大气环境价值构成及其比例

　　对比神农架国家级自然保护区、祁连山国家级自然保护区、武夷山国家级自然保护区 3 个国家级自然保护区及我国其他地区森林生态系统服务价值，如表 5-14 所示，可以得出神农架自然保护区生态系统服务价值大约占全国森林生态系统服务价值的 4%。经过计算，得出各研究区单位面积生态系统服务价值量，其中 4 个自然保护区和海南岛尖峰岭地区采用研究区占地面积计算，北京山地采用乔木林和灌木林面积之和计算，云南省和中国森林生态系统采用森林面积计算，赣南地区和辽宁省采用林业用地面积计算。通过对比，可以看出神农架自然保护

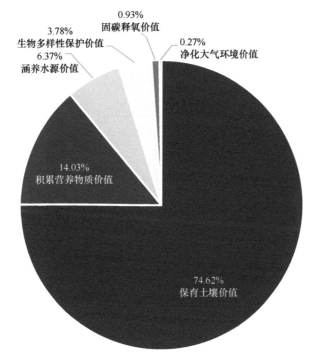

图 5-5　神农架国家公园生态系统服务价值构成及其比例

表 5-14　我国部分地区生态系统服务价值统计

研究区	单位面积价值/[万元/(hm²·a)]	总价值/(亿元/a)	产品提供价值/(亿元/a)	涵养水源价值/(亿元/a)	保育土壤价值/(亿元/a)	固碳释氧价值/(亿元/a)	积累营养物质价值/(亿元/a)	净化大气环境价值/(亿元/a)	森林防护价值/(亿元/a)	生物多样性保护价值/(亿元/a)	森林游憩价值/(亿元/a)
神农架国家公园	78.39	566.86	—	36.12	423.00	5.25	79.50	1.54	—	21.45	—
祁连山国家级自然保护区（汪有奎等，2013）	7.47	654.44	—	91.83	304.91	83.04	3.25	1.56	2.67	167.11	0.07
武夷山国家级自然保护区（许纪泉和钟全林，2006）	2.63	13.34	—	2.28	0.76	2.20	—	1.76	—	—	6.3
赣江源自然保护区（胡启林等，2014）	4.49	8.83	—	1.00	1.19	3.62	—	0.54	—	2.48	—
贡嘎山（关文彬等，2002）	—	184.48	—	71.02	2.17	4.26	—	107.03	—	—	—

研究区	单位面积价值/[万元/（hm²·a）]	总价值/（亿元/a）	产品提供价值/（亿元/a）	涵养水源价值/（亿元/a）	保育土壤价值/（亿元/a）	固碳释氧价值/（亿元/a）	积累营养物质价值/（亿元/a）	净化大气环境价值/（亿元/a）	森林防护价值/（亿元/a）	生物多样性保护价值/（亿元/a）	森林游憩价值/（亿元/a）
海南岛尖峰岭地区（肖寒等，2000）	1.41	6.64	0.72	3.94	0.02	0.13	0.04	1.79	—	—	—
北京山地（徐成立等，2010）	4.10	329.36	—	110.18	18.76	84.48	6.80	27.05	—	58.46	23.63
赣南地区（杨丽，2017）	1.16	354.29	—	100.91	0.19	84.71	13.77	154.72	—	—	—
云南省（赵元藩等，2010）	4.99	12 353.81	129.44	3 282.37	1 450.56	1 442.84	96.01	495.37	—	5 453.19	4.03
辽宁省（王兵等，2010）	3.72	2 591.72	—	897.69	320.18	409.58	57.65	145.72	—	742.53	18.37
中国（赵同谦等，2004）	0.88	14 062.06	2 325.14	2 134.74	136.46	8 359.24	41.85	372.37	—	495.94	194.31

注：表 5-14 只提及了我国部分自然保护区和地区，研究区分别选自我国七大地理分区。单位面积价值为本文计算所得，其余数据均参考文献，由于各个文章评估指标有一定差异，分析结果仅供参考，实际价值还有待进一步调查研究

区单位面积年生态系统服务价值明显高于其他研究区。神农架国家公园和祁连山国家级自然保护区的保育土壤价值都是所有指标中的最高项，北京山地、辽宁省和海南省尖峰岭地区森林的涵养水源价值高于其他指标，贡嘎山和赣南地区的净化大气环境价值高于其他指标，赣江源自然保护区和中国森林生态服务价值中固碳释氧价值最大，云南省生物多样性保护价值高于其他项，武夷山国家级自然保护区的森林游憩价值最高。

四、神农架国家公园的生态资产服务价值

根据以上结果，神农架自然保护区生态系统服务总价值达 566.86 亿元/a，在我国处于较高水平。各项生态系统服务价值排序为：保育土壤价值＞积累营养物质价值＞涵养水源价值＞生物多样性保护价值＞固碳释氧价值＞净化大气环境价值，其中保育土壤方面的贡献率最大，占总价值的 74.62%。不同植被类型的生态系统服务价值大小顺序为：阔叶林＞针阔混交林＞针叶林，其中阔叶林的中龄林和幼龄林价值量明显高于其他林龄和植被类型，而针阔混交林生态系统服务价值的主要贡献者则为成熟林。根据本研究结果计算可得，神农架自然保护区生态系统服务价值约为神农架林区 2018 年 GDP（22.50 亿元）的 25 倍，这一差距反映

了神农架地区生态资源丰富但经济落后的矛盾，也映射出我国部分地区生态良好与经济落后共存的现状。对此，我们更需要倡导社会提高对生态价值的认识和了解，通过政府加大财政转移支付力度，制定完善相关政策等措施来更加充分地发挥生态效益，促进人与自然和谐发展。

本研究评估结果具有一定的规范性和准确性，能够从一定程度上反映神农架国家公园生态系统服务价值情况。但由于数据资料和研究方法的局限，本研究只选择了 6 项指标进行评估，且净化大气环境价值的计算只考虑了吸收 SO_2 和滞尘价值，所以研究结果较实际结果偏小。对我国森林生态系统服务价值的研究除本研究评估所用方法之外，也有其他评估方法，也会使结果产生一定差异，如本研究对生物多样性保护价值的计算只考虑了机会成本方面，并未计算政府经费投入、公众支付意愿等方面价值，所以相较于刘永杰等（2014）对神农架国家公园生物多样性保护价值的计算结果偏小且排序靠后。同时，由于本研究只对神农架国家公园森林生态系统服务价值进行了计算，结果整体较实际情况偏小。徐成立等（2010）研究表明森林生态系统服务功能随着森林资源量的变化而呈现动态变化，因此应加强对森林生态系统服务功能的动态监测和评估。虽然本研究仅仅是对神农架国家公园生态系统服务价值的粗略估算，但可以通过该结果在一定程度上了解和认识到神农架国家公园的生态价值，为更加科学有效地制定相关政策和促进神农架地区生态经济和谐发展提供一定的数据参考与理论依据。

第三节　多类型自然保护地生态资产评估展望

生态系统是自然资源和生态资产的基础，也是人类生存和发展的基础（Leon *et al.*，2012）。生态系统及其相关的生态过程不断提供生态产品和服务，形成并维持人类与所有生物的环境条件。生态系统提供的生态系统服务对人类的独特作用具有无法估量的价值。世界各地不断增长的人口、工业化和城市化给生态系统带来了相当大的压力，导致现有生态系统服务无法承受这种压力（Reid and Mooney，2018；Costanza *et al.*，2017）。因此，保护自然生态系统、可持续利用自然资源以及如何提升其生态系统服务已成为全球性的紧迫挑战（Ouyang *et al.*，2016）。当下，我国现存的各类型自然保护地有着丰富的生态、环境、科学、经济、文化等多重价值。而大量的人类活动、资源过度消耗对生态资源与景观产生了不可恢复影响（Lautenbach *et al.*，2011；Björklund *et al.*，1999）。在经济社会绿色转型发展中，为倡导生态文明理念、有效推动生态保护和生态资源的科学合理有序利用，通过设定具体的可持续发展决策状态或情景、细化评估指标、明确决策对象，并对其生态资产进行价值评估，这一系列过程具有独特的代表性和示范意义（宗文君等，2006）。

第六章　自然保护地生态补偿理论基础*

《建立国家公园体制总体方案》提出，鼓励受益地区与国家公园所在地区通过资金补偿等方式建立横向补偿关系。在目前中国区域间的横向生态补偿实践中，为整合多渠道资金以系统实施补偿措施，多采取利益相关方共同出资构建生态补偿基金模式。然而这种出资比例来源于相关方的博弈和经济承受能力，缺乏坚实的科学支撑。我们认为生态系统服务的外部性是构成生态补偿理论的基础之一。因此，通过研究影响服务流动的主要因子及其衰减特征，引入断裂点模型和场强模型进行生态系统服务流动的模拟，辨析生态系统服务空间位移的特征及其规律，从而根据生态系统服务的流向和范围识别横向生态补偿的主体，根据生态系统服务的流量确定横向生态补偿的标准，构建生态补偿基金模式。

第一节　我国自然保护地生态补偿内涵

通过对国内外专家学者对自然保护地生态补偿内涵的研究进行汇总分析，本章将自然保护地生态补偿界定为：自然保护地生态补偿是以经济手段为主保护自然生态系统服务功能，调节自然保护地内部及周边地区相关者利益关系的制度安排，包含对生态系统本身的补偿[对生态系统保护（恢复）或破坏的补偿和对具有重大生态价值的区域或对象进行保护性投入]，以及对保护地内和周边社区人类行为的补偿（对保护生态建设或因环境投入而放弃发展机会进行的正补偿和对生态系统破坏行为的负补偿）。主要目的是保护自然保护地生态系统并促进当地生态系统服务的可持续利用。

由于自然保护地的公共物品属性，其生态服务是公益性的，享受这些服务的可能是一个很大的区域、一个国家，甚至全球，同时还会对其他地区或其他产业（如生态旅游业等）产生影响（唐芳林等，2018c）。我国的国家公园体制试点作为重要的生态保护地，尽管具有部分私益服务的功能，但更多地具有大规模公益物品的属性，它是一个国家和地区维持生态效益和社会效益综合发展、提高人民物质文化生活水平的重要依托。

因此，将建立以国家公园为主体的保护地体系完成前后作为界限，明确产权及事权。在体系建成之前，对于不能进入市场的自然资源，产权归国家所有；对

---

* 本章由刘某承、杨伦执笔。

于能够进入市场的自然资源，产权归集体或私人所有。自然资源由地方代管逐步向中央事权过渡，集体产权由省级政府代理行使，可以进行生态补偿；国家产权由中央政府代理行使，是管理而非补偿；在以国家公园为主体的保护地体系建立完成之后，自然资源资产所有权由中央政府直接行使，全部为管理而非补偿。对于社区对人类行为的补偿，在体系建成前后没有区别，均需进行补偿，并且鼓励自然保护地和受益地区开展横向生态补偿。积极推进资金补偿、对口协作、产业转移、人才培训、共建园区等补偿方式（表6-1）。

表6-1　自然保护地生态补偿内涵

补偿对象		补偿内容
自然生态系统	体系建成之前	能够进入市场的资源（私人或集体产权等）：对生态系统保护（恢复）或破坏的补偿和对具有重大生态价值的区域或对象进行保护性投入。不能进入市场的资源（国家产权）：国家成立管理基金或设置生态管护岗位等进行管理，不属于补偿
	体系建成之后	自然资源所有权由中央政府管理，非补偿
人类行为	对保护生态建设或因环境投入而放弃发展机会进行的正补偿	保护地内居民：生态搬迁。对于无法生态搬迁的居民提供资金及智力补偿，如特许经营
		保护地周边居民：野生动物致害或限制发展机会的补偿
	对生态系统破坏行为的负补偿	旅游生态补偿税，排污税等
	特许经营	品牌价值分红；资源价值"纳税"

一、重要自然保护地的公共物品属性

公共物品是可以供社会成员共同享用的物品，严格意义上的公共物品具有不可分割性、非竞争性和非排他性（王世军，2007）。作为自然资源可持续发展的物质基础，自然保护地在维持物种多样性、维护当代人良好的生存环境以及保证子孙后代同样能够享受自然权利上具有重要作用，是一种典型的公共物品。同时，它也存在公共物品所具有的问题：供给不足、拥挤和过度使用。因此，为了保证自然资源的可持续利用，限制对保护地内公共资源的过度开发利用，同时激励生态服务产品的供给，是自然保护地生态补偿制度的重要目标。公共物品理论则可以在人们进行不同地域、不同类型自然保护地生态补偿范围、主体、对象及其权责关系等的界定时作为依据（陈海鹰，2016）。

二、重要自然保护地的外部性理论

自然保护地内有丰富的景观资源价值，具有维护物种多样性和改善生态环境等意义，它所带来的利益可以惠及自然保护地居民外的全体社会成员，具有资源合理开发利用和生态保护行为带来的正外部性。然而，严格保护资源环境影响了当地居民赖以生存的生计活动，限制了自然保护地内部居民的自然资源开发和经济发展空间，使他们无法获得和其他地区相同的发展机会，成本和收益不平衡（刘凌博，2011），因此，自然保护地也具有负的外部性。自然保护地生态补偿标准的确立依据可从正、负外部性的视角进行分类和评估。着眼于解决经济活动外部性问题的外部性理论，可作为自然保护地生态补偿机制建立与实施的重要理论依据。

三、自然保护地的产权理论

产权理论为解决"公地悲剧"和负外部性所带来的不良后果提供了帮助。如何界定产权并由此确定交易成本在自然保护地生态补偿的市场运行中具有至关重要的作用。在经济学中，产权的形成实际上是一个外部性的内部化过程，经济学意义上的产权只有当界定权力的费用和权力带来的收益在边际上达到均衡时才会产生（吕永庆，2005）。产权并不是所有权，资源的配置嵌入在财产所有者的社会关系之中，实现资源的有效使用，必须要以协调利益相关者的关系为前提（Coase，1973；Alchian and Demsetz，1973）。目前法律和经济学界对产权的定义是，产权不是指人与物的关系，而是指由物的存在及关于它们的使用所引起的人们之间相互认可的行为关系（刘洋和李辉，2010）。自然保护地包含许多资源类型，利益相关者较多，协调其社会关系的任务更加艰难（徐菲菲等，2017）。在此基础上，我们应该明确保护地自然资源的产权制度，对于那些不能进入市场的资源，如生物多样性等，产权归属国家，其所带来的利益由全体成员共享。对于可进入市场的资源，如旅游开发资源等，明确私有产权，使其具有竞争性和排他性，发挥其产权制度的激励功能（刘凌博，2011）。

本研究根据以上自然保护地的公共物品属性，外部性理论和产权理论分析自然保护地生态补偿的特点及内涵。

第二节　我国自然保护地生态补偿的特点

我国自然保护地是具有国家和国际意义的自然生态系统，拥有丰富的景观价值和文化价值，应统筹兼顾生态效益和社会效益，带动当地经济发展，而不应以追求经济效益为主要目的，肆意开发利用资源。通过分析整理，我国自然保护地生态补偿具有如下特点。

一、我国自然保护地生态补偿的产权与补偿模式

我国自然保护地多数实行属地管理，内部土地权属十分复杂，既有国家、地

方政府所有的类型，也有集体和私人所有的类型。在补偿过程中，由于不同利益主体诉求不同，需要花费更多的精力综合协调利益相关者的矛盾。

国务院办公厅 2016 年 4 月底颁布的《关于健全生态保护补偿机制的意见》指出，应明确风景名胜区等多类自然保护地在生态保护补偿机制中的专项地位且在补偿中要体现的国家事权。明确国家级风景名胜区等多类自然保护地在生态保护补偿机制中的专项地位且形成中央、地方财政各尽其责的局面，有助于这些保护地在加强保护、体现全民公益性上再上台阶，并更好地服务于自然保护地建设（苏杨，2016）。

目前，我国自然保护地的产权还在确权过程中，在未实现自然保护地土地权属国家所有时，考虑到自然保护地的公益属性，确定事权划分，从而确定不同的补偿主体和标准，保障自然保护地生态补偿政策的实施。对于自然保护地中不能进入市场的资源归国家所有，这些自然资源由中央政府行使生态补偿权利；对于可以进入市场的资源归集体和私人所有，这些自然资源由中央政府和省级政府分级行使，生态补偿部分由中央政府直接行使，其他的委托省级政府代理行使。条件成熟时，逐步过渡到土地权属国家所有，由中央政府直接行使生态补偿权利。

二、我国自然保护地的人地协调发展

自然保护地内多有严格保护区，具备独特的自然景观和丰富的物种多样性，同时，自然保护地内也有众多居民，为了加强自然保护地严格保护区的生态保护工作，改变严格保护区范围内居民的生产、生活，控制人为破坏，降低环境污染，需要协调保护地内人地关系发展。因此，自然保护地内多实行生态移民搬迁安置政策。对于生态移民搬迁户实行征地拆迁、安置补偿，对于无法进行移民搬迁的部分居民，鼓励其从事保护景观及动植物资源的活动，进行一定的资金补偿或提供就业机会、技能培训等智力补偿。

三、我国自然保护地生态补偿的周边社区关系

我国的自然保护地多处于景观资源较为丰富、自然环境条件较好、经济发展水平却相对落后的地区，保护区内的资源使用和经济发展与保护地周边地区的发展联系密切。

（一）自然保护地与周边社区发展的同一性

保护地的建立，有利于提高知名度，周边地区可以争取更多的政府和项目支持，更多的资金、技术及就业机会。同样，周边社区为自然保护地的发展提供人员保障，两者具有互惠性。

（二）自然保护地与周边社区发展的冲突

1. 资源保护与利用冲突

保护地内的自然资源是严格禁止使用的，周边地区居民不得任意乱砍滥伐、不得狩猎、不得开垦耕地等，严格限制了周边地区的经济发展。同时，周边经济发展方式的转变，农药、化肥的大量引入，严重污染保护地内环境，外来物种的入侵普遍替代传统作物品种，旅游发展带来垃圾等，都严重威胁自然保护地内的生态环境。

2. 野生动物冲突

随着自然保护地的大力建设，生态植被得到了恢复，野生动物种群数量也不断增多，同时，野生动物肇事问题也频繁发生，毁坏庄稼、伤害牲畜甚至威胁到保护地周边居民的人身安全；同样，周边地区的牲畜也可能会进入保护地，对资源进行破坏。

3. 土地权属冲突

自然保护地的建立使得一定区域的土地归国家集中管理，其中的小部分土地原来可能是周边地区农户的收入来源，缩小了周边地区的发展空间，地区经济发展受到影响。

第三节　我国自然保护地多元生态补偿模式

一、自然保护地生态补偿框架

《建立国家公园体制总体方案》中指出，要在生态补偿机制的建立上，加大财政转移支付力度、建立保护地所在区和受益地区的横向补偿关系、加强生态补偿效益评估和激励约束机制、设立生态管护公益岗位等。根据自然保护地生态补偿的内涵，鉴于《关于健全生态保护补偿机制的意见》对"完善重点生态区域补偿机制"的要求，以及《建立国家公园体制总体方案》对"健全生态补偿制度"的要求，可以构建自然保护地生态补偿的政策框架（刘某承等，2018）。

国家发展改革委、财政部、自然资源部等9个部门2018年12月印发的《建立市场化、多元化生态保护补偿机制行动计划》中提出建立市场化、多元化生态保护补偿机制，要健全资源开发补偿、水资源节约补偿、污染物减排补偿、碳排放权抵消等多种补偿制度，引导生态受益者对生态保护者的补偿。积极稳妥发展长效生态产业，建立健全绿色标识、绿色采购、绿色金融、绿色利益分享机制，引导社会投资者对生态保护者的补偿等。生态补偿模式的多元化和长效化创新是促进我国绿色生态和绿色经济协调发展、实现社会经济可持续的一项重大创新举措，对于生态文明建设具有重要意义（马勇和胡孝平，2010）。

本节在《建立市场化、多元化生态保护补偿机制行动计划》的指导下，基于理论研究和实践探索，对自然保护地多层次的补偿主体、多元化的补偿方式和融资渠道 3 个方面展开研究，阐述自然保护地多元生态补偿模式。

总体来看，自然保护地生态保护补偿政策机制包括四部分内容。

一是建立健全森林、草原、湿地、荒漠、海洋、水流、耕地等领域生态保护补偿机制，整合补偿资金，探索综合性补偿办法。

二是鼓励受益地区与自然保护地所在地区通过资金补偿等方式建立横向补偿关系，同时加大重点生态功能区转移支付力度，拓展保护补偿的融资渠道。

三是协调保护与发展的关系，对自然保护地内或周边发展受限制的社区就其发展的机会成本给予生态保护补偿，同时对特许经营的主体根据其对资源、景观等的利用方式和占有程度收取补偿资金。

四是加强生态保护补偿效益评估，完善生态保护成效与资金分配挂钩的激励约束机制，加强对生态保护补偿资金使用的监督管理（图 6-1）。

二、自然保护地生态补偿主体多层次

生态补偿主体应根据利益相关者在特定生态保护或破坏事件中的责任和地位加以确定。自然保护地具备公共物品属性，其所在地区多属于国家所有，所以它所提供的生态服务是公益性的，并且保护地内部或周边地区往往居住着一些居民。长期以来，这些居民以当地资源为基础从事种植、狩猎、放牧等活动，维持生计。因此，享受自然保护地生态系统服务的可能是一个很大的区域、一个国家，甚至全球，同时还会对其他地区或其他产业产生影响，因此，应当将生态补偿的主体确定为不同的层次（中国生态补偿机制与政策研究课题组，2008）。自然保护地生态补偿的主体可分为补偿主体，受偿主体和实施主体 3 类。补偿主体主要是生态受益人，按照权属划分，对于国家所有的自然资源，补偿主体为国家（中央政府，地方政府，从生态保护中获益的其他地区政府）；对于集体和私人所有的自然资源，主体为市场（破坏者：相关资源的开发与经营者。受益者：从生态环境中受益的相关政府、企业、个人）和其他（各种国际环保组织）。受偿主体包括生态环境本身，自然保护地生态环境价值实现中利益受损的个人、企业和地区以及政府部门（公共物品属性）。实施主体主要是政府，旅游业和非政府组织（non-governmental organization，NGO）等社会组织。在建立以国家公园为主体的自然保护地体系完成之后，保护地自然资源归国家所有，统一为中央政府管理实施（表 6-2）。

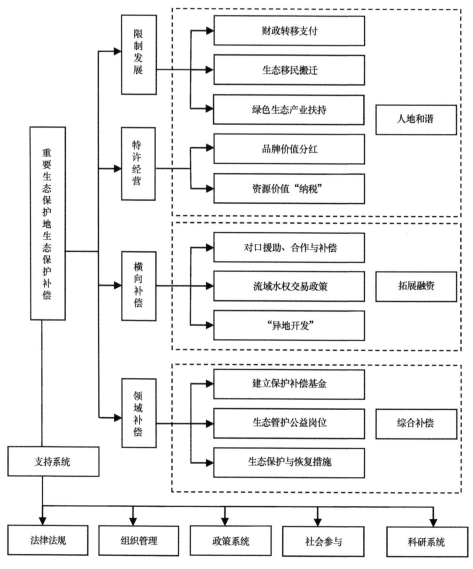

图 6-1 自然保护地生态补偿政策框架图

表 6-2 国内学者对自然保护地生态补偿主体的研究

生态补偿	自然保护地	补偿主体	受偿主体
张一群等（2012）	旅游地	旅游业发展的获益者，以及采用不合理的旅游开发方式对生态环境造成破坏者；旅游开发、经营及管理者；旅游地所在地方政府；旅游者	旅游业利用或依赖的生态环境；生态资源利用方式受到限制或生态资源使用权利被剥夺的旅游地社区
姚小云（2016）	世界自然遗产景区，风景名胜区	景区企业	—

续表

生态补偿	自然保护地	补偿主体	受偿主体
田琪等（2011）	城市森林公园	从森林环境功能受益的公共和私人主体	
杨桂华和张一群（2012）	自然遗产地	—	社区居民
甄霖等（2006）	海南自然保护区	从森林生态系统恢复中受益的一方，旅游部门，排污企业，采矿企业，以及政府相关部门等	保护区的农户
韩鹏等（2010）	脆弱生态区	—	农户
杨攀科和刘军（2017）	神农架国家公园	政府部门	政府部门、生态保护者、生态维护过程中的受损者、生态破坏中的受损者
欧欣歆和余俊（2016）	民族地区国家公园	环境受益者	为此付出努力的地区和居民
张一群等（2012）	普达措国家公园	公园经营者——普达措旅业分公司；公园游憩体验的直接享用者——游客	公园建设涉及的 23 个村民小组，分属 2 个乡镇、3 个村委会，有藏、彝两个民族。根据补偿标准高低，受偿社区被分为一类、二类和三类区
马勇和胡孝平（2010）	神农架国家公园	旅游业；国家主体（中央政府，湖北省政府，从生态保护中获益的其他地区政府），市场主体（破坏者：相关资源的开发与经营者。受益者：从生态环境中受益的相关政府、企业、个人），其他主体（各种国际环保组织）	人（生态损害的受损者，环境治理中的受损者，生态环境治理者，生态环境维护者），环境（生态环境本身）
蒋姐（2008）	自然保护地	补偿主体：往往是生态受益主体，但范围还要窄一些，如后代人是受益主体而不是补偿主体，包括国家、地区、企业和个人以及政府或 NGO 等社会组织	自然保护地生态环境价值实现中利益受损的个人、企业和地区（受损包括为实现生态环境价值而额外支出的经济成本和为保护生态环境价值发展受限而丧失的机会成本）
姚红义（2011）	三江源国家公园体制试点	生态受益人	所有权人，对生态环境保护作出努力并付出代价者
苏杨（2016）	国家公园	中央和地方	在生态保护过程中利益受到损失、发展受到限制的个人、机构与地区，包括风景名胜区管理机构
岳海文（2012）	三江源国家公园体制试点	流域水环境受益区	有效保护及恢复水生态的地区
关小梅（2016）	三江源国家公园体制试点	"两江一河"的中下游经济发达地区	三江源上游源头地区
徐翀（2017）	三江源国家公园体制试点	中央和地方	—
高辉（2015）	三江源国家公园体制试点	生态服务社会消费者	生态服务私人生产者
吕晋（2009）	水源保护区	法国 Perrier Vittel S.A 瓶装矿泉水公司，法国国家农艺研究所（INRA），法国水管理部门（生态服务购买方）	水源地的农民和林地的拥有者（生态服务提供方）

生态补偿	自然保护地	补偿主体	受偿主体
吕晋（2009）	水源保护区	纽约市提供流域计划的启动资金，其余部分由州、联邦政府和流域内的当地政府负责	上游水源地的森林主、农场主和木材公司
	巴西巴拉那州的自然保护地	上级地方政府	地方政府和私有林主
张一群（2015）	普达措国家公园	以旅游业作为实施主体，以旅游业发展的获益者以及采用不合理的旅游开发、经营方式而对自然资源或生态环境造成破坏者作为补偿主体	生态环境和人
	国外保护地	旅游经营企业，旅游者，保护地管理机构	社区
	云南保护地	保护地的旅游开发，经营，管理者；旅游者；保护地地方政府；依托保护地旅游业务盈利的其他旅游企业（非强制责任主体）	保护地自然生态系统，保护地社区居民，志愿者，NGO组织等其他实施非义务性保护行为的保护地生态保护者（非强制责任主体）
陈海鹰（2016）	自然保护区	旅游公司，政府	社区居民

三、自然保护地生态补偿方式多元化

生态补偿的主体是决定生态补偿方式本质特征的核心内容（中国生态补偿机制与政策研究课题组，2007），对于不同的补偿主体可以采取不同的补偿方式，现有的补偿方式主要有政府补偿和市场补偿两种。政府补偿包括政府购买服务、雇佣劳动者、购买劳动力、财政转移支付、生态保护项目实施、环境税费制度等；市场补偿包括外来的旅游公司进行特许经营、私人企业补给、绿色标志等。通过对已有的生态保护地生态补偿方式相关文献进行搜集和整理，可以看出，自然保护地的生态补偿方式可以分为直接补偿（输血型）和间接补偿（造血型）两大类，按照补偿方式可以分为资金补偿、实物补偿、政策补偿和智力补偿等（表6-3）。

表6-3　国内学者对自然保护地生态补偿方式的研究

补偿方式		补偿手段	学者	自然保护地
资金补偿	财政转移支付	财政补贴，主要有收费，罚款，渔业、矿产、土地、水面、滩涂等项资源补偿费和押金几种补偿手段	甄霖等（2006）	海南自然保护区
		通过产业转移和生态移民整合多项资金对农牧户进行综合补偿	韩鹏等（2010）	脆弱生态区
		建立"资金横向转移"补偿模式。即"两江一河"中下游经济发达地区向源头地区转移支付，"两江一河"的上游同中下游地区的同级政府间建立区际生态转移支付基金，通过横向转移改变地区间利益分配格局	关小梅（2016）	三江源国家公园体制试点
		中央政府对地方政府的生态财政资金转移支付	徐翀（2017）	三江源国家公园体制试点

补偿方式		补偿手段	学者	自然保护地
资金补偿	财政转移支付	两级政府间公共资金再分配：通过公共资金再分配机制（ICMS）进行财政转移支付	吕晋（2009）	巴西巴拉那州的自然保护地
	项目补偿	退耕还林补偿，生态公益林补偿，禁止伐木补偿，禁止狩猎补偿，看护山林补偿，旅游生活补贴，搬迁现金补偿，家庭纯收入改善，旅游经营收入增加	姚小云（2016）	世界自然遗产景区，风景名胜区
		通过补贴投入生态治理的土地项目对农牧户进行补偿，根据所涉及项目国家制定的标准确定补偿标准，这一部分严格执行国家相关补贴标准直接补偿给农牧户	韩鹏等（2010）	脆弱生态区
		项目形式补偿，如野生动植物保护工程、天然林保护工程、京津风沙源治理工程、"三北"及长江中下游地区等重点防护林工程，生物多样性保护项目与碳汇项目等	闵庆文等（2006）	自然保护区
		中央政府对生态公益林的补偿；中央对生态迁移的农牧民的资金补偿与粮食补偿	徐翀（2017）	三江源国家公园体制试点
		涵养水源、保护植被，防止水土流失而进行的投入，主要包括：草原森林防火、防治鼠害、沙漠化防治、生态监测、生态移民和小城镇建设等。三江源生态恢复治理投入成本，主要包括：封山育林、黑土滩治理、退牧还草、退耕还林、水土保持等	高辉（2015）	三江源国家公园体制试点
		企业与民众间模式：购买土地的所有权，服务补偿	吕晋（2009）	国外水源保护区
	建立补偿基金	开展生态旅游，征收生态补偿税费，成立森林环境补偿基金，通过价格、支付、激励机制等创建森林生态服务市场机制	田琪等（2011）	城市森林公园
		基本补偿金，旅游经营服务项目补偿金，征地补偿金，村容环境整治资金	张一群等（2012）	普达措国家公园
实物补偿	社会生产条件改善	搬迁安置，交通条件改善，住房条件改善，通信条件改善，医疗/养老保险条件改善	姚小云（2016）	世界自然遗产景区
		基础设施建设	张一群等（2012）	普达措国家公园
政策补偿		税收减免、优惠信贷等	甄霖等（2006）	海南自然保护区
		对转向奶牛养殖、引进良种肉奶牛的农牧户提供信贷优惠政策，各项税费和子女教育补贴等优惠政策	韩鹏等（2010）	脆弱生态区
		补偿：财政补贴，政策倾斜（采伐许可证）。所有权转移：对土地全权购买，保护地役权。市场开发：非木质林产品市场开发，木材产品认证	吕晋（2009）	卡茨基尔和特拉华河流域
智力补偿	提供就业	提供旅游就业岗位	姚小云（2016）	世界自然遗产景区
		为农户提供多样化的补偿方式：开展就业引导，安置就业等	张一群等（2012）	普达措国家公园
		在哈巴湖自然保护区推行良种补偿、农技推广和协助就业等生态补偿方式，在六盘山自然保护区引导当地农户围绕旅游业和非农务工转变生计，推动农户资源依赖型生计向生态环保型生计转变	王一超等（2016）	自然保护区（哈巴湖和六盘山）

补偿方式		补偿手段	学者	自然保护地
智力补偿	教育援助	资助大学生	张一群等（2012）	普达措国家公园
		开展教育援助	关小梅（2016）	三江源国家公园体制试点
		建立"1+9+3"（1年学前教育、9年义务教育、3年中等职业教育）教育经费保障机制；建立异地办学奖补制度	李芬等（2014）	三江源国家公园体制试点
	技术培训	对农牧户到城镇定居和从事二三产业给予免费职业技术培训	韩鹏等（2010）	脆弱生态区
		支持开展农牧民劳动技能培训及劳务输出，定向开展自主创业技能培训，推动农牧区富余劳动力向城镇转移	李芬等（2014）	三江源国家公园体制试点
	其他	其他临时性用工	张一群等（2012）	普达措国家公园
		依托财政资金购买公共服务、智力服务的方式，并加强生态保护补偿效益评估，积极建立生态服务价值评估机构，以建立保护者和受益者良性互动的机制	苏杨（2016）	国家公园
特许经营	社区特许经营	社区特许经营：输血型向造血型方式转换，体现"所有权、管理权、经营权"三权分离	杨桂华和张一群（2012）	自然遗产地
		社区特许经营	张一群等（2012）	普达措国家公园
	旅游特许经营	将部分补偿资金用于发展旅游，通过旅游的巨大影响更快带动当地经济社会的发展。在发展旅游的过程中解决好当地居民的再就业以及生活水平提升等问题，并且在旅游发展取得收益后根据一定的比例进行反哺，直接用于改善生态环境	杨攀科和刘军（2017）	神农架国家公园
		由国家主体、市场主体和其他主体对神农架旅游业进行补偿，在旅游业发展的过程中再对当地居民和生态环境进行补偿	马勇和胡孝平（2010）	神农架国家公园
		发展生态旅游	蒋姮（2008）	自然保护地

从表 6-3 可以看出，徐翀、高辉和吕晋在补偿方式的研究上只提到了经济手段为主的资金补偿和实物补偿，这种以金钱和实物发放为主要形式的输血型生态补偿存在着无法解决发展权补偿的问题、无法解决生态保护和建设投入上可持续发展的问题（杨桂华和张一群，2012）；甄霖、韩鹏和吕晋关于纽约的流域管理计划均提到了政策倾斜，优惠信贷等；张一群、王一超、苏杨、关小梅和李芬都提到了教育援助，技术培训，提供就业等智力补偿，实现由"输血"向"造血"方式的转变；田琪、杨桂华、杨攀科、张一群、马勇和蒋姮都提到了特许经营的生态补偿方式，既有利于对生态环境、资源保护的监管，又可以带动相关产业的发展，解决自然保护地居民就业，实现生态与经济的共赢，以此形成生态补偿的长效模式。

综上所述，在建立以国家公园为主体的自然保护地体系完成之前，对于国家所有的自然资源的补偿仍采用以财政转移支付、项目补偿和成立补偿基金为主的资金补偿，如退耕还林工程、天然林保护工程、生态移民工程等补偿。对于集体所有自然资源采用资金补偿、实物补偿、政策补偿等多种形式。在建立以国家公园为主体的自然保护地体系完成之后，自然资源所有权均归中央管理，国家提供资金，工作人员进行管理，这就是一个管理的模式而非补偿形式。

对于社区的补偿方式，在体系完成前后一致，分为资金补偿、实物补偿、政策补偿、智力补偿和特许经营五大类，这里的资金补偿多指退耕还林补偿、生态公益林补偿、禁止伐木补偿、禁止狩猎补偿、看护山林补偿、旅游生活补贴、发展绿色产业、搬迁现金补偿、家庭纯收入改善、旅游经营收入等，直接补贴到当地居民手中（表6-4）。

表6-4　自然保护地多元补偿方式

对象	时间	产权		方式
自然资源	体系完成之前	国家所有	资金补偿	财政转移支付，项目补偿，设立补偿基金
		集体所有	政策补偿	生态移民搬迁等
			特许经营	旅游资源合理开发
			资金补偿	财政转移支付，项目补偿，设立补偿基金
	体系完成之后	国家所有	国家管理，设立生态管护岗位，非补偿	
人	—	—	资金补偿	农民直接补贴
				新型农业经营主体补贴
			实物补偿	社会生产条件改善
			政策补偿	税收减免，优惠信贷，产业融合等
			智力补偿	提供就业
				教育援助
				技术培训
				其他临时性用工
			特许经营	社区特许经营
				旅游特许经营

四、自然保护地生态补偿多元融资渠道

资金匮乏是我国自然保护地生态补偿中面临的首要问题，严重影响着生态补偿工作的顺利进行。目前，资金补偿是我国自然保护区生态补偿采取的主要补偿方式，资金的充足与否直接关系到生态补偿工作能否顺利推进。

自然保护地生态补偿制度的建立，确立了"谁污染谁付费、谁受益谁补偿"的原则，使污染者和受益者负担生态保护的资金，缓解了政府的财政压力，也解决了资金匮乏的问题。但是我国现阶段仍然存在保护资金来源单一，主要依靠政

府的财政转移支付，使得在开展生态补偿方式上具有一定的局限性（闫雪，2015），不同的补偿主体和补偿方式可以采取不同的融资渠道，拓展多元的融资渠道迫在眉睫（表6-5）。

表6-5 国内学者对自然保护地生态补偿多元融资渠道的研究

学者	自然保护地	融资渠道
韩鹏等（2010）	脆弱生态区	主要来源于京津风沙源治理工程、生态移民工程、人畜饮水工程、防灾基地建设、以工代赈、农业综合开发和扶贫开发等各类项目
闵庆文等（2006）	自然保护区	中央主管部门投资；地方政府投资（政府购买、财政转移支付、政策优惠、税收减免、发放补贴）；社会投资
杨攀科和刘军（2017）	神农架国家公园	财政转移支付
张一群等（2012）	普达措国家公园	公园的旅游收入
马勇和胡孝平（2010）	神农架国家公园	天然林资源保护工程：中央补助80%，地方配套20%，其中地方配套以湖北省配套为主 设定中央补贴和地方配套的最低补偿标准和最高补偿标准。对于生态系统服务的补偿部分不能完全依靠财政补偿，通过市场补偿机制的建立，使更多的受益者、利用者参与到补偿资金的筹集中来。因此，最低补偿标准应基本以中央和地方财政补偿为主，通过规章制度甚至是法律加以保障；最高补偿标准则可以根据市场手段和其他手段所筹集的补偿金额加以调节
蒋姮（2008）	自然保护地	税收手段，公共财政手段，市场手段
苏杨（2016）	国家公园	建立用水权、排污权、碳排放权初始分配制度，完善有偿使用、预算管理、投融资机制，培育和发展交易平台；推进重点流域、重点区域排污权交易，扩大排污权有偿使用和交易试点；探索地区间、流域间、流域上下游等水权交易方式；建立碳排放权交易制度；建立统一的绿色产品标准、认证、标识等体系，完善落实对绿色产品研发生产、运输配送、购买使用的财税金融支持和政府采购等政策
关小梅（2016）	三江源国家公园体制试点	中央和地方专项拨款；国际组织、企业、社会各界的捐助；生态保护福利彩票发行所得
吕晋（2009）	卡茨基尔和特拉华河流域	税收，公债与信托基金
	巴西巴拉那州的保护地	财政转移支付：公共资金再分配机制（ICMS）
张一群（2015）	普达措国家公园	本级财政预算，上级扶持资金，门票收入，风景名胜区资源有偿使用费，捐赠
	国外保护地	专款专用，国家公园通过收支两条线确保资金的规范管理，国家公园管理者对国家公园只有看管和维护的义务，没有随意支配资金的权利
	国内保护地	资源有偿使用/保护管理费；补偿资金纳入政府非税收入，补偿资金实行收支两条线管理
	云南保护地	征收旅游生态补偿税费，征收保护地旅游资源开发生态恢复治理保证金，设立保护地旅游生态补偿金，推行生态旅游标记
陈海鹰（2016）	自然保护区	旅游地的旅游收入从旅游地内所有旅游企业的门票收入中提取，先上缴市财政，再由财政统一一下拨使用；可通过项目申请使用补偿资金，开展项目支持，用于保护管理、社区发展（对社区进行分红）等

从表 6-5 可以看出，自然保护地生态补偿的资金筹集渠道主要来源于国家财政拨款、受益群体支付的生态税费、市场机制下筹集的资金以及接受社会捐赠 4 个方面。

其中，国家财政拨款主要包括三部分：财政转移支付、财政专项补贴和事业拨款等。财政转移支付是最主要的方式，分为纵向财政转移支付和横向财政转移支付。纵向财政转移支付是指政府上下级之间的财政转移支付，分为中央政府对地方政府、地方上下级政府财政转移支付两种。建议在财政转移支付中增加生态服务价值因子权重，增加对生态服务价值高的地区的支持力度，对重要的生态区域实施国家购买等，建立重点自然保护地经济发展、当地居民生活水平提高和社会经济可持续发展的长效补偿模式。横向财政转移支付是指同级政府间的财政转移支付。自然保护地生态补偿的横向转移支付主要是在流域的上下游地区之间。与纵向转移支付不同，横向转移支付的方式不是直接转移，而是由上一级政府的生态补偿委员会设立补偿基金。基金由上一级的生态补偿委员会和横向转移的两地政府的生态保护补偿委员会共同监督管理，必须提出申请经批准后使用。

受益群体支付的生态税费是国家为了保护自然保护地环境与资源而对一切开发、利用、破坏自然资源的单位和个人，按开发、利用自然资源的程度或污染、破坏环境资源的程度征收的税种。目前我国还没有征收生态税，与保护地自然资源最为密切的税种有资源税以及一些鼓励环保行为的税收优惠政策，此外，还有一些体现防止污染与保护环境原则的收费项目，主要包括草原植被恢复费、水土保持补偿费、森林植被恢复费、水资源费、砂石资源费、排污费等。

对于那些可以进入市场的自然资源，市场机制是一个很有潜力的融资渠道，应充分发挥市场作用，建立多元化的融资机制。例如，实施特许经营、发展生态旅游、实行碳汇交易、发行生态彩票和实行优惠信贷政策等。鼓励各金融机构针对自然保护地建立绿色信贷服务体系，支持生态保护项目的发展，如设立绿色发展基金、开展绿色产业项目、发行绿色债券、创新绿色保险产品等，拓宽生态补偿融资渠道。特许经营制度也是一种有效的市场手段，是在自然保护地特许经营制度下，居民或企业利用保护地景区资源开展的商业活动，可以通过品牌价值分红、资源价值纳税等手段来进行补偿，以弥补环境治理与生态恢复的成本，形成特许经营的良性循环。

在国际上，社会捐赠是一种很普遍的融资渠道，我国可借鉴国外的成功经验。自然保护地的生态服务属于公共物品，易发生"公地悲剧"，公众一般不会主动参与自然保护地的生态保护。因此，在自然保护地的建设中，必须大力吸引社会上的闲散资金，提高公众保护生态的意识。可以通过成立生态保护慈善机构，设立慈善基金，接受社会各界人士和有关单位和组织的社会捐赠。此外，我国也可以接受一些国际组织和国外政府、环保组织的捐赠。

第七章　重要自然保护地长效生态补偿模式*

自然保护地生态补偿是将生态保护经济外部性内部化的有效手段，通过补偿来实现生态功能这一特殊"公共物品"生产者与使用者和消费者之间的公平性，保障生态功能的投资者得到合理回报，使得生态系统能够可持续地提供生态服务产品（欧阳志云等，2013）。我国在森林、流域、荒漠、草原、历史遗迹等不同领域的自然保护地均提出了生态补偿要求，采取了天然林资源保护、生态公益林建设、退耕还林（草）等工程。尽管已有的补偿措施等都取得了一定的保护效益（彭文英等，2016），但是考虑到自然保护地的独有属性，待保护区域多为生态脆弱区或敏感区，承载力低，需要持续保护（杜继丰和刘小玲，2010），并且一旦超过承载力，遭受破坏，人力成本和时间成本大且任务艰难，因此，必须构建自然保护地生态补偿的长效模式，长期保证生态补偿机制的正常运行并发挥预期功能的制度体系。

生态保护补偿机制是构建以国家公园为主体的自然保护地体系的重要制度保障。生态补偿标准是直接影响生态保护补偿政策实施效果的重要因素，其测算方法是生态保护补偿政策设计的核心技术之一。本章从受偿者的微观经济决策的视角，探讨生态系统服务供给机会成本的空间分布；再从区域的宏观经济行为的视角，探讨补偿标准与受偿者愿意提供的生态环境效益的关系。以生态功能协同提升为导向，以新增生态环境效益为目标，耦合受偿者的受偿意愿与机会成本，这种补偿模式是将经济与自然生态过程联系起来，构建生态功能协同提升的国家公园生态补偿标准测算模型。

自然保护地生态补偿的长效模式并不是一劳永逸、一成不变的，它必须随着时间等客观条件的变化而不断丰富、发展和完善。它有两个基本条件：一是有比较稳定、规范的制度体系；二是有推动制度正常运行的"动力源"，即具有"造血型"的补偿模式，使自然保护地内的组织和个体能够积极推动制度落实。

第一节　国内外长效生态补偿模式

一、中央集权下的长效补偿模式

中央集权型的自然保护地资源所有权归国家所有，从中央政府到保护地管理局分级垂直管理，实施基础设施建设、技术扶持、特许经营等长效生态补偿模式，

---

　　* 本章由刘某承、王佳然执笔。

管理者只能对补偿者和环境进行监测，不允许参加一些服务项目的经营，授权给经营者的服务必须是对自然保护地的合理利用，与自然保护地建立的目标、规划和政策相一致（李宏和石金莲，2017），体现了一种政府管理、企业经营的高效资源运作方式。

典型的代表有美国、新西兰的自然保护地。目前美国 59 个国家公园有 630 个特许经营项目，特许经营收入为国家公园提供 20%的运营经费。同时美国也明确规定，自然保护地内的特许经营仅限于提供与消耗性利用自然保护地核心资源无关的服务，如餐饮、住宿、娱乐等旅游服务设施及旅游纪念品的经营（安超，2015）。所有特许经营费用和门票收入只能用于环境保护。新西兰的自然保护地实行强势保护下的生态补偿模式（郭宇航和包庆德，2013）。对于每一家在保护地内开展生态旅游、住宿、餐饮等的经营企业以及基础设施的构建都设立了严格的生态保护考评体系，并建立了完备的退出机制（王月等，2010）。

二、地方自治下的长效补偿模式

地方自治型的自然保护地一般隶属于联邦制国家，政府对各州土地没有直接管理权，只能制定相关的自然保护法规，各州（地区）拥有立法权。在县（市）设立办公室（蒋满元，2008），负责对生态补偿政策的实施进行管理和监测。资金主要来源于州政府，其次是社会捐助以及有形、无形资源的合理利用。

典型代表有德国（谢屹等，2008）、澳大利亚、英国等。英国自然保护地内很多土地都是私人所有或者慈善机构所有，采用"分权制"的治理模式（徐菲菲等，2017），较为灵活。自然保护地内的补偿行为由补偿者在保护地管理部门和地方政府的管理框架下展开，受自然保护地和相关环境保护法律法规的约束，并获得相应的生态补偿收益（马勇和李丽霞，2017）。

三、综合管理下的长效补偿模式

综合管理型自然保护地内部土地权属十分复杂，既有国家、地方政府所有的类型，也有私人所有以及其他经济合作组织所有的类型。在补偿过程中，由于不同利益主体诉求不同，需要花费更多的时间和精力综合协调利益相关者的矛盾。我国的自然保护地多数实行属地管理，在经济贫困的中西部地区，旅游资源丰富、等级高，为了发展经济，政府多通过特许经营将管理权、经营权长期移交给投资商，以旅游经营代替管理。外来企业获得经营权后，为尽快获得效益，不断推动门票价格上涨，但由于景区内基础设施缺乏维护，环境污染，游客体验感下降（李宏和石金莲，2017）。例如，普达措国家公园成立后，每年的营业性收入约为 1 亿元，其中门票收入达 5000 多万元，门票收入按照企业、州财政、县财政 6∶2∶2 的标准分配，其中 2000 万元进入地方财政，而各类反哺社区和用于自然保护的款项平均不超过 200 万元（田世政和杨桂华，2012）。

第二节　自然保护地长效生态补偿模式内容

自然保护地生态补偿长效机制的重点是由"输血型"向"造血型"模式转变。自然保护地多处于生态脆弱地区，传统的"输血型"生态补偿模式使其生态保护建设工作缺乏"动力源"，一旦"输血"停止，生态保护建设工作也将停止，这时自然保护地将重新面临生态退化的危险。因此，要保证对自然保护地生态补偿的长效性，就必须创新生态补偿模式，培养自然保护地自身的"造血"能力，使自然保护地的受补偿者充分发挥自身潜能、积极性和主观能动性，将外部补偿转化为自我积累和自我发展的能力，以最大限度地激发自身经济发展的潜能，调和生态环境保护之间的矛盾，实现经济、社会、生态环境的协调发展。

"造血型"的补偿模式方式多样，既包括政府管理部门通过政府购买、政策优惠、减免税收等途径，还包括合理修建公共基础设施、自然保护地管理设施和科研设施；引导自然保护地居民向城镇转移，为移民提供技能培训，保障其长远的工作、生活；合理开发生态旅游，增加自然保护地居民收入等（刘凌博，2011）。通过分析整理，自然保护地长效生态补偿模式总结如下。

1）政策扶持：在自然保护地及周边地区拓展生态补偿惠民政策。例如，对自然保护地内及周边居民实施减免税收、优惠信贷、生态移民搬迁安置、野生动物致害补偿等福利政策，调动居民保护生态环境的积极性，达到长效可持续保护。

2）基础设施建设：合理修建和改造自然保护区内公共基础设施、管理设施、科研设施、监测设施等，加大环境整治力度，保证自然保护地内的工作、生活顺利展开。

3）技术扶持：为自然保护地内部、周边及移民搬迁居民提供良种补偿、农技推广和协助就业等生态补偿方式，引导保护区及周边社区居民转变生产、生活方式，保障其长远的工作与生活。

4）特许经营：开展体现"所有权、管理权、经营权"三权分离的特许经营制度，如生态农业特许经营，保障农产品质量与销量，向有机产品过渡；开展农家乐经营，提高居民收入；开展单一企业特许经营，为当地居民提供就业。这一典型的"造血型"模式，既有利于管理部门对自然保护地自然资源的管理和监督，促进自然资源的合理开发利用，又有利于社区居民参与社区经营或旅游经营等项目（杨桂华和张一群，2012），并帮助生态受偿区发展替代产业，激发经济发展潜能，实现生态与经济的有机结合。

下面以特许经营为例对长效生态补偿模式展开详细介绍。

第三节　自然保护地多元补偿模式实践

作为自然保护地管理中常用的一种经营管理手段，特许经营保证了自然保护地管理权与经营权的分离（Right，2008）。国外特许经营的首要目标是生态保护，其次才是发展经济效益（黄鹰西，2014）。而我国的实质则是为了实现国家对自然保护地的所有权收益。企业拥有经营、管理自然保护地景区的所有权力，地方政府具有监督其生态保护和企业经营管理的行政权力，形成以门票收入和经营项目收入为主的反哺基金筹集形式。国外的特许经营期限较短，通常在 5 年以下（杨桂华等，2007），而我国一般为几十年。生态农业特许经营、农家乐经营以及单一企业特许经营是我国特许经营管理的典型实践。

一、生态农业特许经营

生态农业特许经营是一种运用生态学原理和经济学原理进行规划，在自然保护地内充分利用土地资源、环境资源和劳动力资源因地制宜地从事种植、养殖、农副产品加工等各种生产经营的特许经营模式，具有经营范围小、劳动效率高、管理方便、经营灵活的特点（林明太和陈国成，2009）。在世代以自给自足的小农经济为主的自然保护地还存在农业生产产量低、脱离市场、经营模式缺乏灵活性、农民增收受到限制，生产积极性降低等问题（赵阳和田强，2013）。申请有机产品认证来提高自然保护地内传统种植农产品的价格（王岩峰和刘俊华，2008；刘天军，2005；刘伟明，2004）从而保证农民总收入提高是一种可持续的、经济潜力巨大的生态农业经营方式。在《建立市场化、多元化生态保护补偿机制行动计划》中明确指出要完善绿色产品标准、认证和监管等体系。健全有机产品认证制度，建立健全获得相关认证产品的绿色通道制度。

然而，有机认证需要 2～3 年的转换期，在获得有机产品认证前，自然保护地农产品价格低，农民的特许经营收入得不到保障（张永勋等，2015）。政府以科学的标准对这些产品进行价格补偿，对建立长效的生态补偿模式影响重大。

商品价格一般由生产投入成本、流通成本和利润组成（张昆仑，2006）。出于对资源环境保护的追求，人类的主观意愿也在产品定价中起重要影响。如果生产者可以通过别的方式获得更高收入，或者在同等收入水平，别的生产方式环境条件更好或者更轻松，他们往往会放弃传统的生产方式。由于生产者的年龄阶段、受教育水平等不同，他们在选择时的偏好也会有所差别。因此在考虑自然保护地农产品定价时，在成本分析上需要考虑生产者的机会成本和劳动者偏好等因素。保护性商品价格的制定可以用以下公式表达。

$$P = C_p + C_c + \theta C_o + I \qquad (7-1)$$

式中，P 为保护价格；C_p 为生产成本；C_c 为流通成本；θ 为偏好系数；C_o 为机会成本；I 为利润。由于市场中商品的价格受流通成本的影响很大，运输的空间距离、运输方式和在流通中经手次数都会不同程度地影响终端市场价格。因此本研究区农民收获的产品主要以初级产品形式出售，农民初级产品出售价格可表达为

$$P = C_p + \theta C_o + I \qquad (7-2)$$

根据有机生产转换期初级产品的价格与实际收购价格的差值，可以推算出有机生产转换期单位初级农产品的合理价格补偿标准，可以表示为

$$P_c = P - P_t \qquad (7-3)$$

式中，P_c 为价格补偿标准；P_t 为自然保护地农产品实际收购价格。

需要注意的是，由于商品价格受成本、生产和流通环节的利润率、通货膨胀、消费者偏好以及不同自然保护地的农业生产方式、生产成本以及农业机会成本的差异等因素的影响，在不同自然保护地的不同阶段，核算出的有机生产转换期的价格补偿标准也是不同的。

二、农家乐经营

在自然保护地内，为了带动这些区域的经济、社会发展，适合开展原住民自主经营项目。原住民自主经营以家庭为单位，从事小规模的民宿接待、餐饮等农家乐形式。

农家乐旅游作为一种典型的特许经营形式，存在地理位置优越、资源景观优美、价位较低、经营灵活、文化丰富、政策扶持等优势，也同样存在经营模式单一、规模小、较分散、产业结构不健全、经营主体文化程度低、创新力度不够、政府政策侧重点偏差等问题（张佳玉等，2017）（表 7-1）。因此，制定科学的农家乐特许经营的测评体系（陈佳等，2017），定性分析农家乐经营准入标准，严格控制农家乐经营质量至关重要。通过系统分析，主要从环境、经济、社会系统等方面选取指标对农家乐整体发展水平进行评价，本研究确定了从农家乐经营发展指标体系自然资本、物质资本、人力资本、金融资本和社会资本 5 个方面来进行分析。

首先对当地政府的官方数据进行统计，或者针对不同对象（农家乐经营主、农家乐旅客、旅游景区管理人员）设置不同的调查问卷进行调研，以便获取详细数据。

然后进行必要的量化处理。例如，对农家乐的旅客进行实地调查采访，获取农家乐资源情况，农家乐周围基础设施建设等各个指标的评价分值。通过对景区

表 7-1 基于长效补偿模式的农家乐经营发展指标体系

一级指标	二级指标
自然资本	农家乐附属面积（耕地、鱼塘、果园）
	土地用地规划
	污水排放量以及处理情况
	垃圾积存量与垃圾回收率
	清洁卫生质量
	能源使用情况
物质资本	农家乐房屋面积
	农户家庭拥有的固定资产种类数
	餐饮用具的质量
	农家乐食品的卫生情况
	交通设施建设
	公共服务设施建设，如卫生间的数量和卫生情况及信息查询服务站设施情况
	安全设施建设
人力资本	农家乐家庭人口数
	劳动力人口数
	成员受教育程度
金融资本	经营户家庭年收入
	农户生计活动种类数
	信贷机会
	对地方经济贡献力度
社会资本	技能培训机会
	社会网络支持度
	社会连接度

管理人员和当地居民进行问卷收集，获取有关农家乐产品、该地区生活水平以及政府政策的各指标评价分值。

通过建立农家乐经营发展指标体系，政府机构可建立合理的奖惩政策，定期对景区经营者进行评比，对最优秀的农家乐进行适当的奖励，对配合景区合理开发的农家乐给予一定的补偿，从而增加民众参与度，激发经营者的热情。

三、单一企业特许经营

自然保护地内部主要开发区域、交通节点或者自然保护地内生态价值较高的自然区域，多属于生态脆弱区，不仅对企业的经营规模技术实力要求较高，而且从生态保护和环境承载力角度考虑，适合少数旅行者参与生态旅游，满足生态旅游者珍稀动物观赏、科学考察、露营等需求，由单一的大企业通过招投标，获得一定时期解说、交通、餐饮、住宿、露营、科考等项目的特许经营权。

政府通过"特许经营",将管理权、经营权长期移交给投资商,以旅游经营代替管理,既减少了自然保护地管理人员的工资、人头费支出,也减少了防火费、森林巡护、病虫害防治等项目支出,并且通过景观资源入股,会获得一定比例的收入,也就是反哺基金,以增加地方财政收入,发展地方经济。

计算单一企业特许经营门票收入(除去缴税金额)分配比例以确定特许经营反哺基金数额,为自然保护地实施长效生态补偿模式提供科学依据,分配比例根据自然保护地当地政府的景观资源入股(景观价值)和单一企业的前期固定投资、运营投入以及人员工资来确定。

$$P_c = TS \times \frac{TEV}{TS} \qquad (7-4)$$

式中,P_c 为反哺基金数额;TS 为特许经营总收入;TEV 为自然保护地景观价值。

$$TEV = UV + NUV \qquad (7-5)$$

式中,UV 为自然保护地景观的使用价值,本研究针对的是旅游企业的特许经营,因此以游憩价值(TRV)代替;NUV 为保护地景观的非使用价值。

计算景观资源价值最常用的两种方法是显示性偏好法和陈述性偏好法(查爱苹等,2013)。

旅行费用法(travel cost method,TCM)属于显示性偏好法的一种(成程等,2013;Boxall *et al.*,1996),它的基本思想是价值可以通过人们的行为被揭示出来(Caulkins *et al.*,1986)。这种方法能通过人们在自然保护地游览时的花费情况来判断景观的使用价值,随着旅行支出增加,旅游人次呈降低趋势(Hoyos and Riera,2013;Chen *et al.*,2004;Lockwood and Tracy,1995)。旅游景点的景观使用价值为消费者支出(consumers cost,CC)和消费者剩余(consumers surplus,CS)之和(陈应发,1996)。消费者支出为旅行费用(travel cost,TC)与旅行时间价值(travel time value,TV)之和。旅行费用包括交通费、食宿费、购物等。时间价值是旅行花费时间的机会成本,按实际工资水平的 40%计算(成程等,2013;牟智慧和杨广斌,2014;陈浮和张捷,2001;Randall,1983),消费者剩余是指对于每件商品或每项服务,消费者愿意支付的费用与实际支付费用之间的差额(和淑萍和刘晶,2008;Willis and Benson,1989),常用于衡量消费者的净收益(Blaine *et al.*,2015)。

$$UV = CC + CS \qquad (7-6)$$

$$CC = TC + TV \qquad (7-7)$$

对于消费者剩余的计算,常见的有以下 3 个模型。

个体旅行费用法(individual travel cost method,ITCM)是基于旅行者个人的资料,更多考虑旅行者个体数据差异,以每年访问量作为因变量,结果更为精

确，适用于客源较集中、客源地划分不显著的景点（金燕，2016）。常见的函数形式为

$$V_{ij} = f\left(TC_{ij}, Y_i, Z_j\right) \qquad (7\text{-}8)$$

式中，V_{ij} 是旅游者 i 对景点 j 的游览次数；TC_{ij} 是旅游者 i 游览景点 j 的旅行费用；Y_i 是旅游者 i 的收入；Z_j 是一组表示其他因素的变量，包括景点及替代景点的特征参数。

区域旅行费用法（zonal travel cost method，ZTCM）是依据游客的出发地不同将游客划分为不同的区间，并且假设同一个区间游客的消费水平和偏好是一致的，建立不同区间旅游率与旅行费用的相关函数，利用得到的相关函数计算游客的消费者剩余，最终求得旅游资源的经济价值。适用于旅游客源地较广、旅游市场比较成熟以及知名度较大的旅游景点（赵剑波等，2017；查爱苹和邱洁威，2015）。常见的函数形式为

$$V_i / N_i = f\left(TC_1, Y_i, Z_i\right) \qquad (7\text{-}9)$$

式中，V_i 为总旅游次数；N_i 为人口；TC_1 为旅行费用；Y_i 为收入；Z_i 是一组表示其他因素的变量，包括景点 i 及替代景点的特征参数。适用于估算旅游者出发地分布相对平均的情况。由于假设来自同一区域，游客对某个旅游点具有相同偏好，并且在实际情况中，所有游客旅行费用相同的假设基本不能成立，所以存在一定缺陷。

旅行费用区间分析法（travel cost interval analysis，TCIA）将旅行费用作为客源市场细分的标准，按不同区间的旅行费用分为若干子类别，子类别中的旅行者费用特征一致，以旅行费用作为计算景观使用价值的核心变量。这种方法有效避免了 ZTCM 无法合理模拟消费者实际支出、误差较大等缺陷（Tourkoliasa et al.，2015；Hanley et al.，2001）。

根据游客的旅行费用，将游客划分为不同区间，即 $[C_0, C_1]$，$[C_1, C_2]$，$\cdots$，$[C_i, C_{i+1}]$，$\cdots$，$[C_{n-1}, C_n]$，$[C_n, \infty]$，每个区间的游客数量为 N_0，N_1，$\cdots$，N_i，$\cdots$，N_n，$N = \sum_{i=0}^{n} N_i$，如果第 i 个区间中的每个游客都愿意在旅行费用为 C_i 时进行一次旅行，那么在旅行费用等于 C_i 时愿意进行一次旅行的游客量除了 N_i，还包括愿意支付更高费用进行旅行的游客，在旅行费用为 C_i 时，旅游需求为 $M_i = \sum_{i=0}^{n} N_j$，旅行概率 $P_i = M_i / N$，即在旅行费用为 C_i 时，N 个游客中愿意进行旅游的比例。假设 N 个游客旅游需求相同，在旅行费用为 C_i 时，游客进行旅行的概率为 P_i；若 $Q_i = P_i$，Q_i 为每个游客在价格为 C_i 时的意愿旅行需求。

Q_i 为因变量，C_i 为自变量，进行回归拟合，得到游客的旅游意愿需求曲线，

可表示为 $Q=Q(C)$。

计算每个游客的消费者剩余：

$$CS_i = \int_{C_i}^{\infty} Q(C)\,\mathrm{d}C \qquad (7\text{-}10)$$

式中，CS_i 为第 i 个区间每个游客的消费者剩余；C_i 为第 i 个区间的旅行费用的区间下限。

计算各区间游客的总消费者剩余

$$TCS = \sum_{i=0}^{n} N_i \times CS_i \qquad (7\text{-}11)$$

式中，N_i 为第 i 个区间的游客数量。

计算自然保护地景观的使用价值：

$$UV = TRV = TCS + CC \qquad (7\text{-}12)$$

式中，UV 为自然保护地景观的使用价值；TRV 为自然保护地景观的游憩价值；CC 为各区间游客的总旅行费用。

条件价值评估法（continent valuation method，CVM）是最常见的陈述性偏好法，也是一个评价非市场资源的重要方法（Herath and Kennedy，2004）。条件价值评估法最初的思想由西里西·旺鲁普（Cyriacy-Wantrup）于 1947 年提出，由戴维斯（Davis）最先使用。条件价值评估法通常以个人或家庭为样本，通过直接向样本提问的方式，了解人们如何对某一项非市场产品与服务进行定价，具体到景观资源，即调查样本对享受景观资源或减少景观环境污染而愿意接受的一项支付意愿。对全部样本的支付意愿进行统计，采用非参数估计模型，计算样本对该景观资源的支付意愿。最后根据客源市场定位，确定目标市场的总人数，最终得出该景观的非使用价值。

非参数估计法为常见的算术平均值计算方法，支付意愿（willingness to accept，WTA）值可以根据投标值与其概率的乘积之和求得，具体为

$$WTA = \sum_i P_i V_i \qquad (7\text{-}13)$$

式中，V_i 表示被调查对象所选择的第 i 个投标值；P_i 表示被调查对象选择第 i 个投标值的概率。

$$NUV = WTA \times R \times N \qquad (7\text{-}14)$$

式中，NUV（non use value，NUV）为景观的非使用价值；WTA 为支付意愿；R 为支付率；N 为目标市场的总人数。

特许经营企业的价值投入包括企业前期固定投入、品牌估值、运营成本和扶贫投资等，具体公式如下：

$$COST = COGS + SG\,\&\,A + PAI \qquad (7\text{-}15)$$

式中，COST 为企业的固定投入；COGS 为销货成本，包括基础建设、扩大再生产等方面的投资；SG&A 为运营成本，包括维护费用、管理费用、营销费用和人工成本；PAI 为扶贫投资，即带动当地居民通过旅游扶贫获得收益。

第四节　面向生态功能协同提升的自然保护地生态补偿标准确定

自然保护地生态补偿标准的确定涉及公平与效率的权衡。从公平角度讲，应该按照生态系统服务的流动与消费来进行确定，主要是通过评估国家公园内生态系统产生的水土保持、水源涵养、气候调节、生物多样性保护、景观美化等生态服务价值的流向和流量来进行综合评估与核算。国内外对生态系统服务的价值评估已经进行了大量的研究，但生态系统服务的流动研究尚处于初级阶段。就目前的实际情况，在采用的指标、价值的估算等方面尚缺乏统一的标准。同时，从公平角度计算的补偿标准与现实的补偿能力方面有较大的差距，因此，一般按照生态系统服务流动计算出的补偿标准只能作为补偿的参考和理论上限值。从效率角度讲，只要激励保护者"愿意"进行生态保护的投入或转变生产方式，就可以达到保护生态系统、持续提供生态系统服务的目的（蔡银莺和张安录，2011）。根据不同情况，可以参照以下 3 个方面的价值进行初步核算。

一是按生态保护者的直接投入和机会成本计算。生态保护者为了保护生态环境，投入的人力、物力和财力应纳入补偿标准的计算中。同时，由于生态保护者要保护生态环境，牺牲了部分发展权，这一部分机会成本也应纳入补偿标准的计算中。从理论上讲，直接投入与机会成本之和应该是生态补偿的最低标准（Liu et al.，2018）。

二是按生态受益者的获利计算。生态受益者没有为自身所享有的产品和服务付费，使得生态保护者的保护行为没有得到应有的回报。因此，可通过产品或服务的市场交易价格和交易量来计算补偿的标准。通过市场交易来确定补偿标准简单易行，同时有利于激励生态保护者采用新的技术来降低生态保护的成本，促使生态保护的不断发展（刘某承等，2017）。

三是按生态破坏的恢复成本计算。国家公园特许经营等资源开发活动会造成一定范围内的植被破坏、水土流失、水资源破坏、生物多样性减少等，直接影响区域的水源涵养、水土保持、景观美化、气候调节、生物供养等生态系统服务（姚小云，2016；杨桂华和张一群，2012）。因此，可以将环境治理与生态恢复的成本核算作为生态补偿标准的参考。

参照上述计算，综合考虑国家和地区的实际情况，特别是经济发展水平和生态状况，通过协商确定当前的补偿标准；最后根据生态保护和经济社会发展的阶段性特征，与时俱进，进行适当的动态调整。

国家公园作为一种特殊的生态环境区域，不仅可为人类发展提供各种必需的生态环境资源，而且其自身的运行与发展也影响着周围更为广泛的生态系统的平衡，其生态保护补偿研究和实践具有重要的示范意义。为此，基于自然保护地生态保护补偿的工作基础，我国开展了许多国家公园生态保护补偿的尝试。从研究对象上看，包括三江源、神农架、普达措国家公园体制试点等区域；从研究内容上看，包括旅游业等特许经营补偿、横向补偿、社区补偿等。虽然这些研究和实践使人们已经认识到了生态效益和社会效益统筹考虑的必要性，也认识到了纠正国家公园扭曲的生态利益分配关系的必要性。但总体来看，我国国家公园生态保护补偿制度的研究和建设仍处于初步发展阶段，在补偿主体确定、补偿标准、补偿方法、资金来源、监管措施等方面，还没有形成一套完整的体系与方法。

这种补偿的基本思想是基于生态系统服务供给的机会成本推导生态系统服务的供给曲线（图7-1）。一方面从单个受偿者的微观经济决策的视角，探讨生态系

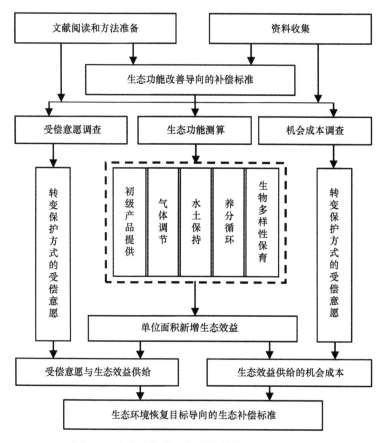

图 7-1　生态功能协同提升的补偿标准测算方法

统服务供给机会成本的空间分布；另一方面从区域的宏观经济行为的视角，探讨补偿标准与受偿者愿意提供的生态环境效益的关系。

一、假设与前提

假定每块土地可采取两种行为方式 a（生产行为）与 b（保护行为）。当受偿者没有得到额外激励时，当前的生产行为 a 有一个初始的生态系统服务供给；为了在此基础上增加生态系统服务供给，必须为农户提供经济激励，以使农户转换成保护行为 b。为了简单起见，假设这种转换成本为 0。

在地块 s 采用生产方式 a 时，每年每公顷地块能产生 e_0 单位的生态系统服务；若采用保护行为 b，可增加 e 单位的生态系统服务供给。

理性的受偿者是否愿意采用行为方式 b，实施生态保护行为决策的目的是经济收益最大化，获得最大化收益期望价值 $v(p, s, z)$，其中 p 为产出的产品价格，s 表示不同的地块，z 表示土地利用形式（a 或 b）。如果生产行为 a 的最大化收益期望价值高于保护行为 b，即

$$v(p,s,a) \geqslant v(p,s,b) \qquad (7\text{-}16)$$

农户将选择生产行为 a，反之就会选择保护行为 b。

二、新增生态系统服务

生态系统服务价值是从货币价值量的角度对生态系统服务进行的定量评价，可以参照目前较为成熟的物质量-价值量方法，首先通过两种行为方式 a（生产方式）和 b（保护方式）下的样地观测和采样化验得到物理量相关数据；然后采用不同生态经济学方法对该地块的生态系统功能及其价值进行评估。

其中，生态系统服务价值测算的指标根据不同国家公园的实际情况及其生态补偿的需求进行选择，如大气调节（生态系统与大气之间 CO_2、O_2 和 CH_4 的交换过程），水调节（生态系统存蓄水量，调节径流，净化水质），水土保持（生态系统防治水土流失，保持土壤），养分物质循环（N、P 营养元素在生态系统的输入和输出），等等。

因此，新增生态系统服务价值 e 为生产方式 a 转为保护方式 b 后单位面积地块多提供的服务价值，其计算公式为

$$e = \mathrm{ES}_b - \mathrm{ES}_a = \sum_{j=1}^{n} \mathrm{ESVI}_{bj} - \sum_{j=1}^{n} \mathrm{ESVI}_{aj} \qquad (7\text{-}17)$$

式中，ES_a 为生产方式 a 单位面积地块提供的生态系统服务价值；ES_b 为保护行为 b 单位面积地块提供的生态系统服务价值；ESVI_j 为第 j 种生态系统服务类型的单

位面积服务价值（元/hm²）；j 为生态系统服务类型。

三、受偿意愿与生态系统服务供给

生态补偿本质上是一种保护生态环境的经济激励机制，为了使生态补偿顺利有效实施，补偿标准的制定必须考虑补偿对象的微观经济决策行为。因此，分别以生产行为 a 和保护行为 b 调查受偿者接受直接补贴的意愿。根据问卷调查，构建生态补偿受偿意愿与农户转换生产方式和保护行为的关系；在此基础上，结合转换生产方式和保护行为后单位面积地块新增的生态系统服务价值，构建受偿意愿与新增生态系统服务的供给曲线（图7-2）。

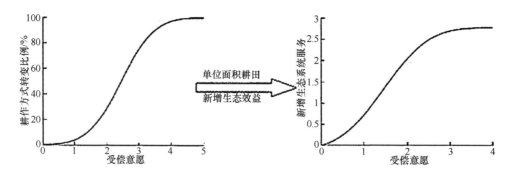

图 7-2　受偿意愿与生态系统服务供给的关系

四、生态系统服务供给的机会成本

如果已知 $\omega(p,s)$ 的空间分布概率密度函数 $\phi(\omega)$，在不存在其他经济激励的条件下，采用保护方式 b 的地块的比例为 $r(p)$

$$r(p) = \int_{-\infty}^{0} \phi(\omega)\mathrm{d}\omega \qquad 0 \leqslant r(p) \leqslant 1 \tag{7-18}$$

如果实施生态补偿政策，每年向受偿者支付一定的补偿 p_e，促使受偿者增加生态系统服务的供给（即从生产方式 a 转为保护方式 b）。p_e 定义为提供单位生态系统服务的价格，即受偿者多提供 1 单位生态系统服务，就可以获得 p_e 的补偿。

在实施生态补偿政策的情况下，如果受偿者采用生产方式 a，单位面积地块可以获得期望收益 $v(p,s,a)$；如果采用保护方式 b，因多提供 e 单位生态系统服务可获得价值 p_e 的补偿，这时单位面积地块可获得期望收益 $v(p,s,b)+ep_e$，其中 $v(p,s,b)$ 是农户直接从采用保护行为 b 中获得的收益，ep_e 是受偿者提供生态系统服务而获得的补偿。如果

$$v(p,\ s,\ a)-v(p,\ s,\ b)-ep_e=\omega(p,\ s)-ep_e\geqslant 0 \qquad (7\text{-}19)$$

受偿者将选择生产方式 a。反之，如果 $\omega(p,\ s)-ep_e<0$，即 $\omega/e<p_e$，受偿者则会选择保护方式 b。ω/e 是受偿者提供单位生态系统服务的机会成本，根据 ω 的密度函数 $\phi(\omega)$ 可以定义 ω/e 的空间分布 $\phi(\omega/e)$，从而在补偿价格为 p_e 时，机会成本处于 0 到 p_e 的地块将从生产方式 a 转为保护方式 b，这部分土地的比例为（图 7-3）

$$r(p,\ p_e)=\int_0^p \phi(\omega/e)d(\omega/e) \qquad (7\text{-}20)$$

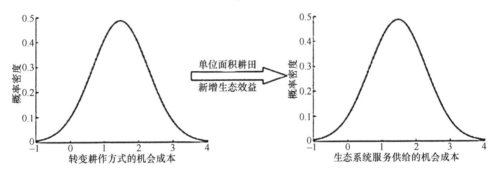

图 7-3　生态系统服务供给成本

五、生态补偿标准

如果研究区域内总面积为 H，则没有生态补偿时可提供的总的生态系统服务为

$$S(p)=r(p)\times H\times e \qquad （7\text{-}21）$$

在有生态补偿的激励下，新增的生态系统服务供给量为

$$S(p_e)=r(p,\ p_e)\times H\times e \qquad （7\text{-}22）$$

则此时生态系统服务的供给总量为

$$S(p,\ p_e)=S(p)+r(p,\ p_e)\times H\times e \qquad （7\text{-}23）$$

通过生态系统服务供给机会成本的空间分布推导生态补偿标准的过程可以用图 7-4 表示。左边的曲线表示机会成本的空间分布，纵轴是受偿者提供单位生态系统服务的机会成本 ω/e，横轴是其密度函数 $\phi(\omega/e)$，它的形状取决于机会成本的方差与均值。右边是生态系统服务的供给曲线，是单位生态服务价格的函数，横轴是新增的生态系统服务供给量 $S(p)$。在右图中，生态服务供给曲线与横轴相交于初始均衡点 $S(p)$，在该点新增生态系统服务为 0；随着补偿标准的增加，采取保护方式 b 的地块比例随之增加，生态系统服务量不断增加并逼近最大生态服务量的垂直渐近线 He。

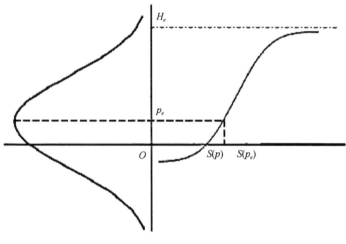

图 7-4　研究方法

第八章　多类型自然保护地生态补偿实践[*]

本章以三江源国家公园为例，以增加水源涵养服务的供给为目标，构建了三江源国家公园动态生态补偿标准，并具体分析了 3 种不同补偿标准情景下，牧民自愿禁牧的比例、新增的水源涵养量及所需补偿资金总额。同时，以北京-张承生态功能区补偿为例，根据 2015 年地表覆被数据（分辨率 90m×90m）和相关调研与问卷资料，计算了张承地区主要生态系统服务的惠及区域，并提出北京-张承生态补偿基金的构成比例。

第一节　三江源国家公园体制试点区生态补偿案例分析

一、研究区域概况

三江源国家公园位于 32°22′36″N～36°47′53″N，89°50′57″E～99°14′57″E，包括长江源、黄河源、澜沧江源 3 个园区，总面积为 12.31×10⁴km²。

三江源国家公园地处青藏高原腹地，是高原生物多样性最集中的地区，是亚洲、北半球乃至全球气候变化的敏感区和重要启动区。同时，三江源国家公园是中国淡水资源的重要补给地。特殊的地理位置、丰富的自然资源、重要的生态功能使三江源国家公园成为中国乃至亚洲的重要生态安全屏障。

然而，21 世纪以来，受自然和人为因素影响，尤其是过度放牧，使青藏高原的草地退化沙化、生物多样性锐减、水土流失严重。为了保护青藏高原生态环境，我国于 2017 年建立三江源国家公园体制改革试点，包括治多、曲麻莱、玛多、杂多四县和西北部的可可西里地区，共 12 个乡镇、53 个行政村，19 109 户、72 074 名藏族牧民。因此，如何制定有效的生态补偿政策，在国家公园范围内遏制过度放牧乃至禁止部分放牧，对于协调该地区的生态保护和牧民的生活发展十分重要。

本研究数据主要来源于以下两个途径。

一是从三江源国家管理局，以及青海省果洛藏族自治州（果洛州）和玉树藏族自治州（玉树州）获取的草原生态保护补助奖励机制政策实施方案、草场相关数据、气象数据、"退牧还草"工程实施方案和总结报告等中提取出研究所需要

---

* 本章由刘某承、王佳然执笔。

的数据来估算草地水源涵养量、实施成本和交易成本。

二是通过调查问卷的方式获取估算机会成本的数据。作者团队于 2018 年 7～8 月、2019 年 7～8 月分别对青海省玉树州和果洛州展开调查，调查对象均为拥有草场且从事牧业产业活动的藏族家庭，调查内容主要包含牧民承包的可利用草地面积、禁牧草地面积、近年来全年畜牧业支出及收入情况、畜牧业之外的收入等。为了避免调查中的语言障碍及阻力，保证数据的真实性和可靠性，聘请了当地大学生作为藏语翻译，对调查内容及问题进行逐一翻译。因调查区域地域辽阔、牧户居住分散，在国家公园内 12 个乡镇分别随机抽选 20 户进行调查，共调查了 240户，有效问卷 223 份，有效率达 92.92%。

二、三江源国家公园的水源涵养服务

三江源国家公园是长江、黄河、澜沧江的发源地，3 条河流的年均径流量达 499 亿 m³。同时，草地生态系统是三江源国家公园主要的自然生态系统，占总土地面积的 70.54%。因此，本研究选取草地水源涵养服务来表征三江源国家公园的生态功能。

草地水源涵养服务的计算方法主要有水量平衡法、径流系数法和降水贮存法等。根据三江源国家公园的自然地理状况，本研究采用降水贮存法，计算公式如下：

$$Q = Q_1 + Q_2 + Q_3 \tag{8-1}$$

式中，Q 表示草地年均水源涵养量；Q_1、Q_2、Q_3 分别表示草地植被层、枯落物层、土壤层的截留量。考虑到草地的植被层和枯落物层的截留作用非常小，Q_1 和 Q_2 可以忽略不计。Q_3 通过年均降水量 R 和草地地表径流量 q 来估算。因此，计算公式可以转换为

$$Q = Q_3 = R - q \tag{8-2}$$

通过对比禁牧和放牧两种生产方式下草地的水源涵养量来计算新增的生态系统服务，即

$$e = Q_b - Q_a \tag{8-3}$$

式中，Q_a 和 Q_b 分别代表放牧和禁牧两种生产方式下草地的水源涵养量。

首先，利用调查的草地植被覆盖度数据，估算草地的地表径流量。其次，利用获取的气象数据，计算近 10 年间的年均降水量。最后，结合草地的地表径流量和年均降水量，运用公式（8-3）计算三江源国家公园草地水源涵养量。同时，根据公式（8-3），由三江源国家公园单位面积放牧草地和禁牧草地的平均水源涵养量可以得到禁牧后新增的单位面积水源涵养量 e =4529.65m³/hm²。

三、牧民禁牧的机会成本

通过问卷调查获得放牧和禁牧两种生产方式下牧民的收益，运用公式（7-19）可以计算牧民禁牧的机会成本。根据统计软件，可以得出三江源国家公园禁牧草地机会成本（ω）的平均值为846.9元/hm²，标准差为214.2元/hm²。

作为牧民个体而言，其更改耕种方式的微观经济行为决策建立在个人的机会成本之上。不同个体的机会成本不同，大样本量下不同个体的机会成本呈现正态分布。利用Matlab对数据进行正态分布检验，结果显示：$h=0$，在显著性水平$\alpha=0.05$下接受原假设，说明单位面积禁牧草地机会成本ω数据符合正态分布。利用Matlab R2014a绘图命令plot可以绘制单位面积禁牧草地机会成本的空间分布（图8-1）。

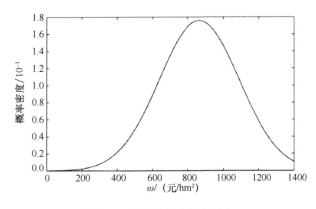

图8-1　牧民禁牧的机会成本

四、生态功能协同提升的补偿标准

根据前文得到的禁牧后新增的单位面积水源涵养量e和单位面积禁牧草地的机会成本ω，可以计算单位面积禁牧草地水源涵养的机会成本ω/e。根据统计软件，可以得出三江源国家公园禁牧草地水源涵养机会成本（ω/e）的平均值为0.19元/m³，标准差为0.05元/m³。

基于此，由公式（7-22）和公式（7-23）可以得到单位面积禁牧草地水源涵养量的机会成本（ω/e，即补偿标准）与禁牧比例$r(p, p_e)$的关系（图8-2第二象限），以及其与禁牧草地所能提供的水源涵养量$S(p_e)$的关系（图8-2第一象限）。根据模型可知，随着禁牧补偿标准的增加，能够激励牧户禁牧的比例越来越高（图8-2第二象限），禁牧草地所能提供的水源涵养量越来越多（第二象限）。政策制定者可以据此模型得知，某一补偿标准下，愿意采取禁牧措施的牧民数量（牧民根据期望收益最大化所做出的决策），可以新增的水源涵养量。

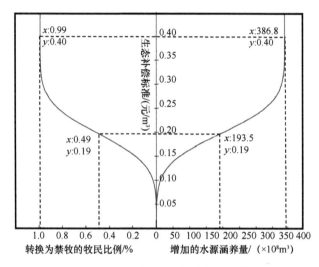

图 8-2 补偿标准与生态功能提升效果

根据生态功能协同提升的补偿标准测算模型，我们分析以下 3 种情景（表 8-1）。

表 8-1 不同补偿标准下新增生态系统服务供给

情景	补偿标准/[元/(hm²·a)]	行为转换比例/%	新增水源涵养量/（×10⁶m³/a）	补偿投入/（×10⁶ 元/a）
I	96.0	0.20	82	1.67
II	846.9	49.99	19 400	3 670
III	1 751.7	99.99	38 700	15 200

2010 年我国开始实施草原生态保护补助奖励机制，禁牧草地的补偿标准为 96 元/hm²（p_e=0.02 元/m³），通过模型可以发现，该标准能够激励牧户自愿禁牧的比例仅为 0.20%，只能够新增水源涵养量 8.20×10⁷m³，此时需要支付补偿经费 1.67×10⁶ 元。

当采用三江源国家公园禁牧草地平均机会成本 846.9 元/hm²（p_e=0.19 元/m³）作为补偿标准时，能够激励牧户自愿禁牧的比例为 49.99%，新增水源涵养量为 1.94×10¹⁰m³，此时需要支付补偿经费 3.67×10⁹ 元。

若继续提高补偿标准，达到最高补偿标准 1751.70 元/hm²（p_e=0.40 元/m³）时，能够激励牧户自愿禁牧的比例达 99.99%，新增水源涵养量为 3.87×10¹⁰m³，此时需要支付补偿经费 1.52×10¹⁰ 元。

第二节 张承重点生态功能区生态补偿案例分析

生态系统服务的空间流动是生态补偿主体确定、标准计算、资金筹措的重要依据（Costanza *et al.*，1997）。考虑到在生态保护地区域内，生态系统服务在区域内的自我消费和向区域外的"溢出"，为整合多渠道资金以系统开展补偿措施，在目前中国区域间的横向生态补偿实践中多采取利益相关方共同出资构建生态补偿基金的方法，以达到资金使用效率的最大化。本研究认为，生态系统服务具有明显的方向性和区域性，不同类型的生态系统服务"溢出"的惠及范围不尽相同，生态补偿基金的构成比例应以生态系统服务的流动和消费为基础。因此，本研究以北京-张承生态补偿为例，以不同类型生态系统服务在两地之间的流动及其消费为基准，探讨北京-张承生态补偿基金的构成比例。

一、研究区域概况

张家口市和承德市（简称张承地区）位于河北省北部，地处 39°18′N～42°37′N、113°50′E～119°15′E，区域总面积为 7.6 万 km^2，海拔从西北向东南阶梯递减。

张承地区属于温带大陆性季风气候，坝上高原多年平均降水量为 300～400mm，年均气温为–1～2℃，年均 8 级以上大风日数 60 天以上，最大风速可达 30m/s；坝下山地气候受地形和纬度影响，由北到南温度逐渐增高，多年平均降水量为 430～600mm，年均气温为 5～9℃。

在张家口市内分布有海河流域的永定河、潮白河、大清河、滦河和内陆河五大水系，承德市内有滦河、北三河（潮白河、白河、蓟运河）、辽河、大凌河四大水系，区内水资源总量为 54.97 亿 m^3。

该区域处于京津城市群的上风上水方向，是维护北京市和天津市生态安全的重要屏障区。同时，由于特殊的区位特征和历史原因，张承地区社会经济发展水平相对落后，区域性生态贫困问题突出（闵庆文等，2015；李文华等，2009）。

北京市与张承地区的生态合作始于 1995 年，建立了对口支援关系。2014 年 7 月京冀两地签署了 7 份区域协作协议及备忘录，进一步推动京津冀地区的协同发展，共同加快张承地区生态环境建设。然而，以项目形式推动的生态补偿措施，存在着重建设、轻管理、难持续、缺乏顶层设计等问题，同时也不利于整合中央、北京、张承等各方资金统筹安排。因此，通过建立北京-张承生态补偿基金，整合各方资金，系统开展生态补偿措施，成为北京-张承生态补偿的重要途径。而生态补偿基金的构成比例，则是其生态补偿机制建立的关键问题之一。

二、研究方法

（一）土地覆被类型划分

本研究选用 2013 年张承地区 SPOT5 影像数据作为基础数据源（来源于中国

科学院对地观测与数字地球科学中心），首先对影像进行几何校正处理，然后确定分类系统与分类方法，对影像进行解译，最后对解译结果进行验证。

（二）主要生态系统服务类型及其消费区域的识别

区域自然生态系统的主要生态服务功能与生态系统类型与区位特征有重要关系（高吉喜，2013）。张承地区主要生态系统类型包括森林、草地、农田和湿地生态系统。从生态学与生态系统服务理论上来看，其生态系统服务类型如表 8-2 所示。

表 8-2 张承生态系统服务类型

生态系统服务	生态系统功能	举例
供给服务		
1. 食物和原材料供应	总初级生产量中可作为食物和原材料提取的部分	鱼类、农作物、坚果、燃料或饲料等产品
调节服务		
2. 气候调节	调节温度、降水和其他生物调节的气候过程	温室气体调控、DMS（二甲基硫）产量
3. 固碳释氧	调节大气中 CO_2/O_2 的平衡	吸收 CO_2，释放 O_2
4. 空气净化	化学物质及 $PM_{2.5}$ 的净化	吸收 SOx，吸附 $PM_{2.5}$
5. 水源涵养	储存及涵养水源	森林与湿地的水源供给
6. 土壤保持	生态系统中的土壤保持力	防止径流或其他去除过程造成的土壤流失
7. 防风固沙	减弱沙尘暴，降低空气中可吸入颗粒物（PM_{10}）浓度	森林防风，草地固沙，空气中 $PM_{2.5}$ 浓度降低
支持服务		
8. 土壤形成	土壤形成过程	岩石风化和有机物质堆积
9. 生物多样性保护	为生物多样性提供栖息地	当地物种的区域栖息地
文化服务		
10. 休闲旅游	为文娱活动的开展提供机会	生态旅游、运动、钓鱼等户外娱乐活动

可以通过以下两条途径识别张承地区生态系统服务的消费区域：一是通过自然因素识别，在重力、温度、气压、浓度等梯度差作用下，以水、空气为代表的生态因子的空间自然扩散性导致生态系统服务的跨区域消费；二是通过社会因素识别，借助交通运输工具，以人流和物流为代表的社会因子的流动和扩散导致生态系统服务的跨区域消费。

（三）主要生态系统服务价值测算

生态系统服务价值是从货币价值量的角度对生态系统服务进行的定量评价。本研究首先参照目前较为成熟的物质量-价值量方法，计算张承地区单位面积生态系统水源涵养、土壤保持、固碳释氧等 6 种生态系统服务的价值，然后乘以相应类型土地覆被面积得到生态系统服务总价值（Margaret *et al.*，2004）。计算公式为

$$ES_j = \sum_{j=1}^{n} ESVI_j \times A_j \qquad (8\text{-}4)$$

式中，ES_j 为第 j 种生态系统的服务价值；$ESVI_j$ 为第 j 种生态系统类型的单位面积服务价值（元/m²）；A_j 为第 j 种生态系统类型的面积（m²）；j 为生态系统类型（j=4）。

（四）北京-张承生态补偿基金的构成比例测算

基于不同种类生态系统服务的消费范围及其消费量确定中央、北京、张承三地的出资比例。其中，基于生态系统服务流动距离衰减特性，引入物理学中的场强模型，结合地理信息系统（GIS）的空间分析功能，计算生态系统服务在张承地区和北京之间的空间转移量。

根据张承地区实际情况，以水为介质传播的水源涵养和土壤保持服务依据河流水系走向来确定流向，以评价单元在主要水系流向上至北京市的直线长度作为距离衰减系数；以风为传播介质的空气净化、固碳释氧和防风固沙服务，主要依据主导风向（西北风）确定流向，以评价单元在主导风向上至北京市的直线长度作为距离衰减系数；此外，根据张家口市和承德市每年平均向北京市提供水资源量占其水资源总量比例，以及北京市面积占防风固沙服务辐射区面积的比例计算生态系统服务辐射比，进而测算生态系统服务辐射至北京市的价值量及其关联度，计算公式如下：

$$d_t = \frac{1 - d_i + \bar{d}}{\bar{d}} \qquad (8\text{-}5)$$

$$RES = \sum_{i=1}^{n} dt_i \times a_i \times ES \qquad (8\text{-}6)$$

式中，d_i 为第 i 个评估单元沿生态系统服务辐射方向与北京市直线距离的归一化值；$\bar{d}$ 为所有评估单元沿生态系统服务辐射方向与北京市直线距离的平均值；dt_i 是第 i 个评估单元生态系统服务因距离衰减后的生态服务系数（距离越大生态系统服务衰减越多，dt_i 值越小）；a_i 为第 i 个评估单元生态系统服务以水或风为介质的辐射比例（%）；RES 为供给区生态系统服务流转量（元/年）。

三、结果与分析

（一）主要生态系统服务类型及其消费区域

北京-张承地区生态较为脆弱，土地沙化、水土流失等生态问题突出，城市大气环境质量问题严重。因此，该区域主要生态系统的水源涵养、防风固沙、水土保持以及空气净化功能值得高度重视。另外，由于小气候调节服务局限在千米范围内；植被的土壤形成作用对北京生态环境的效益有限；初级产品生产和景观游憩功能基本已被开发利用并转化为直接经济价值。因此在本研究的评估中不作为重点。

综上，针对北京-张承生态补偿机制建立的需要，研究选择评估的主要生态系统服务包括水源涵养、防风固沙、土壤保持、空气净化、固碳释氧和生物多样性保护等 6 种类型（表 8-3）。

表 8-3　张承地区生态系统服务评价

生态系统服务	消费地区				
	张承	北京	天津	河北	中国
水源涵养	√-	√+	√+	√-	
防风固沙	√-	√+	√+	√-	
空气净化	√+	√-	√-	√-	
土壤保持	√	√+	√+		
固碳释氧	√+	√+	√+	√-	√-
生物多样性保护	√	√	√	√	√

注：√代表有评价；–代表生态系统服务输出地区；+代表生态系统服务输入地区

同时，根据北京-张承地区的海拔和温度梯度，以及风向、水流等因素，可以识别出张承地区生态系统提供服务的消费区域。

（二）主要生态系统服务的价值及其消费

利用 2013 年张承地区 SPOT5 影像数据，根据不同类型生态系统服务价值的计算方法，可以得出张承地区 2013 年主要生态系统服务价值为 76.45 亿元/年。其中，生物多样性保护价值最高，为 25.89 亿元/年；其次为水源涵养价值和固碳释氧价值，分别为 19.23 亿元/年和 15.35 亿元/年；防风固沙价值和空气净化价值较低，分别为 9.54 亿元/年和 3.29 亿元/年；最低的为土壤保持价值，为 3.15 亿元/年。

根据北京市主要水源水系与张承地区的关系（张彪等，2015），张家口市内的永定河和潮白河水系分别输入水源至官厅水库和密云水库（北京市统计局，2016），年输入水量约占区域地表水资源总量的 60%；发源于承德市丰宁县黄旗镇的潮河出境汇入密云水库（承德市统计局，2010），潮白河流域年均汇入密云水库 4.73 亿 m³，占区域地表水资源总量的 15%。为方便测算，在 ArcGIS 软件中以张承地区各县域为评估单元，以西北风向为主要流向，测量各县域中心至北京市中心点的直线距离来估算供给区生态系统服务流动到受益区的衰减系数（图 8-3）。

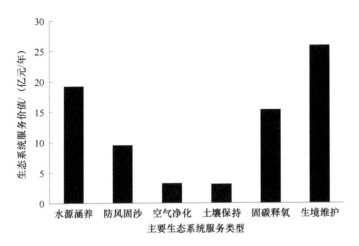

图 8-3　张承地区生态系统服务价值分布图

根据生态系统服务流动距离衰减特性和场强公式，可以计算不同类型生态系统服务在不同区域内的消费量（图 8-4）。水源涵养价值、防风固沙价值和空气净化价值主要为张承地区、北京市及周边区域所消费。土壤保持价值基本都在本地消费；而固碳释氧和生境维护价值则充分体现了生态系统服务的公共属性，不仅可以使张承地区、北京市及周边区域受益，在国家层面上也具有重要意义。

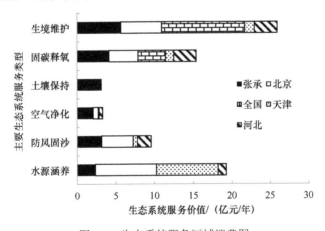

图 8-4　生态系统服务区域消费图

（三）京承生态补偿基金的构成比例

根据以上计算可知，张承地区 2013 年主要生态系统服务的价值为 76.45 亿元/年。其中，26.76%为张承地区本地消费，28.22%为北京市消费，14.30%为天津市消费，11.98%为河北省消费，其余 18.74%为全国共享（表 8-4）。因此，若在北京-张承生态补偿的框架下，根据生态系统服务价值的消费量来建立生态补偿基金，则中央、北京、天津、河北、张承的出资比例为 1.9 : 2.8 : 1.4 : 1.2 : 2.7。

表 8-4　张承地区主要生态系统服务价值表

生态系统服务	价值/（×10⁸ 元/a）					
	总计	张承	北京	天津	河北	中国
水源涵养	19.23	2.34	7.89	7.96	1.04	—
防风固沙	9.54	3.17	4.02	0.56	1.79	—
空气净化	3.29	2.05	0.67	0.11	0.46	—
土壤保持	3.15	—	—	—	—	—
固碳释氧	15.35	4.12	3.71	1.05	2.87	3.6
生境维护	25.89	5.63	5.29	1.25	3	10.72
比例	100.00%	26.76%	28.22%	14.30%	11.98%	18.74%

四、结论与讨论

针对以上生态补偿基金的融资渠道，研究提出了基于生态系统服务流动与消费的利益相关方出资比例的测算办法，并以北京-张承生态补偿基金为例，根据 2013 年张承地区 SPOT5 影像数据和相关调研与问卷资料，识别了张承地区的主要生态系统服务类型，计算了主要生态系统服务的价值，确定了不同区域的消费数量，从而得出北京-张承生态补偿基金的构成比例。

圣而，在下一步的研究工作中，还需进一步改进生态系统服务价值核算的相关问题。生态系统服务价值核算是确定生态补偿基金构成比例的基础，其计算结果直接影响研究结论的准确性和科学性。首先，主要生态系统服务类型的识别与选择对计算结果的影响较大，但其受研究目的和不同研究人员学科背景的影响；其次，目前在京津冀地区有关生态系统的定位观测还相对较少，无法为生态系统评估提供准确的基础数据；最后，相关价值评价方法还应进一步改善，应针对研究目的和研究区域设计符合社会经济发展现状的计算方法。

同时，还需加强生态系统服务空间流动的模拟研究。生态系统服务的空间流动是一个非常复杂的过程，不同生态系统服务类型，其空间转移的规律各不相同，范围也各异，而且其内在规律和特点尚不明确。此外，当前评估模型中用于反映自然因子影响的修正因子 d_t 值的选取，多为经验值。随着相关学科研究的深入，对各类生态系统服务价值的规律性认识明确，可提高结果的准确性，使其更加符合实际。

生态补偿机制的构建涉及自然、社会、经济等诸多因素的影响，本研究基于生态系统服务消费的生态补偿基金构建技术尚未考虑到各相关利益方的经济条件和社会背景。在北京-张承生态补偿机制的实际构建中，可能还需考虑北京市承担的首都功能，从而适当提高中央财政的出资比例；而且本研究是在北京-张承生态补偿的大框架下进行科学研究，在实际操作过程中，随着京津冀一体化发展，其生态补偿机制可能在更大的空间尺度上开展。

第三节　神农架国家公园体制试点区多元长效生态补偿模式研究

一、研究区域概况

神农架国家公园体制试点区由国家批准设立并管理，由神农架的世界自然遗产地、国家森林公园、国家湿地公园、国家地质公园、国家级自然保护区、省级风景名胜区、大九湖湿地省级自然保护区等自然保护地组成，是建立国家公园体制后成立的 10 个国家公园体制试点之一，也是我国重要的自然保护地。神农架国家公园体制试点区位于神农架林区西南部，其整合了神农架现有的国家级自然保护区、国家森林公园、国家地质公园、国家湿地公园等保护地，总面积为 1169.88km^2。东西长 63.9km，南北宽 27.8km，占神农架林区总面积的 35.96%（神农架国家公园保护条例，2017）。神农架国家公园体制试点区动植物丰富，是名副其实的"绿色宝库""物种基因库""天然动物园"（杨攀科和刘军，2017）。

神农架国家公园体制试点区现阶段处于经济转型的关键时期，在进入 21 世纪后就开始经济转型，向生态旅游经济过渡和转变并实施生态补偿政策。然而经济模式发展模式单一使得神农架国家公园体制试点区的生态建设步履维艰，资金缺乏、技术水平与管理手段落后都使得神农架国家公园体制试点区的生态保护处于初级阶段（杨攀科和刘军，2017）。为了确保神农架国家公园体制试点区生态价值综合提升，确保神农架国家公园体制试点区在保护生态环境的同时更好地促进当地经济社会的发展，必须创新多元长效的生态补偿模式，实现神农架国家公园体制试点区社会经济和生态价值的协调提升（马勇和胡孝平，2010）。

湖北省委省政府已于 2009 年开始在神农架国家公园启动生态补偿试点，并不断加大退耕还林的补偿力度，神农架国家公园体制试点区生态补偿的基本意识和职能系统已经形成。神农架国家公园体制试点区承受着生态环境保护的重任和当地居民生存与发展的重压，2018 年全区实现地区生产总值约 28 亿元，增长 10.1%。完成地方一般公共财政预算收入 5.1 亿元，增长 10.1%。固定资产投资同比增长 10.2%。接待游客 1590 万人次，498 万人，增长 20.1%；实现旅游经济总收入 57.3 亿元，增长 20.3%。城镇、农村常住居民人均可支配收入分别达到 28 189 元、10 107 元，分别增长 9.4%、9.8%。主要污染物排放总量控制在省定目标范围内（刘启俊，2019）。神农架国家公园体制试点区多元长效的生态补偿模式研究具有典型意义，并将具有重大的示范作用。

二、神农架国家公园体制试点区多元长效生态补偿模式现状研究

《神农架国家公园保护条例》由湖北省第十二届人民代表大会常务委员会第三十一次会议于 2017 年 11 月 29 日通过，该条例明确指出：省人民政府建立神农架国家公园生态保护补偿机制，将林区、神农架国家公园及其毗邻保护区的生态保护补偿资金纳入省级财政预算；对神农架国家公园森林、湿地、水流、耕地等重点领域以及对依法许可的矿产资源开发、水电项目以及其他建设项目限期关闭、退出或者改造、拆除的，收回特许经营权的，收回自然资源所有权的，清洁生产的，环境治理的，野生动物致害的等事项进行生态保护补偿。省人民政府应当建立资金、技术、实物、就业岗位等相结合的补偿机制，探索开展综合补偿并加强生态保护补偿效益评估。生态保护补偿和效益评估的具体办法由省人民政府制定（神农架国家公园保护条例，2017）。

采用问卷调查和访谈的形式，在 2017 年 11 月 2～16 日和 2018 年 5 月 15～30 日研究者两次前往研究区进行实地调研，对研究区科学研究院、社区发展科、林业管理科、行业管理科、信息办、保护与利用科、保护与合作办、宣教科、办公室以及神旅集团、部分旅行社导游和游客进行访谈，获得企业投入成本数据及旅游基本情况数据。研究者给大九湖、官门山、天生桥、神农坛等旅游区域游客发放问卷。

访谈内容如下。

1）神旅集团前期投资与品牌估值。①员工数、带动就业人口、人员工资。②景区建设投入：基础设施建设、环境建设、交通建设等。③产品定价、营销宣传投入等。④项目投入：旅游投资；旅游资源开发；游览景区管理；旅游纪念品开发零售；林木花卉种植；音乐茶座；卡拉 OK；博物馆；房地产开发；住宿、餐饮（取得行政许可的分支机构）；广告策划、制作、宣传；旅游文化传播；房屋租赁；高山滑雪；会务服务；包装/散装食品销售（取得行政许可的分支机构）；停车服务等。⑤接待游客数、门票收入、综合收入、缴纳税费等。⑥财务年报。

2）游客基本情况：年龄、学历、来源地、月收入、职业、出游次数等。

3）此次旅行具体情况：出游方式（旅游团，与家人一起，同事、同学、好友，独自出游，其他）、出行目的、交通工具、游览时间、旅行花费。包括交通费用（油费、过路费、停车费、飞机费、火车费、地铁费、公交费等）；餐饮住宿费；购物费（购买纪念品、土特产等的费用）；游乐设施使用、摄影、旅行社等其他费用。

4）游客对神农架国家公园体制试点区的整体感知和对景观资源的支付意愿：环境质量评价、生态旅游内涵、支付方式、支付金额、改进建议等。

（一）神农架国家公园体制试点区多元补偿模式现状研究

本研究根据实地调研得到的当地各相关部门提供的资料以及问卷调研的居民数据，整理总结了神农架国家公园体制试点区的多元补偿模式（表8-5）。

考虑到神农架国家公园体制试点区的自然保护地特有属性，针对以下多元补偿模式展开详细介绍。

表8-5　神农架国家公园体制试点区多元生态补偿模式

		方式	主体	客体	补偿标准	实施方案
资金补偿	项目补偿	退耕还林	国家	农户	发粮食300元/亩①；8年后125元/（年·亩）（补8年）	林业管理局实施，16年一期
			国家	农户	1 500元/（年·亩）	新纳入补5年，三次到位（第一次500元/亩，第二次400元/亩，第三次300元/亩）+300元/亩（种植费）
		生态公益林	国家，省	国有事业单位（8.8万亩）、农户（5.7万亩）	10元/（年·亩）（国家）；5元/（年·亩）（省）	国家级公益林（14.5万亩）
			省政府	农户	15元/（年·亩）	省级公益林
			国家	农户	3元/（年·亩）	县级公益林（24万亩）
		天然林保护	国家	国家公园	10元/（年·亩）	工资性补助，负责管护
	成立补偿基金	生态搬迁	林区政府	大九湖居民	征地拆迁费，其他	457户（已搬410户）中的大部分就地搬迁到海拔低的坪阡古镇，少部分搬到外县外乡，林区政府审计局统一审计，到具体实施地方抽查
		野生动物致害	国家公园	受灾农户		国家公园购买保险，受灾农户申请，经核实启动保险赔付制度，保险公司进行赔偿，林区政府提供100万元/年
		小水电退出	省政府	退出企业	标准不一	
		种植中药材	国家公园	3个试点村350户农户	400～500元/亩，2017年时3 000元/户补贴	各村成立中药材合作社，与农户签订市场保底协议，保险公司赔付
	财政转移支付	以电代燃	国家公园	460户居民	0.2元/度，3 000元/年	靠旅游收入，国家公园把神旅集团缴纳的特许经营费补偿给居民
实物补偿	基础设施改造	厕所革命	国家公园	整个神农架林区居民	1 000元/m³	国家公园把补偿资金给乡镇，乡镇财政进行分配
		围栏改造	国家公园	3个试点村（大九湖、坪阡、相思岭）300多户	8 000元/户	
		太阳能路灯		下谷坪土家族乡、大九湖、坪阡、红花坪村农户	每户一盏（4 000元）	500盏

---

① 1亩≈666.7m²。

续表

	方式	主体	客体	补偿标准	实施方案
实物补偿	基础设施改造 气化炉改造	国家公园	大九湖、下谷、木鱼农户	每户提供1 200元（气化炉1 500元，自筹资金300元）乡政府进行采购	投放量1 000台，国家公园派人统计符合标准的农户（有本村房产，户口在本村，自立烟火）
	沼气池改造	保护区	200户农户	1 200元/2m³的池子	
	火炉改造	保护区	1 000多户农户	200元/户	农户施工，验收后保护区给农户发钱
智力补偿	提供就业 生态管护岗位	国家公园	从农户中挑选433个管护员	4 800元/年，4个管理区有18个管护中心，每个管护中心依据面积来安排数目不等的管护员	从生态管护费、国有林管护费里划出来
		神旅集团	大九湖、木鱼居民		直接就业5 000余人，间接就业23 000人（农家乐、酒店等），景区对当地人免票
特许经营	特许经营	神旅集团	国家公园	1 000万元/年	神旅集团给林区政府，林区政府再给国家公园
	反哺基金	神旅集团	国家公园	首年向以上两个单位分别反哺1 000万和500万的资金，用于保护发展专项建设使用，从第二年起，每年以10%的比例逐年提高反哺金额，直至金额分别达到1 500万和800万，以后按最高金额逐年反哺。现在这两个单位合并入国家公园了，反哺基金也合并了	神农架保护区、大九湖湿地公园两个单位经营的景区全部交由神旅集团负责经营管理，资金以前是神旅集团直接给保护区，现在是给林区政府，再由林区政府给国家公园

1. 生态移民搬迁补偿安置方案

神农架国家公园体制试点区为了加强南水北调水源区大九湖生态资源保护工作，于2013年开始实施大九湖湿地生态移民搬迁安置方案，以实现移民搬迁户居住环境改善，生活设施配套，城镇化进程加快，经济收入、生活水平和幸福指数稳步提高的目标。补偿对象为大九湖镇大九湖村的全部居民，大九湖镇所有机关行政事业单位和坪阡村部分组的居民；补偿范围包括移民户的山林、土地及地上附着物等实物；补偿标准如表8-6所示。

表8-6 大九湖湿地生态移民搬迁安置补偿方案

	补偿范围	补偿对象	补偿标准
土地年产值	征收耕地		1 092元/亩
土地	承包经营权证以内耕地	拥有被征收土地所有权的农村集体组织	18 564元/亩
	四至界内、经营权证以外的耕地补偿		3 000元/亩
	自行开垦或扩大面积的耕地		1 092元/亩

补偿范围		补偿对象	补偿标准
青苗及地上附着物	青苗	个人所有的,补偿给个人;国家或集体所有的,补偿给国家或集体	给予土地年产值一倍的补偿,无青苗的不予补偿
	被征收耕地田边地角和房前屋后种植的零星树木(包括果木林、经济林和用材林)		按树种定价
	被征收土地上的其他建(构)筑物		按照评估价格
林地流转			200 元/亩
房屋拆迁后的新建房屋场地平整费		属于常住户口,且要求分散安置的被拆迁人	1 000 元/户
房屋拆迁后的生活设施配套费(水、电、路、通信、广播电视)		属于常住户口,且要求分散安置的被拆迁人	800 元/户
		集中安置的被拆迁人	政府统筹建设安置区(点)的水、电、路、通信、广播电视主干线(路),被拆迁人自行安装到户
房屋拆迁后的搬迁补助费(含运输费、物资损失费和误工费)		在大九湖内安置的被拆迁人	1 000 元/户
		在大九湖镇外林区内安置的被拆迁人	2 000 元/户
		在林区外安置的被拆迁人	3 000 元/户
房屋拆迁后的过渡期生活补助费			150/(人·月),最多不超过6 个月
房屋拆迁后的临时住房补助费			150/(人·月),最多不超过6 个月
宅基地的补偿标准	征收以出让方式取得的国有土地使用权的宅基地		57 元/m²
	征收以划拨方式取得集体土地使用权的宅基地		不予补偿
搬迁对象的安置	集中安置		一户一宅安置
			多户联建联营安置
	分散安置	搬出区外	8 万～10 万元
		搬离至大九湖镇以外、林区以内	6 万～8 万元
		搬离至大九湖村、坪阡村以外,大九湖镇以内	4 万～6 万元
宅基地的确定		属于大九湖镇常住户口,搬迁前有独立房屋,有山林、土地经营使用权证,有单立的户头	对移民户家庭人口 5 人以内(含 5 人)的宅基地面积核定为100m²,其临街面长度不得超过 12m;移民户家庭人口 6 人以上(含 6 人)的宅基地核定为 120m²,其临街面长度不得超过 14m
搬迁对象的生活保障		九湖乡生态移民户	全部纳入失地农民养老保险范围,对符合条件的分别纳入农村低保和城镇低保范围

2. 野生动物造成人身财产损害补偿

随着政府和相关企业对自然保护地进行持续建设，其内部生态植被得到了广泛恢复和改善，进而使得野生动物种群快速壮大。同时，野生动物肇事事件也发生得更为频繁。因此，神农架国家公园管理局实施野生动物造成人身财产损害补偿办法，对受灾居民给予一定补偿（表8-7）。

表8-7　神农架重点保护陆生野生动物造成人身财产损害补偿方案

补偿对象		补偿标准	资金来源
遭受灾害的农户		补偿每户一位农民一年看守庄稼的工资，具体是计算每一年中庄稼受灾的最大天数，以林区小工每天工资为依据，补偿每户一个小工在一年中受灾最大天数的工资	政府补偿费包含在各级财政预算中，由财政部门根据财务管理制度提供资金。地区财政和乡（镇）财政各负担一半
正常生活或从事生产活动的居民身体受到伤害或者死亡	造成身体伤害	应支付影响正常工作减少的收入和医疗费。误工减少的收入每日的补偿费按照上一年度员工日平均工资的1～2倍计算	
	造成部分或者全部丧失劳动能力	应支付医疗费和一次性伤残赔偿金。补偿金是根据丧失工作能力的程度确定的。最高金额是上一年平均工资的4倍。全部丧失工作能力的最大补偿金是该区员工平均年薪的8倍	
	造成死亡	应支付死亡赔偿金和丧葬费，总金额为上一年度员工平均工资的8倍	
对在划定生产经营范围内种植的作物和经济林造成严重破坏		个户总产量损失超过60%，则按实际价格的50%补偿	
在自然保护地内居住的人的指定生产和管理区域放牧牲畜，或者在自然保护地外放牧牲畜和圈养或流通牲畜造成重伤或死亡			
经县级以上林业行政主管部门确定造成人身、财产损失的其他情形			

（二）神农架国家公园体制试点区多元长效生态补偿模式现状

神农架国家公园体制试点区将部分补偿资金用于发展旅游，通过旅游的巨大影响带动当地经济社会的更快发展。同时，当地在发展特色旅游产业的过程中应解决好当地原住居民的二次就业以及如何提高生活水平等问题，并且在旅游发展取得阶段性成果后根据一定比例将利润所得再分配，进行反哺，直接用于改善生态环境，以此形成具有良性循环的生态补偿长效机制（杨攀科和刘军，2017）。

在2014年5月神农架国家级自然保护区管理局办公室印发的《关于保护区、神旅集团融合发展机制的通知》提出为了不断提升保护工作的科学化水平，保护区与神旅集团建立反哺保护机制。神旅集团于2015年与神农架国家公园管理局签订特许经营反哺机制协议，当时神农架保护区、大九湖湿地公园两个单位经营的景区全部交由神旅集团负责经营管理，神旅集团承诺自 2015 年起，首年向以上两个单位分别反哺 1000 万和 500 万的资金，用于以上两个单位从事资源保护、科学研究、能力建设、职工福利等保护发展专项建设使用。从第二年起，每年以 10% 的比例逐年提高反哺金额，直至金额分别达到 1500 万和 800 万，以后按最高金额逐年反哺。现在这两个单位合并入国家公园了，反哺基金也合并了。

三、神农架国家公园体制试点区多元长效生态补偿模式问题与对策

从上文对于神农架国家公园体制试点区的现状分析可以看出，神农架国家公园体制试点区还存在以下几点问题。

1）补偿主体方面：多为国家主体，缺乏市场主体及各种国际环保组织、各种捐赠，层次较为单一。

2）补偿方式方面：以资金补偿和实物补偿为主，智力补偿多为提供就业和特许经营，方式较单一，缺乏优惠信贷、税收减免等政策补偿，以及教育援助/技术培训等智力补偿，未完成"输血型"向"造血型"补偿方式转变。在长效补偿模式上，主要集中于神旅集团的特许经营，原住民自主经营的农家乐较少，并且旅游活动严重影响当地农户的生态农业经营行为。

3）融资渠道方面：主要来源于国家财政拨款及神旅集团提供的反哺基金，而受益群体支付的生态税费、社会及市场机制下筹集的资金以及接受社会捐赠 3 种融资渠道较少。

4）配套措施方面：存在资金不到位、效果不明显、人口多、收益低、入不敷出、居民诉求高等问题，许多补偿模式还未落实，缺乏制度保障。

针对以上问题，对神农架国家公园体制试点区提出以下几点建议，为建立多元的补偿模式提供帮助。

1）在补偿主体上，强化国家公园内自然资源确权工作，明确责任主体，对于集体和私人所有的可以进入市场的自然资源，强化市场主体和其他主体的地位。

2）在补偿方式上，拓展多元化的补偿方式，开展税收减免、优惠信贷等惠民政策和产业融合、对口协作等利益分享政策，提高有关部门和当地居民从事生态保护行为的积极性；增加技术培训、教育援助等长效补偿方式，提升居民的自我发展能力，从而达到生态效益与社会效益协同提升的目的；鼓励发展生态产业，严控旅游活动对生态农业的影响，在重要生态功能区加大投入力度；鼓励保护地内居民发展农家乐等小型餐饮住宿产业，完善当地居民的参与方式，建立持续性惠益分享机制，将生态优势转化为经济优势。

3）在融资渠道上，拓宽多元化资金筹集方式，除国家财政拨款外，鼓励尝试对神农架国家公园体制试点区内自然资源的受益群体或破坏群体征收生态税费；

充分发挥市场的作用，发展绿色金融，鼓励银行等金融机构在神农架国家公园体制试点区建立绿色信贷服务体系，如发行生态彩票、成立绿色发展基金等；加大宣传力度，吸引社会捐赠，在提高公众保护生态意识的同时吸引社会上的闲散资金。

4）在配套措施上，加强对多元化生态补偿模式的效益评估和对补偿资金使用的监管工作，健全调查体系和长效监测机制，完善生态补偿基础数据，确保制度能顺利落实；强化统筹协调，加强国家公园管理局部门与部门之间、部门与企业之间，以及部门与居民之间的合作，协调解决补偿工作中遇到的问题；健全多元化的生态补偿激励机制，对于成效明显的景区、企业或个人给予适当的奖励，提高居民参与生态补偿的积极性；加强宣传引导，推广其他自然保护地多元生态补偿模式。

神农架国家公园体制试点区现阶段的反哺保护机制为管理局和神旅集团协商确定的，没有综合考虑神旅集团的企业投入及国家公园的景观价值投入比例，反哺基金的标准制定缺乏科学依据。

借鉴国内外自然保护地生态补偿长效管理模式经验，根据不同区域实际情况探索特许经营模式（钟林生和肖练练，2017），在神农架国家公园体制试点区通过部门访谈和问卷调研，综合考虑企业投入和国家公园景观入股，计算反哺基金理想数值，为神农架国家公园体制试点区特许经营的长效生态补偿模式提供科学依据。

1）特许经营企业投入价值评估。神旅集团成立于 2009 年 9 月，受神农架当地政府委托，具有开发、经营、管理神农架景区旅游资源的资质，为当地旅游业建立统一的规划、营销与管理体系，是全区生态旅游产业的龙头企业，是神农架规模最大、功能最全的旅游综合经营性企业，也是神农架国家公园体制试点区实施特许经营生态补偿方式的主体（神旅集团，2018）。

神旅集团拥有神农顶、大九湖、官门山等 7 个旅游景区和 1 个滑雪场、3 家酒店、2 家旅行社、1 家旅游商品开发公司、1 家旅游景区建筑公司、1 个文化演出艺术团、1 个户外运动中心，基本形成了完整的旅游产业链条；现有职工总数 460 人，其中，集团高管 8 人，中层管理人员 28 人，其他员工 422 人，大专及以上学历 185 人，高级职称 1 人，中级职称 11 人（神旅集团，2018）。

神旅集团投入 7.6 亿元，完成景区提档升级。公司自组建以来，以解决保护与发展的矛盾为核心，带动全区 40%的乡镇和群众发展旅游产业，从参与旅游、服务旅游中受益，旅游产业直接从业人员 7000 余人，间接从业人员 23 000 余人，近 3 万人通过旅游扶贫脱贫致富，人均年收入达 2 万元以上，成为神农架林区实施精准扶贫的重要载体和经济发展的支柱产业；据统计，景区 2018 年共接待游客 1590 万人次，498 万人，实现旅游总收入 57.3 亿元。其中，门票总收入 2.95 亿元，累计共缴纳各项税费 1.43 亿元。

通过神旅集团企业财务年报及官网数据得出神旅集团的投入价值为

$$COST = COGS + SG \& A + PAI = 140\,696 \text{万元}$$

2）神农架国家公园体制试点区景观资源价值评估。神农架国家公园体制试点区由于旅游客源地较广，且旅游市场比较成熟且知名度较大，因此适宜采用区域旅行费用法（ZTCM）来计算该景点的游憩价值，但又因为游客对景点游憩需求的理性偏好具有异质性（Bestard，2014），应避开用距景点的距离这一单因子估计景点的旅游率（董天等，2017），采用 TCIA 模型对实际旅行消费行为进行模拟，更符合相关经济学原理（李巍和李文军，2003）。

根据调查问卷的样本数据统计，依据样本旅游费用的特点，剔除门票收入、交通费用和时间成本（因为交通费用和时间成本对特许经营企业获利无贡献），将样本分为 0～50 元、50～100 元、100～200 元、200～300 元、300～400 元、400～500 元、500～600 元、600～700 元、700～800 元、800～900 元、900～1000 元、1000～1200 元、1200～1400 元、1400～1600 元、1600～1800 元、1800～2000 元、2000～2500 元、2500～3000 元、3000～3500 元、3500～4000 元、4000～4500 元、4500～5000 元、5000 元以上 23 个分区，分别计算重要参数 N_i、M_i、P_i 和 Q_i，结果如表 8-8 所示。

表 8-8　神农架旅行费用分区表

$[C_i, C_{i+1}]$/元	N_i	M_i	P_i/%	Q_i
0～50	6	516	100	1
50～100	9	510	98.84	0.9884
100～200	15	501	97.09	0.9709
200～300	22	486	94.19	0.9419
300～400	31	464	89.92	0.8992
400～500	34	433	83.91	0.8391
500～600	27	399	77.33	0.7733
600～700	29	372	72.09	0.7209
700～800	33	343	66.47	0.6647
800～900	51	310	60.08	0.6008
900～1000	42	259	50.19	0.5019
1000～1200	43	217	42.05	0.4205
1200～1400	34	174	33.72	0.3372
1400～1600	28	140	27.13	0.2713
1600～1800	23	112	21.71	0.2171
1800～2000	26	89	17.25	0.1725
2000～2500	29	63	12.21	0.1221

续表

$[C_i, C_{i+1}]$	N_i	M_i	$P_i/\%$	Q_i
2500～3000	17	34	6.59	0.0659
3000～3500	9	17	3.29	0.0329
3500～4000	2	8	1.55	0.0155
4000～4500	3	6	1.16	0.0116
4500～5000	1	3	0.58	0.0058
5000 以上	2	2	0.39	0.0039

根据分区表数据，绘制关于旅行费用（C）和意愿旅行需求（Q）的散点关系图（图 8-5）。

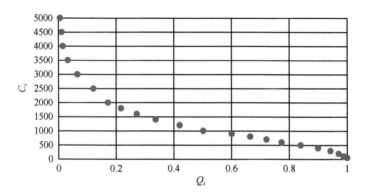

图 8-5　神农架旅行费用与意愿旅行需求散点图

从图 8-5 可以看出，游客的旅行费用越高，意愿旅行需求越小。与中国旅游者消费行为客观规律相符。

建立需求曲线（图 8-6）。对数据进行预处理，剔除离群值，进行回归分析，以 C_i 为自变量，Q_i 为因变量，建立旅行需求曲线。

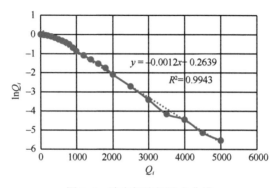

图 8-6　神农架旅行需求曲线

从表 8-9 可以看出，P 值均小于 0.001，所以属于极端显著，拟合结果较好。结果检验 $R^2>0.9$，线性相关系数比较高。建立 Logarithmic 对数函数回归模型：

$$\ln Q_i = -0.0012C_i + 0.2639 \quad (R^2=0.994\,31)$$

计算消费者剩余：根据公式 $\mathrm{CS}_i = \int_{C_i}^{\infty} e^{-0.0012C_i+0.2639}\mathrm{d}C$ 所计算出的各旅行区间消费者剩余如表 8-10 所示。

表 8-9　旅行意愿与费用分析

回归统计				
相关系数 R		0.8837		
测定系数		0.7809		
校正的测定系数		0.7705		
标准误差		0.1795		
观测值		23		
方差分析				
	df	SS	MS	F	Significance F
回归分析	1	1	2.4123	2.4123	74.8424
残差	21	21	0.6769	0.0322	
总计	22	22	3.0891		
	系数	标准误差	t 值	P 值	下限 95.0%	上限 95.0%
截距	0.8066	0.0548	14.7080	0.0000	0.6926	0.9207
X 变量	−0.0002	0.0000	−8.6512	0.0000	−0.0003	−0.0002

表 8-10　神农架各旅行区间消费者剩余

C_i/元	N_i/人	CS_i/元	TCS_i/元
0	6	1 085	6 510
50	9	1 021.81	9 196.29
100	15	962.31	14 434.65
200	22	853.49	18 776.78
300	31	756.98	23 466.38
400	34	671.38	22 826.92
500	27	595.46	16 077.42
600	29	528.13	15 315.77
700	33	468.41	15 457.53
800	51	415.42	21 186.42
900	42	368.46	15 475.32

C_i/元	N_i/人	CS_i/元	TCS_i/元
1 000	43	326.8	14 052.4
1 200	34	257.07	8 740.38
1 400	28	202.22	5 662.16
1 600	23	159.07	3 658.61
1 800	26	125.13	3 253.38
2 000	29	98.43	2 854.47
2 500	17	54.02	918.34
3 000	9	29.65	266.85
3 500	2	16.27	32.54
4 000	3	8.93	26.79
4 500	1	4.9	4.9
5 000	2	2.69	5.38

计算景区使用价值：经过计算得到总消费者剩余 TCS 为 218 199.68 元，忽略时间价值，总旅行费用之和为 391 052.62 元，景区 2018 年共接待游客 498 万人，样本量为 516 份，通过公式（7-12）计算得出神农架国家公园体制试点区的使用价值为

$$UV = \left[\frac{218\,199.68 + 391\,052.62}{516} \right] \times 498 = 587\,999.31 万元$$

条件价值评估法评估景区的非使用价值通过对游客的支付意愿进行度量，本研究采用非参数估计法。非参数估计法是常见的算术平均值计算方法，支付意愿（willingness to accept，WTA）值可以根据投标值与其概率的乘积之和求得。

之后进行被调查对象问卷数据分析，本次调查中对支付意愿估值问题如下。

1. 您每次浏览神农架国家公园体制试点区，是否愿意支付旅游生态补偿金？
A. 是　　B. 否

2. 如果您愿意支付旅游生态补偿金，每次浏览神农架国家公园体制试点区最多愿意支付_____元。

3. 如果您不愿意支付旅游生态补偿金，原因是什么
A. 作为纳税人，我已经纳税了　　B. 想捐，但收入水平太低，无支付能力
C. 担心补偿资金使用缺乏透明制度，挪为他用　　D. 这是政府的事，与我无关
E. 其他

4. 如果您愿意支付补偿金，您认为应该将补偿金最先应用于哪方面？

A. 景区内基础设施完善　　B. 植被及土壤的恢复　　C. 野生动物保护

D. 水资源保护　　E. 生态环境保护宣传支出

经统计在所有调查的游客中，268 名游客愿意支付一定的费用保护神农架国家公园体制试点区的自然资源和生态环境，支付率为 51.94%。

在 51.94% 有支付意愿的游客中，32.09% 的游客表示愿意将支付的金额用于植被及土壤的恢复；25% 的游客表示愿意将支付的金额用于野生动物保护；20.90% 的游客表示愿意将支付的金额用于水资源保护；14.93% 的游客表示愿意将支付的金额用于景区内基础设施完善；7.09% 的游客表示愿意将支付的金额用于生态环境保护宣传支出。

同时，另外有 48.06% 游客表示无支付意愿，其中 33.87% 游客表示不愿意支付的原因为受旅游预算的限制；22.58% 的游客认为这是政府的事，与我无关；17.74% 的游客认为作为纳税人，我已经纳税了；16.12% 的游客担心补偿资金使用缺乏透明制度，挪为他用；9.68% 的游客认为是其他原因。

3）被调查对象支付意愿数据分布。将调查样本中表示愿意支付一定的金额用于景区保护与建设的 268 人的意愿支付金额分为 0~5 元、5~10 元、10~20 元、20~30 元、30~40 元、40~50 元、50~60 元、60~70 元、70~80 元、80~90 元、90~100 元、100~120 元、120~140 元、140~160 元、160~180 元、180~200 元、200 元以上 17 个分区，对于区间值，根据统计学的合理性，采用每个区间的中值来表示，200 元以上根据调查中被调查对象中回答频率最高的 250 元作为代替。经过对被调查对象的支付意愿数值进行分析整理，得到被调查对象的累计频率分布（表 8-11）。

表 8-11　神农架游客支付意愿的人数分布

支付金额/元	绝对频次/人次	相对频度/%
2.5	9	3.36
7.5	27	10.07
15	48	17.91
25	34	12.69
35	10	3.73
45	25	9.33
55	12	4.48
65	5	1.87
75	9	3.36
85	7	2.61

支付金额/元	绝对频次/人次	相对频度/%
95	37	13.81
110	11	4.10
130	6	2.24
150	4	1.49
170	4	1.49
190	9	3.36
250	11	4.10

由表 8-11 中的数据可以看出，268 个愿意接受支付补偿金用于景区保护与建设的被调查对象中，15 元的支付金额频率最高，150 元和 170 元的支付金额频率最低。

景区非使用价值的非参数估计测算：将支付金额的累计频率分布表中的数据直接代入公式（7-13）中，可以得出样本中平均每人愿意支付 62.57 元/（人·a）用于保护神农架国家公园体制试点区的自然资源和生态环境。

结合神农架国家公园体制试点区的游客普查数据，景区 2018 年共接待游客 498 万人，愿意支付补偿金用于保护神农架国家公园体制试点区的自然资源和生态环境的被调查者比例为 51.94%。将其带入公式（7-14），可以估算出 2018 年神农架国家公园体制试点区的景点非使用价值为 16 184.43 万元。

神农架国家公园体制试点区景观价值：根据公式（7-5）求出神农架国家公园体制试点区的景观价值 TEV=604 183.74 万元。

4）反哺基金计算。根据上述研究求出的企业投入价值和景观资源价值比 140 696：604 183.74≈1：4.29。据统计，神农架国家公园体制试点区景区 2018 年共实现旅游门票总收入 2.95 亿元，累计共缴纳各项税费 1.43 亿元。所得利润为 1.52 亿元。因此按照神旅集团和神农架国家公园管理局的投入比例计算得到 2018 年神旅集团获得 2873.35 万元，神农架国家公园管理局获得 12 326.65 万元。因此，2018 年的反哺资金数额为 12 326.65 万元。

参 考 文 献

安超. 2015. 美国国家公园的特许经营制度及其对中国风景名胜区转让经营的借鉴意义. 中国园林, 31(2): 28-31.

白晓航, 张金屯, 曹科, 等. 2017. 河北小五台山国家级自然保护区森林群落与环境的关系. 生态学报, 37(11): 3683-3696.

包庆德, 张秀芬. 2013. 《生态学基础》: 对生态学从传统向现代的推进 纪念 E.P.奥德姆诞辰100 周年. 生态学报, 33(24): 7623-7629.

北京市统计局, 国家统计局北京调查总队. 2010. 北京统计年鉴(2010). 北京: 中国统计出版社.

博文静, 王莉雁, 操建华, 等. 2017. 中国森林生态资产价值评估. 生态学报, 37(12): 239-247.

蔡葵, 郑坤, 拱子凌. 2018. 基于资源承载力的珠峰自然保护区社区草场资源利用研究. 中国人口·资源与环境, 28(S1): 194-197.

蔡银莺, 张安录. 2011. 基于农户受偿意愿的农田生态补偿额度测算: 以武汉市的调查为实证. 自然资源学报, 26(2): 177-189.

陈浮, 张捷. 2001. 旅游价值货币化核算研究: 九寨沟案例分析. 南京大学学报(自然科学版), 37(3): 33-40.

陈海鹰. 2016. 自然保护区旅游生态补偿运作机理与实现路径研究. 昆明: 云南大学博士学位论文.

陈佳, 张丽琼, 杨新军, 等. 2017. 乡村旅游开发对农户生计和社区旅游效应的影响: 旅游开发模式视角的案例实证. 地理研究, 36(9): 16.

陈君帜. 2014. 建立中国特色国家公园体制的探讨. 林业资源管理, (4): 46-51.

陈利顶, 张淑荣, 傅伯杰. 2003. 流域尺度土地利用与土壤类型空间分布的相关性研究. 生态学报, 23(12): 2497-2505.

陈琳, 欧阳志云, 王效科, 等. 2006. 条件价值评估法在非市场价值评估中的应用. 生态学报, 26(2): 610-619.

陈朋, 张朝枝. 2021. 国家公园社会捐赠: 国际实践与启示. 北京林业大学学报(社会科学版), 20(2): 14-19.

陈耀华, 黄丹, 颜思琦. 2014. 论国家公园的公益性、国家主导性和科学性. 地理科学, 34(3): 257-264.

陈耀华, 焦梦菲. 2020. 我国自然保护地分类研究综述与思考. 规划师, 36(15): 5-12.

陈应发. 1996. 费用支出法: 一种实用的森林游憩价值评估方法. 生态经济, (3): 27-31.

陈志良, 吴志峰, 夏念和, 等. 2007. 中国生态资产估价研究进展. 生态环境, 16(2): 420-425.

陈仲新, 张新时. 2000. 中国生态系统效益的价值. 科学通报, 45(1): 17-22, 113.

成程, 肖燚, 欧阳志云, 等. 2013. 张家界武陵源风景区自然景观价值评估. 生态学报, 33(3): 771-779.

成金华, 尤喆. 2019. "山水林田湖草是生命共同体"原则的科学内涵与实践路径. 中国人口·资源与环境, 29(2): 1-6.

承德市统计局. 2010. 承德统计年鉴(2010). 北京: 中国统计出版社.

程畅, 赵丽娅, 渠清博, 等. 2015. 神农架森林生态系统服务价值估算. 安徽农业科学, 43(33): 226-229, 278.

邓晓梅, 秦岩, 冉圣宏, 等. 2006. 衡水湖国家级自然保护区的生态旅游价值研究. 北京林业大学学报(社会科学版), 5(1): 48-53.

邓毅, 毛焱. 2018. 中国国家公园财政事权划分和资金机制研究. 北京: 中国环境出版社.

邓毅, 王楠, 苏杨. 2021. 国家公园财政事权和支出责任划分: 历史、现状和问题. 环境保护, 49(12): 43-47.

董天, 郑华, 肖燚, 等. 2017. 旅游资源使用价值评估的 ZTCM 和 TCIA 方法比较: 以北京奥林匹克森林公园为例. 应用生态学报, 28(8): 2605-2610.

杜国明, 陈晓翔, 黎夏. 2006. 基于微粒群优化算法的空间优化决策. 地理学报, 61(12): 1290-1298.

杜继丰, 刘小玲. 2010. 对生态补偿长效机制的思考. 生态经济: 学术版, (1): 303-305.

樊简, 彭杨靖, 邢韶华, 等. 2018. 我国东北三省自然保护区物种保护价值评估. 生态学报, 38(18): 6473-6483.

范凌云, 郑皓. 2003. 世界文化和自然遗产地保护与旅游发展. 规划师, 19(6): 23-25, 52.

方言, 吴静. 2017. 中国国家公园的土地权属与人地关系研究. 旅游科学, 31(3): 14-23.

傅伯杰. 2001. 景观生态学原理及应用. 北京: 科学出版社.

傅伯杰, 吕一河, 高光耀. 2012. 中国主要陆地生态系统服务与生态安全研究的重要进展. 自然杂志, 34(5): 17-28.

傅伯杰, 于丹丹, 吕楠. 2017. 中国生物多样性与生态系统服务评估指标体系. 生态学报, 37(2): 341-348.

甘芳, 周宇晶, 危起伟, 等. 2010. 水生野生动物自然保护区河流生态系统服务功能价值评价: 以长江湖北宜昌中华鲟自然保护区为例. 自然资源学报, 25(4): 574-584.

高红梅. 2007. 基于价值分析的我国自然保护区公共管理研究. 哈尔滨: 东北林业大学博士学位论文.

高红梅, 黄清. 2007. 试论建立自然保护区价值估价方法体系. 商业研究, (6): 95-98.

高辉. 2015. 三江源地区草地生态补偿标准研究. 杨凌: 西北农林科技大学博士学位论文.

高吉喜. 2013. 区域生态学基本理论探索. 中国环境科学, 33(7): 1252-1262.

高吉喜, 范小杉. 2007. 生态资产概念、特点与研究趋向. 环境科学研究, (5): 139-145.

高吉喜, 李慧敏, 田美荣. 2016. 生态资产资本化概念及意义解析. 生态与农村环境学报, 32(1): 45-50.

高吉喜, 徐梦佳, 邹长新. 2019. 中国自然保护地 70 年发展历程与成效. 中国环境管理, 11(4): 25-29.

高翔, 黄娉婷, 王可. 2019. 宁夏沙坡头干旱沙漠自然保护区生态系统稳定性评估. 生态学报, 39(17): 6381-6392.

葛永林, 徐正春. 2014. 奥德姆的生态思想是整体论吗? 生态学报, 34(15): 4151-4159.

关文彬, 王自力, 陈建成, 等. 2002. 贡嘎山地区森林生态系统服务功能价值评估. 北京林业大学学报, (4): 80-84.

关小梅. 2008. 三江源地区横向生态补偿机制的研究. 青海师范大学学报(哲学社会科学版), (6): 14-17.

郭宇航, 包庆德. 2013. 新西兰的国家公园制度及其借鉴价值研究. 鄱阳湖学刊, (4): 25-41.

国家林业和草原局. 2021. 2020 年中国国土绿化状况公报. http://www.forestry.gov.cn/[2021-3-11].

韩念勇. 2000. 中国自然保护区可持续管理政策研究. 自然资源学报, 15(3): 201-207.

韩鹏, 黄河清, 甄霖, 等. 2010. 内蒙古农牧交错带两种生态补偿模式效应对比分析. 资源科学, 32(5): 838-848.

和淑萍, 刘晶. 2008. 西方经济学中的消费者剩余问题研究. 哈尔滨商业大学学报(社会科学版), (2): 111-114.

侯扶江, 徐磊. 2009. 生态系统健康的研究历史与现状. 草业学报, 18(6): 210-225.

侯元兆, 王琦. 1995. 中国森林资源核算研究. 世界林业研究, (3): 51-56.

胡碧玉, 胡昌升, 郭郡郡. 2010. 基于熵权的川北城市生态系统健康综合评价. 水土保持研究, 17(6): 158-162.

胡启林, 刘影, 范辰, 等. 2014. 赣江源自然保护区生态系统服务价值评估. 江西林业科技, 42(3): 42-44, 65.

黄海. 2014. 基于改进粒子群算法的低碳型土地利用结构优化: 以重庆市为例. 土壤通报, 45(2): 303-306.

黄鹰西. 2014. 玉龙雪山旅游社区生态补偿负面影响研究. 昆明: 云南大学硕士学位论文.

蒋姮. 2008. 自然保护地参与式生态补偿机制研究. 北京: 中国政法大学博士学位论文.

蒋洪强, 王金南, 吴文俊. 2014. 我国生态环境资产负债表编制框架研究. 中国环境管理, 6(6): 1-9.

蒋菊生. 2001. 生态资产评估与可持续发展. 华南热带农业大学学报, 7(3): 42-47.

蒋满元. 2008. 国外公共旅游资源的经营模式剖析及其经营经验探讨——以美国、德国、日本国家公园的经营管理模式为例. 无锡商业职业技术学院学报, 8(4): 51-54.

金森龙, 瞿春茂, 施小刚, 等. 2021. 卧龙国家级自然保护区食肉动物多样性及部分物种的食性分析. 野生动物学报, 42(4): 958-964.

金燕. 2016. 森林型国家生态旅游示范区生态价值评估与预测研究. 长沙: 中南林业科技大学博士学位论文.

靳芳, 鲁绍伟, 余新晓, 等. 2005. 中国森林生态系统服务价值评估指标体系初探. 中国水土保持科学, 3(2): 5-9.

李本勇, 孙卫华. 2013. 薄山林场森林植被涵养水源价值评估. 河南林业科技, 33(3): 10-11.

李芬, 张林波, 李岱青, 等. 2014. 三江源区教育生态补偿的实践与路径探索. 中国人口·资源与环境, 24(S3): 135-139.

李高飞, 任海. 2004. 中国不同气候带各类型森林的生物量和净第一性生产力. 热带地理, 24(4): 306-310.

李国珍. 2018. 基于FLUS模型的深圳市土地利用变化与模拟研究. 武汉: 武汉大学硕士学位论文.

李宏, 石金莲. 2017. 基于游憩机会谱(ROS)的中国国家公园经营模式研究. 环境保护, 45(14): 45-50.

李京, 陈云浩, 潘耀忠, 等. 2003. 生态资产定量遥感测量技术体系研究: 生态资产定量遥感评估模型. 遥感信息, (3): 8-11, 61.

李南岍. 2005. 中国自然保护区分类管理体系初步研究. 北京: 北京林业大学硕士学位论文.

李强, 柳小妮, 张德罡, 等. 2021. 祁连山自然保护区不同草地类型地上生物量和土壤微量元素特征分析. 草原与草坪, 41(3): 48-56.

李巍, 李文军. 2003. 用改进的旅行费用法评估九寨沟的游憩价值. 北京大学学报(自然科学版), 39(4): 548-555.

李伟, 崔丽娟, 庞丙亮, 等. 2014. 湿地生态系统服务价值评价去重复性研究的思考. 生态环境学报, 23(10): 1716-1724.

李文华, 刘某承. 2010. 关于中国生态补偿机制建设的几点思考. 资源科学, 32(5): 791-796.

李文华, 张彪, 谢高地. 2009. 中国生态系统服务研究的回顾与展望. 自然资源学报, 24(1): 1-10.

李想, 郭晔, 林进, 等. 2019. 美国国家公园管理机构设置详解及其对我国的启示. 林业经济, 41(1): 117-121.

李晓曼, 康文星. 2008. 广州市城市森林生态系统碳汇功能研究. 中南林业科技大学学报, 28(1): 8-13.

李鑫, 马晓冬, 肖长江. 2015. 基于 CLUE-S 模型的区域土地利用布局优化. 经济地理, 35(1): 162-167.

李真, 潘竟虎, 胡艳兴. 2017. 甘肃省生态资产价值和生态-经济协调度时空变化格局. 自然资源学报, 32(1): 64-75.

林金兰, 刘昕明, 赖廷和, 等. 2020. 广西滨海湿地类自然保护区管理成效评估体系构建及应用. 生态学报, 40(5): 1825-1833.

林明太, 陈国成. 2009. 莆田农村庭院生态循环农业发展模式及效益分析. 沈阳农业大学学报(社会科学版), 11(3): 96-99.

刘昌明, 刘晓燕. 2008. 河流健康理论初探. 地理学报, 63(7): 683-692.

刘殿锋, 刘耀林, 赵翔. 2013. 多目标微观邻域粒子群算法及其在土壤空间优化抽样中的应用. 测绘学报, 42(5): 8.

刘洪涛. 2014. 国外环境保护公众参与和社会监督法规现状、特征及其作用研究. 环境科学与管理, 39(12): 25-28.

刘洪涛, 余杰, 徐汭祥, 等. 2013. 中国生活垃圾处理处置公众参与和社会监督法规现状研究. 环境科学与管理, 38(8): 26-28.

刘凌博. 2011. 自然保护区长效补偿机制研究. 林业经济, (10): 68-71.

刘某承, 王佳然, 刘伟玮, 等. 2018. 国家公园生态保护补偿的政策框架及其关键技术. 生态学报, 39(4): 8.

刘某承, 熊英, 白艳莹, 等. 2017. 生态功能改善目标导向的哈尼梯田生态补偿标准. 生态学报, 37(7): 2447-2454.

刘南, 张添泽, 杨杰, 等. 2021. 国家公园财政事权和支出责任划分问题探讨. 财政科学, 66(6): 38-45, 104.

刘鹏飞, 梁留科, 刘英. 2011. 中美国家风景名胜区门票价格比较研究. 地域研究与开发, 30(5): 108-111, 122.

刘启俊. 2019. 神农架 2018 年政府工作报告. 神农架报数字报[2019-01-17].

刘天军. 2005. 农业产业化制度缺陷与瓶颈分析: 陕西省乾县奶牛产业化运行情况调查与思考. 科技导报, 23(7): 48-50.

刘伟明. 2004. 中国绿色农业的现状及发展对策. 世界农业, (8): 20-22.

刘小平, 黎夏. 2007. Fisher 判别及自动获取元胞自动机的转换规则. 测绘学报, 36(1): 112-118.

刘新田, 卢喆, 林永凯. 1983. 大兴安岭呼中自然保护区的学术价值及其利用的探讨. 自然资源研究, (4): 73-78.

刘焱序, 傅伯杰, 赵文武, 等. 2018. 生态资产核算与生态系统服务评估: 概念交汇与重点方向. 生态学报, 38(23): 8267-8276.

刘焱序, 彭建, 汪安, 等. 2015. 生态系统健康研究进展. 生态学报, 35(18): 5920-5930.

刘洋, 李辉. 2010. 云南白马雪山自然保护区与周边社区冲突的产权问题研究. 环境科学导刊, 29(2): 32-35.

刘永杰, 王世畅, 彭皓, 等. 2014. 神农架自然保护区森林生态系统服务价值评估. 应用生态学报, 25(5): 1431-1438.

刘玉龙, 马俊杰, 金学林, 等. 2005. 生态系统服务功能价值评估方法综述. 中国人口•资源与环境, 15(1): 91-95.

卢小丽. 2011. 基于生态系统服务功能理论的生态足迹模型研究. 中国人口•资源与环境, 21(12): 115-120.

鲁昊, 孙作玉, 王丽霞, 等. 2018. 贵州兴义动物群古生物化石的遗产价值及其保护与利用. 遗产与保护研究, 3(4): 13-18.

罗亚文, 魏民. 2016. 生态文明体制改革总体方案对国家公园体制构建的启示. 风景园林, (12): 90-94.

吕晋. 2009. 国外水源保护区的生态补偿机制研究. 中国环保产业, (1): 64-67.

吕玮. 2013. 从门票价格看我国公共资源旅游景区的公益性问题. 广西社会主义学院学报, 24(3): 86-90.

吕永庆. 2005. 论科斯定理在我国环境治理中的运用. 前沿, (9): 254.

马克明, 孔红梅, 关文彬, 等. 2001. 生态系统健康评价: 方法与方向. 生态学报, 21(12): 2106-2116.

马盟雨, 李雄. 2015. 日本国家公园建设发展与运营体制概况研究. 中国园林, 31(2): 32-35.

马勇, 胡孝平. 2010. 神农架旅游生态补偿实施系统构建. 人文地理, 25(6): 120-124.

马勇, 李丽霞. 2017. 国家公园旅游发展: 国际经验与中国实践. 旅游科学, 31(3): 37-54.

孟祥江. 2011. 中国森林生态系统价值核算框架体系与标准化研究. 北京: 中国林业科学研究院.

闵庆文, 刘伟玮, 谢高地, 等. 2015. 首都生态圈及其自然生态状况. 资源科学, 37(8): 1504-1512.

闵庆文, 甄霖, 杨光梅, 等. 2006. 自然保护区生态补偿机制与政策研究. 环境保护, (10): 55-58.

莫锦华, 姬云瑞, 许涵, 等. 2021. 海南尖峰岭国家级自然保护区森林动态监测样地鸟类和兽类多样性. 生物多样性, 29(6): 819-824.

牟智慧, 杨广斌. 2014. 荔波世界自然遗产地喀斯特森林景观价值评估. 生态经济, 30(9): 135-140.

欧欣歆, 余俊. 2016. 民族地区国家公园的设立与生态补偿机制. 法制与经济, (6): 40-41.

欧阳毅, 桂发亮. 2000. 浅议生态系统健康诊断数学模型的建立. 水土保持研究, 7(3): 194-197.

欧阳志云, 杜傲, 徐卫华. 2020. 中国自然保护地体系分类研究. 生态学报, 40(20): 7207-7215.

欧阳志云, 王如松. 2000. 生态系统服务功能、生态价值与可持续发展. 世界科技研究与发展, 22(5): 50-55.

欧阳志云, 王效科, 苗鸿. 1999. 中国陆地生态系统服务功能及其生态经济价值的初步研究. 生态学报, (5): 19-25, 607-613.

欧阳志云, 王效科, 苗鸿, 等. 2002. 我国自然保护区管理体制所面临的问题与对策探讨. 科技导报, 20(21): 49-52.

欧阳志云, 赵同谦, 赵景柱, 等. 2004. 海南岛生态系统生态调节功能及其生态经济价值研究. 应用生态学报, 15(8): 1395-1402.

欧阳志云, 郑华, 岳平. 2013. 建立我国生态补偿机制的思路与措施. 生态学报, 33(3): 7.

潘媛, 姜明, 丛小丽, 等. 2021. 黑龙江三江国家级自然保护区沼泽中的野生种子植物组成与区系分析. 湿地科学, 19(3): 342-352.

彭建. 2019. 以国家公园为主体的自然保护地体系: 内涵、构成与建设路径. 北京林业大学学报 (社会科学版), 18(1): 38-44.

彭建, 吴健生, 潘雅婧, 等. 2012. 基于 PSR 模型的区域生态持续性评价概念框架. 地理科学进展, 31(7): 933-940.

彭文英, 马思瀛, 张丽亚, 等. 2016. 基于碳平衡的城乡生态补偿长效机制研究——以北京市为例. 生态经济, 32(9): 162-166.

皮晓媛. 2016. 发展中国家农业生态旅游现状及可持续发展对策分析. 世界农业, (1): 39-42, 229.

钱者东, 高军, 张昊楠, 等. 2016. 中国自然保护区自然遗迹就地保护状况调查. 生态与农村环境学报, 32(1): 13-18.

任海, 邬建国, 彭少麟, 等. 2000. 生态系统管理的概念及其要素. 应用生态学报, 3(3): 455-458.

森林生态系统服务功能评估规范（LY/T 1721—2008）. 2008. 北京: 中国标准出版社.

神旅集团. 湖北神农旅游投资集团有限公司企业简介. http://hbsnlytzjtyxgs.21hubei.com/introduce/ [2019-1-27].

神农架国家公园保护条例. 2017. http://www.hubei.gov.cn/zwgk/zxwj/201711/t20171130_1229629. shtml [2017-11-30].

沈员萍, 兰思仁, 戴永务. 2017. 我国国家公园体制与体系建设浅析. 福建论坛(人文社会科学版), (1): 28-33.

石健, 黄颖利. 2019. 国家公园管理研究进展. 世界林业研究, 32(2): 40-44.

舒旻. 2018. 中国国家公园法律体系构想. 林业建设, (5): 148-150.

宋鹏飞, 郝占庆. 2007. 生态资产评估的若干问题探讨. 应用生态学报, 18(10): 217-223.

宋豫秦, 张晓蕾. 2014. 论湿地生态系统服务的多维度价值评估方法. 生态学报, 34(6): 1352-1360.

苏杨. 2016-12-12. 国家公园体制要兼顾保护和全民公益性. 中国环境报. 3 版.

孙燕, 周杨明, 张秋文, 等. 2011. 生态系统健康: 理论/概念与评价方法. 地球科学进展, 26(8): 887-896.

泰安市统计局. 2014. 泰安统计年鉴. 北京: 中国统计出版社.

谭孟雨, 隋璐璐, 张尚明玉, 等. 2019. 内蒙古贺兰山国家级自然保护区荒漠沙蜥春秋季生境选择. 生态学报, 39(18): 6889-6897.

汤峰, 张蓬涛, 张贵军, 等. 2018. 基于生态敏感性和生态系统服务价值的昌黎县生态廊道构建. 应用生态学报, 29(8): 2675-2684.

唐芳林, 孙鸿雁, 王梦君, 等. 2018a. 国家公园管理局内部机构设置方案研究. 林业建设, (2): 1-15.

唐芳林, 王梦君. 2015. 国外经验对我国建立国家公园体制的启示. 环境保护, 43: 45-50.

唐芳林, 王梦君, 李云, 等. 2018b. 中国国家公园研究进展. 北京林业大学学报(社会科学版), 17(3): 17-27.

唐芳林, 王梦君, 孙鸿雁. 2018c. 建立以国家公园为主体的自然保护地体系的探讨. 林业建设, (1): 1-5.

唐俊. 2010. PSO 算法原理及应用. 计算机技术与发展, (2): 213-216.

唐涛, 蔡庆华, 刘建康. 2002. 河流生态系统健康及其评价. 应用生态学报, 13(9): 1191-1194.

田琪, 王业晨, 闫玲, 等. 2011. 影响我国森林公园旅游收入因素的实证分析. 中国林业经济, (6):

32-34, 47.

田世政, 杨桂华. 2012. 社区参与的自然遗产型景区旅游发展模式: 以九寨沟为案例的研究及建议. 经济管理, (2): 118-128.

田耀武, 贺春玲, 刘龙昌, 等. 2016. 退耕草地土壤有机碳密度的空间分布及动态变化. 草业学报, (8): 51-58.

汪昌极, 苏杨. 2015. 知己知彼, 百年不殆 从美国国家公园管理局百年发展史看中国国家公园体制建设. 风景园林, (11): 69-73.

汪辉勇. 2014. 公共价值论. 合肥: 合肥工业大学出版社.

汪有奎, 郭生祥, 汪杰, 等. 2013. 甘肃祁连山国家级自然保护区森林生态系统服务价值评估. 中国沙漠, 33(6): 1905-1911.

王兵, 鲁绍伟, 尤文忠, 等. 2010. 辽宁省森林生态系统服务价值评估. 应用生态学报, 21(7): 1792-1798.

王方. 2012. 祁连山自然保护区生态资产价值评估研究. 兰州: 兰州大学博士学位论文.

王芳. 2008. 公众参与环境保护理论与实践. 成都: 西南交通大学硕士学位论文.

王红岩, 高志海, 李增元, 等. 2012. 县级生态资产价值评估: 以河北丰宁县为例. 生态学报, 32(22): 7156-7168.

王佳鑫, 石金莲, 常青, 等. 2016. 基于国际经验的中国国家公园定位研究及其启示. 世界林业研究, 29(3): 52-58.

王健民. 2002. 中国生态资产概论. 环境导报, (3): 32.

王金南, 秦昌波, 田超, 等. 2015. 生态环境保护行政管理体制改革方案研究. 中国环境管理, 7(5): 9-14.

王璟睿, 陈龙, 张燚, 等. 2019. 国内外生态补偿研究进展及实践. 环境与可持续发展, 44(2): 121-125.

王娟娟, 万大娟, 彭晓春, 等. 2014. 关于生态资产核算方法探讨. 环境与可持续发展, 39(6): 16-20.

王凯慧. 2019. 雅鲁藏布江流域生态资产评估. 北京: 中国地质大学硕士学位论文.

王蕾, 卓杰, 苏杨. 2016. 中国国家公园管理单位体制建设的难点和解决方案. 环境保护, 44(23): 40-44.

王立新, 刘钟龄, 刘华民, 等. 2008. 内蒙古典型草原生态系统健康评价. 生态学报, 28(2): 544-550.

王敏, 谭娟, 沙晨燕, 等. 2012. 生态系统健康评价及指示物种评价法研究进展. 中国人口·资源与环境, 22(S1): 69-72.

王倩雯, 贾卫国. 2021. 三种国家公园管理模式的比较分析. 中国林业经济, (3): 87-90.

王秋凤, 于贵瑞, 何洪林, 等. 2015. 中国自然保护区体系和综合管理体系建设的思考. 资源科学, 37(7): 1357-1366.

王让会, 于谦龙, 张慧芝, 等. 2008. 森林生态系统生态资产核算的模式与方法. 生态环境, 17(5): 1903-1907.

王世军. 2007. 从公共物品的属性谈自然保护区的管理与发展. 河北国土资源, (1): 12.

王文静. 2014. 基于游客感知的宝天曼自然保护区生态科普旅游开发研究. 郑州: 河南大学.

王亚慧, 王文瑞, 王伟伟. 2016. 中小尺度荒漠生态系统服务研究及其价值评价: 以宁夏沙坡头保护区为例. 宁夏大学学报(自然科学版), 37(1): 106-111.

王岩峰, 刘俊华. 2008. 欧盟农产品质量保障政策及其对我国的实践意义. 世界标准信息, (12):

52-57.

王燕, 高吉喜, 王金生, 等. 2013. 生态系统服务价值评估方法述评. 中国人口·资源与环境, (S2): 346-348.

王一超, 郝海广, 张惠远, 等. 2016. 自然保护区农户参与生态补偿的意愿及其影响因素. 生态与农村环境学报, 32(6): 895-900.

王永生. 2010. 取之有道 用得其所: 国外国家公园经费来源与使用. 西部资源, (1): 53-55.

王月, 李晖, 李明顺, 等. 2010. 漓江源区居民生态保护调查与生态补偿机制研究. 安徽农业科学, 38(30): 17043-17045, 17048.

蔚东英. 2017. 国家公园管理体制的国别比较研究: 以美国、加拿大、德国、英国、新西兰、南非、法国、俄罗斯、韩国、日本 10 个国家为例. 南京林业大学学报 (人文社会科学版), 17(3): 89-98.

吴承照, 刘广宁. 2015. 中国建立国家公园的意义. 旅游学刊, 30(6): 14-16.

吴健, 王菲菲, 余丹, 等. 2018. 美国国家公园特许经营制度对我国的启示. 环境保护, 46(24): 69-73.

吴璇, 王立新, 刘华民, 等. 2011. 内蒙古高原典型草原生态系统健康评价和退化分级研究. 干旱区资源与环境, 25(5): 47-51.

武晓明. 2005. 西部地区生态资本价值评估与积累途径研究. 杨凌: 西北农林科技大学硕士学位论文.

肖风劲, 欧阳华. 2002. 生态系统健康及其评价指标和方法. 自然资源学报, 17(2): 203-209.

肖寒, 欧阳志云, 赵景柱, 等. 2000. 森林生态系统服务功能及其生态经济价值评估初探: 以海南岛尖峰岭热带森林为例. 应用生态学报, 11(4): 481-484.

肖轶. 2020. 基于空间优化的南方丘陵山地屏障带生态系统服务提升研究. 北京: 中央民族大学.

谢高地. 2017. 生态资产评价: 存量、质量与价值. 环境保护, 45(11): 5.

谢高地, 鲁春霞, 成升魁. 2001. 全球生态系统服务价值评估研究进展. 资源科学, (6): 9-13.

谢高地, 鲁春霞, 冷允法, 等. 2003. 青藏高原生态资产的价值评估. 自然资源学报, 18(2): 189-196.

谢屹, 李小勇, 温亚利. 2008. 德国国家公园建立和管理工作探析: 以黑森州科勒瓦爱德森国家公园为例. 世界林业研究, 21(1): 72-75.

辛慧. 2008. 泰山森林涵养水源功能与价值评估. 泰安: 山东农业大学硕士学位论文.

幸赞品, 长珍, 冯坤, 等. 2019. 1975—2015 年甘肃省白龙江流域自然保护区生态系统服务价值及其时空差异. 中国沙漠, 39(3): 172-182.

徐成立, 王雄宾, 余新晓, 等. 2010. 北京山地森林生态服务功能评估. 东北林业大学学报, 38(7): 79-82.

徐翀. 2017. 三江源自然保护区生态补偿政策评估. 黑龙江生态工程职业学院学报, 30(2): 1-3.

徐菲菲, 王化起, 何云梦. 2017. 基于产权理论的国家公园治理体系研究. 旅游科学, 31(3): 65-74.

徐瑾, 黄金玲, 李希琳, 等. 2017. 中国国家公园体系构建策略回顾与探讨. 世界林业研究, 30(4): 58-62.

徐明德, 李静, 彭静, 等. 2010. 基于 RS 和 GIS 的生态系统健康评价. 生态环境学报, 19(8): 1809-1814.

许纪泉, 钟全林. 2006. 武夷山自然保护区森林生态系统服务功能价值评估. 林业调查规划, (6): 58-61.

薛达元. 1997. 生物多样性经济价值评估: 长白山自然保护区案例研究. 北京: 中国环境科学出版社.

薛达元. 1999. 自然保护区生物多样性经济价值类型及其评估方法. 农村生态环境, 15(2): 55-60.

闫雪. 2015. 我国自然保护区生态补偿制度研究. 哈尔滨: 东北林业大学硕士学位论文.

严立冬, 李平衡, 邓远建, 等. 2018. 自然资源资本化价值诠释: 基于自然资源经济学文献的思考. 干旱区资源与环境, 32(10): 4-12.

颜利, 王金坑, 黄浩. 2008. 基于 PSR 框架模型的东溪流域生态系统健康评价. 资源科学, (1): 107-113.

杨桂华, 牛红卫, 蒙睿, 等. 2007. 新西兰国家公园绿色管理经验及对云南的启迪. 林业资源管理, (6): 96-104.

杨桂华, 张一群. 2012. 自然遗产地旅游开发造血式生态补偿研究. 旅游学刊, 27(5): 8-9.

杨谨, 陈彬, 刘耕源. 2012. 基于能值的沼气农业生态系统可持续发展水平综合评价: 以恭城县为例. 生态学报, 32(13): 4007-4012, 4015-4016.

杨丽. 2017. 不同土地利用情景下赣南森林生态系统服务价值的时空动态评估. 南昌: 南昌大学.

杨攀科, 刘军. 2017. 国家公园旅游生态补偿机制的构建——以神农架国家公园为例. 旅游纵览 (下半月), (4): 166-167.

姚红义. 2011. 基于生态补偿理论的三江源生态补偿方式探索. 生产力研究, (8): 17-18, 41.

姚霖, 余振国. 2015. 自然资源资产负债表基本理论问题管窥. 管理现代化, 35(2): 121-123.

姚小云. 2016. 世界自然遗产景区生态补偿绩效评价研究: 基于武陵源风景名胜区社区居民感知调查. 林业经济问题, 36(2): 121-126.

殷旭旺, 张远, 渠晓东, 等. 2011. 浑河水系着生藻类的群落结构与生物完整性. 应用生态学报, 22(10): 2732-2740.

余新晓, 鲁绍伟, 靳芳, 等. 2005. 中国森林生态系统服务功能价值评估. 生态学报, 25(8): 268-274.

虞慧怡, 沈兴兴. 2016. 我国自然保护区与美国国家公园管理机制的比较研究. 农业部管理干部学院学报, (4): 84-90.

喻露露, 张晓祥, 李杨帆, 等. 2016. 海口市海岸带生态系统服务及其时空变异. 生态学报, 36(8): 2431-2441.

袁毛宁, 刘焱序, 王曼, 等. 2019. 基于"活力-组织力-恢复力-贡献力"框架的广州市生态系统健康评估. 生态学杂志, 38(4): 1249-1257.

袁兴中, 刘红, 陆健健. 2001. 生态系统健康评价: 概念构架与指标选择. 应用生态学报, 12(4): 627-629.

岳海文. 2012. 青海三江源水生态补偿机制研究. 科技风, (16): 249.

查爱苹, 邱洁威. 2015. 基于旅行费用的杭州西湖风景名胜区游憩价值评估研究. 旅游科学, 150(5): 43-54.

查爱苹, 邱洁威, 黄瑾. 2013. 条件价值法若干问题研究. 旅游学刊, 28(4): 25-34.

张彪, 徐洁, 王硕, 等. 2015. 首都生态圈土地覆被及其生态服务功能特征. 资源科学, 37(8): 1513-1519.

张高丽. 2013. 大力推进生态文明 努力建设美丽中国. 水政水资源, 24: 3-11.

张广海, 曲正. 2019. 我国国家公园研究与实践进展. 世界林业研究, 32(4): 57-61.

张慧芳. 2012. 基于元胞自动机的上海土地利用/覆盖变化动态模拟与分析. 上海: 华东师范大学.

张佳玉, 高涵, 何俊蓉, 等. 2017. 房山十渡景区农家乐绿色发展水平测评及提升对策. 农村经济与科技, 28(22): 51-56.

张建萍, 吴亚东, 于玲玲. 2010. 基于环境教育功能的生态旅游区环境解说系统构建研究. 经济地理, 30(8): 1389-1394.

张婧雅, 李卅, 张玉钧. 2016. 美国国家公园环境解说的规划管理及启示. 建筑与文化, (3): 170-173.

张婧雅, 张玉钧. 2017. 论国家公园建设的公众参与. 生物多样性, 25(1): 80-87.

张昆仑. 2006. "产业"的定义与产业化: 从马克思的"产业"思想论起. 学术界, (1): 105-108.

张卿. 2010. 为什么要施行政府特许经营?从法经济学角度分析. 中国政法大学学报, (6): 32-40, 158.

张一群. 2015. 云南保护地旅游生态补偿研究. 昆明: 云南大学博士学位论文.

张一群, 孙俊明, 唐跃军, 等. 2012. 普达措国家公园社区生态补偿调查研究. 林业经济问题, 32(4): 301-307, 332.

张翼然, 周德民, 刘苗. 2015. 中国内陆湿地生态系统服务价值评估: 以 71 个湿地案例点为数据源. 生态学报, 35(13): 4279-4286.

张颖. 2001. 中国森林生物多样性价值核算研究. 林业经济, (3): 39-44.

张永勋, 刘某承, 闵庆文, 等. 2015. 农业文化遗产地有机生产转换期农产品价格补偿测算: 以云南省红河县哈尼梯田稻作系统为例. 自然资源学报, 30(3): 374-383.

张志强, 徐中民, 程国栋. 2001. 生态系统服务与自然资本价值评估. 生态学报, 21(11): 1918-1926.

赵晟. 2006. 生态系统服务价值研究: 理论、方法及应用. 兰州: 兰州大学出版社.

赵剑波, 杨雪丰, 杨雪梅, 等. 2017. 基于旅行费用法的拉萨市主要旅游点游憩价值评估. 干旱区资源与环境, 31(8): 203-208.

赵苗苗, 赵海凤, 李仁强, 等. 2017. 青海省 1998—2012 年草地生态系统服务功能价值评估. 自然资源学报, 32(3): 68-83.

赵淼峰, 黄德林. 2019. 国家公园生态补偿主体的建构研究. 安全与环境工程, 26(1): 26-34, 41.

赵敏燕, 董锁成, 崔庆江, 等. 2019. 基于自然教育功能的国家公园环境解说系统建设研究. 环境与可持续发展, 44(3): 97-100.

赵同谦, 欧阳志云, 郑华, 等. 2004. 中国森林生态系统服务功能及其价值评价. 自然资源学报, 19(4): 480-491.

赵欣, 张杰. 2021. 自然保护区价值评估动态与趋势. 世界林业研究, 34(2): 21-25.

赵阳, 田强. 2013. 问题与对策: 自然保护区庭院生态农业发展探讨: 基于对神农架国家级自然保护区农户的调查. 安徽农业科学, 41(9): 4162-4164, 4167.

赵元藩, 温庆忠, 艾建林. 2010. 云南森林生态系统服务功能价值评估. 林业科学研究, 23(2): 184-190.

赵志刚, 余德, 韩成云, 等. 2017. 鄱阳湖生态经济区生态系统服务价值预测与驱动力. 生态学报, 37(24): 8411-8421.

赵智聪, 钟乐, 杨锐. 2020. 试论生态文明新时代自然保护区之基础性地位. 中国园林, 36(8): 6-13.

甄霖, 闵庆文, 李文华, 等. 2006. 海南省自然保护区生态补偿机制初探. 资源科学, 28(6): 10-19.

郑华, 李屹峰, 欧阳志云, 等. 2013. 生态系统服务功能管理研究进展. 生态学报, 33(3): 39-47.

中国生态补偿机制与政策研究课题组. 2008. 中国生态补偿机制与政策研究. 北京: 科学出版社.

《中国生物多样性国情研究报告》编写组. 1998. 中国生物多样性国情研究报告. 北京: 中国环境科学出版社: 201.

中华人民共和国生态环境部. 2021. 2020 年中国生态环境状况公报. https://www.mee.gov.cn/hjzl/sthjzk/ zghjzkgb/[2021-5-26].

钟林生, 肖练练. 2017. 中国国家公园体制试点建设路径选择与研究议题. 资源科学, 39(1): 1-10.

周彬, 赵宽, 钟林生, 等. 2015. 舟山群岛生态系统健康与旅游经济协调发展评价. 生态学报, 35(10): 3437-3446.

周成敏. 2016. 从自然资源核算到自然资源资产负债表编制的研究. 会计师, (20): 2.

周聪轩. 2016. 平江县生态资产评估方法构建与应用. 长沙: 湖南农业大学硕士学位论文.

周冬梅. 2015. 基于 GIS 和 RS 技术的生态资产价值评估研究. 南宁: 广西师范学院.

周永振. 2009. 美国国家公园公益性建设的启示. 林业经济问题, 29(3): 260-264.

周志强, 徐丽娇, 张玉红, 等. 2011. 黑龙江五大连池的生态价值分析. 生物多样性, 19(1): 63-70.

朱春全. 2018. IUCN 自然保护地管理分类与管理目标. 林业建设, 8(5): 19-26.

朱文泉, 陈云浩, 徐丹, 等. 2005. 陆地植被净初级生产力计算模型研究进展. 生态学杂志, (3): 296-300.

朱彦鹏, 李博炎, 蔚东英, 等. 2017. 关于我国建立国家公园体制的思考与建议. 环境与可持续发展, 42(2): 9-12.

朱颖, 吕洁华. 2015. 国内森林生态系统服务价值评估方法与指标研究综述. 林业经济, 37(8): 78-88.

庄优波. 2018. IUCN 保护地管理分类研究与借鉴. 中国园林, 34(7): 17-22.

宗文君, 蒋德明, 阿拉木萨. 2006. 生态系统服务价值评估的研究进展. 生态学杂志, 25(2): 212-217.

左伟, 周慧珍, 王桥. 2003. 区域生态安全评价指标体系选取的概念框架研究. 土壤, 35(1): 2-7.

Agarwal C, Green G M, Grove J M, et al. 2001. A review and assessment of land-use change models. Dynamics of space, time, and human choice. Bloomington and South Burlington: Center for the Study of Institutions, Population, and Environmental Change, Indiana University and USDA Forest Service. CIPEC Collaborative Report Series 1.

Alchian A A, Demsetz H. 1973. The property right paradigm. Journal of Economic History, 33(1): 16-27.

Azqueta D, Sotelsek D. 2007. Valuing nature: from environmental impacts to natural capital. Ecological Economics, 63(1): 22-30.

Bestard B A. 2014. Substitution patterns across alternatives as a source of preference heterogeneity in recreation demand models. Journal of Environmental Management, 144: 212-217.

Björklund J, Limburg K E, Rydberg T. 1999. Impact of production intensity on the ability of the agricultural landscape to generate ecosystem services: an example from Sweden. Ecological Economics, 29(2): 269-291.

Blaine T W, Lichtkoppler F R, Bader T J, et al. 2015. An examination of sources of sensitivity of consumer surplus estimates in travel cost models. Journal of Environmental Management, 151(mar.15): 427-436.

Bolund P, Hunhammar S. 1999. Ecosystem services in urban areas. Ecological Economics, 29(2): 293-301.

Boxall P C, Adamowicz W L, Swait J, et al. 1996. A comparison of stated preference methods for environmental valuation. Ecological Economics, 18(3): 243-253.

Braat L C, De Groot R. 2012. The ecosystem services agenda: bridging the worlds of natural science and economics, conservation and development, and public and private policy. Ecosystem Services, 1(1): 4-15.

Callicott J B, Crowder L B, Mumford K. 2010. Current normative concepts in conservation. Conservation Biology, 13(1): 22-35.

Calow P. 1993. Ecosystems not optimized. Journal of Aquatic Ecosystem Health, 2(1): 55.

Caulkins P P, Bishop R C, Bouwes N W. 1986. The travel cost model for lake recreation: a comparison of two methods for incorporating site quality and substitution effects. American Journal of Agricultural Economics, 68(2): 291-297.

Chee Y E. 2004. An ecological perspective on the valuation of ecosystem services. Biological Conservation, 120(4): 549-565.

Chen W Q, Hong H S, Liu Y, et al. 2004. Recreation demand and economic value: an application of travel cost method for Xiamen Island. China Economic Review, 15(4): 398-406.

Coase R H. 1973. Business Organization and the Accountant. London: Weidenfeld and Nicolson.

Cord A F, Bartkowski B, Beckmann M, et al. 2017. Towards systematic analyses of ecosystem service trade-offs and synergies: Main concepts, methods and the road ahead. Ecosystem Services, 28: 264-272.

Coria J, Calfucura E. 2012. Ecotourism and the development of indigenous communities: the good, the bad, and the ugly. Ecological Economics, 73: 47-55.

Costanza R. 1992. Toward an operational definition of ecosystem health. In: Costanza R, Norton B G, Haskell B D. Ecosystem Health: New Goals for Environmental Management. Washington, D. C.: Island Press.

Costanza R, D'Arge R, Groot R D, et al. 1997. The value of the world's ecosystem services and natural capital. Nature, 387(15): 253-260.

Costanza R, Groot R D, Braat L, et al. 2017. Twenty years of ecosystem services: How far have we come and how far do we still need to go? Ecosystem services, 28: 1-16.

Costanza R, Mageau M. 1999. What is a healthy ecosystem? Aquatic Ecology, 33(1): 105-115.

Daily E, Ruckelshaus G C, Ma M H, et al. 2015. Enlisting Ecosystem Benefits: Quantification and Valuation of Ecosystem Services to Inform Installation Management. The Leland Stanford Junior University Stanford United States.

Daily G C, Polasky S, Goldstein J, et al. 2009. Ecosystem services in decision making: time to deliver. Ecological Society of America, 7(1): 21-28.

Dilsaver L M. 2016. America's National Park System: The Critical Documents. Washington, D.C.: Rowman & Littlefield.

Dinica V. 2018. The environmental sustainability of protected area tourism: towards a concession-related theory of regulation. Journal of Sustainable Tourism, 26(1): 146-164.

Eagles, Paul F J. 2002. Trends in park tourism: economics, finance and management. Journal of Sustainable Tourism, 10(2): 132-153.

Ernstson H, Sörlin S. 2013. Ecosystem services as technology of globalization: on articulating values in urban nature. Ecological Economics, 86: 274-284.

Fenech A, Foster J, Hamilton K, et al. 2003. Natural capital in ecology and economics: an overview. Environmental Monitoring and Assessment, 86(1): 3-17.

Gómez-Baggethun E, Groot R D, Lomas P L, et al. 2010. The history of ecosystem services in economic theory and practice: from early notions to markets and payment schemes. Ecological Economics, 69(6): 1209-1218.

Guerry A D, Polasky S, Lubchenco J, et al. 2015. Natural capital and ecosystem services informing decisions: from promise to practice. Proceedings of the National Academy of Sciences, 112(24): 7348-7355.

Hanley N, Koop G, Farizo B A, et al. 2001. Go climb a mountain: an application of recreation demand modelling to rock climbing in Scotland. Journal of Agricultural Economics, 52(1): 36-52.

Haskell B D, Norton B G, Costanza R. 1992. What is ecosystem health and why should we worry about it? In: Costanza R, Norton B G, Haskell B D. Ecosystem Health: New Goals for Environmental Management. Washington, D. C.: Island Press.

Haworth L, Brunk C, Jennex D, et al. 1997. A dual-perspective model of agroecosystem health: system functions and system goals. Journal of Agricultural & Environmental Ethics, 10(2): 127-152.

Herath G, Kennedy J. 2004. Estimating the economic value of Mount Buffalo National Park with the travel cost and contingent valuation models. Tourism Economics, 10(1): 63-78.

Holling C S. 1986. Adaptive environmental management. Environment Science and Policy for Sustainable Development, 28(9): 39.

Hou Y, Zhou S, Burkhard B, et al. 2014. Socioeconomic influences on biodiversity, ecosystem services and human well-being: a quantitative application of the DPSIR model in Jiangsu, China. Science of the Total Environment, 490: 1012-1028.

Howarth R B, Farber S. 2002. Accounting for the value of ecosystem services. Ecological Economics, 41(3): 421-429.

Hoyos D, Riera P. 2013. Convergent validity between revealed and stated recreation demand data: some empirical evidence from the Basque Country, Spain. Journal of Forest Economics, 19(3): 234-248.

Hull V, Xu W, Liu W. 2011. Evaluating the efficacy of zoning designations for protected area management. Biological Conservation, 144(12): 3028-3037.

IUCN. 2008. Dudley N: Guidelines for Applying Protected Area Management Categories.

Karr J R. 1993. Defining and assessing ecological integrity: beyond water quality. Environmental Toxicology and Chemistry, 12(9): 1521-1531.

Lautenbach S, Kugel C, Lausch A, et al. 2011. Analysis of historic changes in regional ecosystem service provisioning using land use data. Ecological Indicators, 11(2): 676-687.

Leopold A. 1941. Wilderness as a land laboratory. Living Wilderness, (6): 3.

Liu M C, Yang L, Min Q W. 2018. Establishment of an eco-compensation fund based on eco-services consumption. Journal of Environmental Management, 211: 306-312.

Lockwood M, Tracy K. 1995. Nonmarket economic valuation of an Urban Recreation Park. Journal of Leisure Research, 27(2): 155-167.

Lu Y, Wang R, Zhang Y, et al. 2015. Ecosystem health towards sustainability. Ecosystem Health and Sustainability, 1(1): 1-15.

Mackintosh B, McDonnell J A, Sprinkle Jr, et al. 2018. The National Parks: Shaping the System. In: The George Wright Forum. George Wright Society, 35(2): 1.

Margaret P, Emily B, Elizabeth C, et al. 2004. Ecology for a crowded planet. Science, 304(5675): 1251-1252.

National Park Service. 2020. Budget Justifications and Performance Information Fiscal Year 2019.

https:// www. nps.gov/aboutus/upload/FY2019-NPS-Budget-Justification.pdf[2020-10-1].

Obst C, Hein L, Edens B. 2016. National accounting and the valuation of ecosystem assets and their services. Environmental and Resource Economics , 64(1): 1-23.

Ouyang Z, Hua Z, Yang X, *et al*. 2016. Improvements in ecosystem services from investments in natural capital. Science, 352(6292): 1455-1459.

Page T. 1992. Environmental Existialism. *In*: Costanza R, Norton B G, Haskell B D. Ecosystem Health: New Goals for Environmental Management. Washington, D. C.: Island Press.

Pan Y, Xu Z, Wu J. 2013. Spatial differences of the supply of multiple ecosystem services and the environmental and land use factors affecting them. Ecosystem Services, 5: 4-10.

Pedler R D, West R S, Read J L, *et al*. 2018. Conservation challenges and benefits of multispecies reintroductions to a national park–A case study from New South Wales, Australia. Pacific Conservation Biology, 24(4): 397-408.

Potter C S, Randerson J T, Field C B, *et al*. 1993. Terrestrial ecosystem production: a process model based on global satellite and surface data. Global Biogeochemical Cycles, 7(4): 811-841.

Randall A. 1983. The Problem of Market Failure. Natural Resources Journal, 23(1): 130-148.

Rapport D J. 1989. What constitutes ecosystem health? Perspectives in Biology and Medicine, 33(1): 120-132.

Rapport D J. 1992. Evaluating ecosystem health. Journal of Aquatic Ecosystem Stress and Recovery, 1(1): 15-24.

Rapport D J, Costanza R, McMichael A J. 1998. Assessing ecosystem health. Trends in Ecology & Evolution, 13(10): 397-402.

Reid W V, Mooney H A. 2018. The Millennium Ecosystem Assessment: testing the limits of interdisciplinary and multi-scale science. *In*: Dayal V, Duraiappah A, Nawn N. Ecology, Economy and Society. Singapore: Springer.

Right G. 2008. The Science and management interface in National Parks. *In*: Hanna K S, Clark D A, Slocombe D S. Transforming Parks and Protected Areas: Policy and Governance in a Changing World. New York: Routledge.

Saarikoski H, Mustajoki J, Barton D N, *et al*. 2016. Multi-criteria decision analysis and cost-benefit analysis: comparing alternative frameworks for integrated valuation of ecosystem Services. Ecosystem Services, 22: 238-249.

Sangha K K, Brocque A L, Costanza R. 2015. Ecosystems and indigenous well-being: an integrated framework. Global Ecology and Conservation, 4: 197-206.

Sherrouse B C, Semmens D J. 2010. Social Values for Ecosystem Services (SolVES): using GIS to include social values information in ecosystem services assessments. US Geological Survey.

Skonhoft A. 2004. Resource utilization, property rights and welfare—Wildlife and the local people. Ecological Economics, 26(1): 67-80.

Tourkoliasa C, Skiada T, Diakoulaki D, *et al*. 2015. Application of the travel cost method for the valuation of the Poseidon temple in Sounio, Greece. Journal of Cultural Heritage, 16(4): 567-574.

Ulanowicz R E. 1986. Growth and Development: Ecosystem Phenomenology. New York: Springer-Verlag: 15-78.

Ulanowicz R E, Wolff W F. 1992. Nature is not uniform. Mathematical Biosciences, 112(1): 185.

Waltner-Toews D. 2004. Ecosystem Sustainability and Health: a Practical Approach. Cambridge: Cambridge University Press.

Wike L D, Douglas M F, Paller M H, *et al*. 2010. Impact of forest seral stage on use of ant communities for rapid assessment of terrestrial ecosystem health. Journal of Insect Science, (1): 77.

Willis K G, Benson J F. 1989. Recreational Values of Forests. Forestry, 62(2): 93-110.

Woodwell G M. 1970. Effects of pollution on the structure and physiology of ecosystems. Science, 168(3930): 429-433.

Wu J, Zhao Y, Yu C, *et al*. 2017. Land management influences trade-offs and the total supply of ecosystem services in alpine grassland in Tibet, China. Journal of Environmental Management, 193: 70-78.

Wu Y, Thomas D, Boyd K D, *et al*. 2013. Going beyond the Millennium Ecosystem Assessment: an index system of human well-being. PLoS ONE, 8(5): e64582.

附录一　多类型自然保护地生态系统健康评估技术指南

引　　言

自 18 世纪工业革命以来，科学技术与生产力得到了迅猛发展，人类社会创造了前所未有的社会物质财富，但同时也带来了一系列的人与自然环境之间的矛盾问题。随着经济的快速发展和人口的快速增长，地球上很多生态系统面临着结构和功能退化的现状，全球气候变化、臭氧层破坏、自然资源短缺、土地荒漠化、水土流失、生物多样性减少、生态环境退化等一系列生态环境问题频频出现。这些问题严重危及到了人类的生存和可持续发展，如果不采取必要的保护与修复措施，这些问题将持续存在甚至加剧，因此，人类开始重视这些问题，并开始关注地球的生态系统健康。生态系统健康直接关系到人类社会经济的可持续发展，是国家发展和社会稳定的重要前提。在这种背景下，研究人员广泛关注生态系统健康，并积极展开一些相关的理论基础研究和科学实践。

为了保护一些具有特殊生态系统的区域，国内外尝试建立了各种类型的自然保护地，建立自然保护地是人类保护自然资源和生态环境最为有效的手段之一。自然保护地是生物多样性保护的核心区域，是推进生态文明建设的重要载体。

党的十九大报告指出："构建国土空间开发保护制度，完善主体功能区配套政策，建立以国家公园为主题的自然保护地体系。"各类型的自然保护地在保护优化环境、预防治理灾害的作用及价值远高于其他生态系统，自然保护地的健康发展在保护我国自然资源和生态环境、维护国家生态安全等方面发挥着极为重要的作用。自然保护地是重要的生态屏障，在维护国土空间安全方面起着重要的作用。建立自然保护地的发端是人类对破坏自然行为的反思与行动，通过建立自然保护地，实现资源的有效保护和可持续利用，综合发挥自然保护地的保护、科研、教育等功能，为人类社会的可持续发展提供保障。自然保护地一般都拥有完好的生态系统，自然保护地内部组分的健康与否直接关系到自然保护地能否可持续发展。因此，建立适合我国自然保护地的生态系统健康评估体系，对自然保护地的生态系统健康进行综合评价，以期提高公众的环保意识，促进自然保护地的建设与发展。

1. 适用范围

保护地是各级政府依法划定或确认,对重要的自然生态系统、自然遗迹、自然景观及其所承载的自然资源、生态功能和文化价值实施长期保护的陆域或海域,即受国家法律特殊保护的各种自然区域的总称。多类型自然保护地包括自然保护区、风景名胜区、森林公园、地质公园、湿地公园、国家公园等区域。目前,我国各类保护地已达 1.18 万处,国家级自然保护地 3766 处,陆域自然保护地总面积占我国陆地面积的 18% 以上,超过世界平均水平。

本指南分别制定适用于中华人民共和国管辖的各类型自然保护地的生态系统健康评估。

2. 编制依据

《中共中央 国务院关于加快推进生态文明建设的意见》

《生态文明体制改革总体方案》

《中华人民共和国环境保护法》

《中华人民共和国水土保持法》

《中华人民共和国森林法》

《关于划定并严守生态保护红线的若干意见》

《中华人民共和国自然保护区条例(2017 年修订)》

《全国土地利用总体规划纲要(2006—2020 年)调整方案》

《中国自然保护纲要》

《自然保护区功能区划技术规程》

《自然保护区总体规划技术规程》

《中共中央 国务院关于全面加强生态环境保护 坚决打好污染防治攻坚战的意见》

《风景名胜区条例》

《风景名胜区规划规范》

《国家级风景名胜区管理评估和监督检查办法》

《国家级森林公园总体规划规范》

《中华人民共和国森林公园总体设计规范》

《国家地质公园规划编制技术要求》

《地质遗迹保护管理规定》

《湿地保护管理规定》

《关于特别是作为水禽栖息地的国际重要湿地公约》

《建立国家公园体制总体方案》

《关于建立以国家公园为主体的自然保护地体系的指导意见》

《生态环境状况评价技术规范》

3. 术语和定义

国家公园：国家公园是指由国家批准设立并主导管理，边界清晰，以保护具有国家代表性的大面积自然生态系统为主要目的，实现自然资源科学保护和合理利用的特定陆地或海洋区域。

自然保护区：自然保护区是指对有代表性的自然生态系统、天然集中分布的珍稀濒危野生动植物物种、有特殊意义的自然遗迹等保护对象所在的陆地、陆地水域或海域，依法划出一定面积予以特殊保护和管理的区域。

风景名胜区：风景名胜区是指具有观赏、文化或者科学价值，自然景观、人文景观比较集中，环境优美，可供人们游览或者进行科学、文化活动的区域。风景名胜包括具有观赏、文化或科学价值的山河、湖海、地貌、森林、动植物、化石、特殊地质、天文气象等自然景物和文物古迹，以及革命纪念地、历史遗址、园林、建筑、工程设施等人文景物和它们所处的环境以及风土人情等。

森林公园：森林公园是指森林景观优美，自然景观、人文景观集中，且具有一定的规模，可供人们游览、休憩或者进行科学、文化、教育等活动的场所。

地质公园：地质公园是以具有特殊地质科学意义、稀有的自然属性、较高的美学观赏价值、一定规模和分布范围的地质遗迹景观为主体，并融合其他自然景观与人文景观而构成的一种独特的自然区域。

湿地生态系统：湿地生态系统是湿地植物、栖息于湿地的动物、微生物及其环境组成的统一整体。湿地具有多种功能：保护生物多样性，调节径流，改善水质，调节小气候，以及提供食物及工业原料，提供旅游资源。

生态系统健康：自然保护地的生态系统健康主要体现在自然保护地具有一定的活力，自身可以维持生态系统的组织力，可以为生物提供栖息地和庇护所，维持自身的景观结构，并拥有一定的自我维持生态系统健康稳定的能力，即生态系统在时间上具有维持其组织结构、自我调节和对胁迫的恢复能力。

自然资源：自然资源就是自然界赋予或前人留下的，可直接或间接用于满足人类需要的所有有形之物与无形之物。资源可分为自然资源与经济资源，能满足人类需要的整个自然界都是自然资源，它包括空气、水、土地、森林、草原、野生生物、各种矿物和能源等。

生态系统服务：生态系统服务是指人类从生态系统获得的所有惠益，包括供给服务（如提供食物和水）、调节服务（如控制洪水和疾病）、文化服务（如精神、娱乐和文化收益）以及支持服务（如维持地球生命生存环境的养分循环）。

水源涵养：水源涵养是指植被、土壤及草根层对降水的渗透和蓄积作用；对地表蒸发的分散、阻滞、过滤作用；保护积雪、延缓积雪消融、调节雪水地表径流的作用。

水土保持：水土保持是指防治水土流失，保护、改良与合理利用山区、丘陵区和风沙区水土资源，维护和提高土地生产力，以利于充分发挥水土资源的经济效益和社会效益，建立良好生态环境的综合性科学技术。

固碳释氧：固碳释氧是指植物通过光合作用将二氧化碳转换为氧气，同时将二氧化碳中的碳固定到植物体内的过程。

生物多样性：生物多样性是生物及其环境形成的生态复合体以及与此相关的各种生态过程的综合，包括动物、植物、微生物和它们所拥有的基因以及它们与其生存环境形成的复杂的生态系统。

生态文明：从人与自然和谐的角度，生态文明是人类为保护和建设美好生态环境而取得的物质成果、精神成果和制度成果的总和，是贯穿于经济建设、政治建设、文化建设、社会建设全过程和各方面的系统工程，反映了一个社会的文明进步状态。

活力：即生态系统活力，是指生态系统的生产活力，可以选择生物量和净初级生产力等指标来进行表示。

组织力：即生态系统组织力，是指生态系统各组分之间的结构关系，可选择生态系统的近自然度、物种及景观多样性和景观破碎度等指标来进行表示。

恢复力：即生态系统恢复力，是指生态系统恢复其结构和活力的能力，可选取人为干扰程度和大气、水质、沉积物污染指数作为恢复力的评价指标。

4. 评估原则

生态系统健康评估的工作原则如下。

整体性原则：整体性是生态学的重要特征之一，生态系统的整体性主要体现在生态系统的各个因素普遍联系和相互作用，使生态系统成为一个和谐的有机整体，生态系统层次结构的等级性、生态系统的组织性和有序性，表现为结构和功能的整体性，生态系统发展的动态性表现为时空的有序性和时空结构的完整性。评估指标体系的建立不仅要考虑自然保护地各个子系统特有的要素，还应该包括那些可以反映自然保护地整体性的要素。

代表性原则：在指标体系的构建中，不可能将影响自然保护地生态系统健康的所有指标因子都列入其中，因此在选择指标时，只能选择那些具有代表性、最能体现自然保护地生态系统健康本质特征的因素。为了使自然保护地生态系统健康评估的结果更具有科学性和合理性，在选择指标时，就必须选择那些能够代表自然保护地生态系统特征属性的指标，所选的指标应意义明确科学，指标测定方法规范易行，指标体系层次分明，从而保证自然保护地生态系统健康评估结果的真实性和客观性。

动态性原则：自然保护地的生态系统健康评估是一个长期的动态过程，因此在指标的选取过程中，应充分考虑到自然保护地生态系统动态变化的特点，选择一些可比性较强的指标，以便于更好地对自然保护地生态系统健康状况的历史、现状和未来变化做出准确的描述和判断。

可操作性原则：自然保护地的生态系统健康评估对自然保护地的可持续发展具有重要意义，因此为了能高效地完成评估工作，所选取的指标应相对容易获取。此外，由于需要对指标进行量化，指标的量化也是评价过程的一个重要环节，因此所选取的指标应该是一些比较容易量化的指标。

5. 制定工作方案和技术方案

依照本指南的要求，基于普通生态学、景观生态学、生态系统生态学等学科的相关知识制定相关工作方案。根据自然保护地的特点，确立适用于自然保护地的生态系统健康评估指标，建立评估的技术流程与相应的评估体系。根据制定的工作方案和技术指南，明确职责分工，合理运用相应的评估体系，揭示不同类型自然保护地的生态系统健康状况。

6. 开展评估工作

自然保护地管理部门依据工作方案组织工作，参照指南，根据实际情况与生态系统的自然状态，选取适宜的评估指标，确定评估的重点，与各相关主管部门对接联系。了解专项评估的编制要求及注意事项，建立合理的评估体系，确定评估工作事宜。形成专门工作小组开展生态系统健康评估工作，形成工作方案和技术方案，进行定量分析。对各区域进行调查摸底，深入了解所研究的自然保护地的生态系统特征，结合实际，按照自然保护地规划及相关政府管制要求，选择可推进实施的评估事项先行开展评估工作，依据评估大纲，开展各项工作，评估各生态系统健康，编制自然保护地生态系统健康评估报告。

7. 评估技术流程

开展自然保护地生态系统健康诊断，首先要根据自然保护地生态系统健康诊断的地理范围，确立自然保护地的类型，然后确定自然保护地生态系统健康诊断指标，再确定诊断指标权重，最后建立起相应的模型进行生态系统健康诊断。

一、自然保护地生态系统健康指标

为了全面细致地评估自然保护地自身的生态系统健康状态，在生态系统健康评估中选择活力-组织力-恢复力-生态系统服务（vigour-organization-resilience-service，VORS）模型进行评估，该模型可以涵盖并综合评价一个生态系统的健康状况。因此，借助该模型评估生态系统的活力状况、结构组织特点以及恢复力水平可以较为全面地反映生态系统的健康状况。根据 VORS 模型以及所确立的自然保护地的类型以及特点，选取生物量和净初级生产力作为生态系统活力指标，选取近自然度、物种及景观多样性和景观破碎度作为组织力指标，选取人为干扰程度和大气、水质、沉积物污染指数作为恢复力指标，选取食物及原材料生产、水源涵养、水土保持、气候调节和净化空气及水质作为生态系统服务指标。自然保护地生态系统健康诊断指标的具体情况如附表 1-1 所示。在具体到某一自然保护地类型的生态系统健康评估时，应该根据自然保护地的实际情况选择适宜的指标进行评估。

附表 1-1　自然保护地生态系统健康诊断的必要指标

目标层	要素层	指标层
生态系统健康	活力	生物量
		净初级生产力
	组织力	近自然度
		物种、景观多样性
		景观破碎度
	恢复力	人为干扰程度
		大气、水质、沉积物污染指数
	生态系统服务	食物、原材料生产
		水源涵养
		水土保持
		气候调节
		净化空气、水质

对保护地生态系统健康进行评价时，由于研究对象和评价尺度的不同，涉及多种不同类型、不同数量级、不同量纲的指标，不利于统一分析和评价。为消除量纲等差异带来的影响，需要对所有评价指标进行标准化处理，使其统一转化为无量纲的数值，从而完成数据间的计算。因此，采用极差法对数据进行标准化处理，把评价指标的数值标准化到 0~1 之间，得到单项指标的评价值 S。

二、自然保护地生态系统指标权重

常见的生态系统健康诊断指标权重的计算方法有主观分析法如层次分析法（analytic hierarchy process，AHP）和客观分析法如熵值法，此外还有综合主观和客观权重的综合权重法。为确保权重的准确性与评价的合理性，生态系统健康诊断分别利用层次分析法和客观分析法（熵值法），然后通过综合权重法计算出研究区生态系统指标的最终权重。下文将对指标权重确立的方法进行介绍。

（1）层次分析法

常见的层次分析法是一种基于主观分析的决策方法，它将评价决策的问题看作一个系统，然后把目标分解为多个准则，通过定性比较指标之前的特征，求出最优权重。计算过程如下。

1）建立层次结构模型。应该根据诊断指标体系，将生态系统健康诊断所涉及的各种指标分组分层排列，构成一个多层结构的分析模型，分为目标层、准则层和指标层。通常情况下，建立的层次模型每一层次的指标数不大于 9 个，以免元素过多产生冗余。

2）构造判断矩阵。从准则层开始，根据每层中的因素相较之前相对重要性的不同，用具体的数值来定性判断其比较标度，通过利用两两比较矩阵和比较标度来确定每层各因素的相对重要值，即所占比重。然后将数值通过矩阵形式表示出来，形成判断矩阵。

3）层次单排序和一致性检验。层次单排序是根据判断矩阵最大特征值的特征向量经过归一化处理得出同一层次的不同因素对于上一层对应因素的重要值数值排序的过程。此矩阵只有一个特征值为非零，其余均为零，此唯一非零特征值即最大特征值 λ_{max}，其所对应的特征向量为 W，标准化后可得各因素权重，然后对判断矩阵进行一致性检验。

4）层次总排序和一致性检验。层次总排序需利用层次单排序的结果来组合，得到层次中元素对应各目标的组合权重和相互影响程度，然后进行重要值排序。根据最下层和最上层的组合权向量关系对其进行检验，判断是否一致，一致性检验的过程与层次单排序中的一致性检验类似。若检验合格，则可以依据权向量计算结果进行决策。

（2）熵值法

熵是对不确定的度量，熵值法是一种基于客观分析计算权重的方法（胡碧玉等，2010）。

（3）综合权重法

综合权重法是将基于客观分析与主观分析计算权重的两种方法有效结合在一起，加权平均计算出权重结果的一种综合方法。该方法既可以客观反映目标的实际情况，又可以避免主观人为随意性，做到优势互补。

为确保权重的准确性与评价的合理性，生态系统健康诊断分别利用客观分析法（熵值法）与主观分析法（AHP）计算的结果，通过综合权重法计算出研究区生态系统指标的最终权重。

三、保护地生态系统健康的诊断

根据上述计算所得到的各指标的权重和单项指标评价值，通过加权求和综合评价自然保护地的生态系统健康，其表达式为

$$E = \sum_{i=1}^{n} S_i \times y_i$$

式中，E 为研究区自然保护地的生态系统健康指数；S_i 为第 i 项指标的评价值；y_i 为第 i 项指标的综合权重值；n 为评价指标总数。

生态系统健康诊断的评定等级标准采用连续的实数区间[0, 1]，其值越接近 1，表示自然保护地生态系统健康状态越好，反之自然保护地生态系统健康状态越差，将自然保护地的生态系统健康状况划分为不健康、亚健康、健康、良好健康、优质健康 5 个等级（附表 1-2）。根据计算所得自然保护地生态系统健康综合指数数值，对照自然保护地生态系统健康等级表确定诊断单元的健康等级。

附表 1-2　自然保护地生态系统健康等级表

健康等级	健康综合指数	健康状态描述
优质健康	(0.80, 1]	自然保护地生态系统结构完整，功能稳定，生态恢复能力强，各项指标良好，受到外部干扰极小
良好健康	(0.60, 0.80]	自然保护地生态系统结构较为完善，功能较稳定，生态恢复能力较强，略受到外部干扰
健康	(0.40, 0.60]	自然保护地生态系统结构发生一定程度的改变，功能基本可以发挥，系统基本维持动态平衡，受到一定程度的外部干扰
亚健康	(0.20, 0.40]	自然保护地生态系统结构发生较大程度的改变，功能开始恶化，系统动态平衡受到威胁，部分干扰超出系统的承受能力
不健康	[0, 0.20]	自然保护地生态系统结构破坏，功能严重退化或丧失，系统动态平衡被破坏，各类外部干扰超出系统自身的承载能力

附录二 基于空间优化的自然保护地生态系统服务提升技术

引　言

　　生态系统自身的结构和性质及社会经济系统的各项活动会深刻、持续地影响生态系统服务的形成、流动、传输、消费等过程。生态系统服务与人类活动紧密联系，如国家政策、管理策略、民众消费、社会经济建设等。人类活动从多角度、多方向对生态系统服务产生作用。人类不仅享用着来源于生态系统的各项利益，也通过干预生态过程来改变他们所得利益的大小和质量，是生态系统提供服务的主要对象。由于人类活动的频率密度不尽相同，方式多种多样，生态系统本身具有动态性，生态系统服务和人类活动之间的关系非常复杂，二者相互作用，时刻处于动态变化中，这些因素都给生态系统服务的评估和提升研究带来一定的难度。一种人类活动能够影响到多种生态系统服务。同样，一种生态系统服务也可能会被多种人类活动方式所影响。人类在生态系统服务形成和传输的最后阶段对生态系统服务产生影响，通过消费和使用来赋予生态系统服务一定的社会或经济意义。

　　生态系统服务功能的下降与生态系统退化将严重影响人类对资源的获取和使用。如果不能实现资源的合理规划和利用，提高生态系统服务供给的可持续性，人类未来的发展将会受到资源短缺的严重制约。在这样的背景下，如何通过优化资源的空间配置来实现生态系统服务功能的提高，让土地更好地服务人类，从而实现自然生态系统和社会经济系统的全面发展，成为当下人类社会面临的一个关键挑战。在这样的背景下，人们开始寻求生态系统保护和生态系统服务提升的方法及途径。

　　目前，针对区域生态系统服务提升主要从以下几个方向展开尝试：①从土地资源的管理和利用角度出发，采取一系列行政、经济、法律和技术的综合性社会保障措施。通过制定一系列分级的管理政策、建立健全法律法规和各种规章制度处罚和约束不合理及不科学的土地管理、超量利用和开发行为，缓解人地矛盾，调整土地关系，监督和组织土地资源的开发利用，保护和合理利用土地资源。这是一种从社会经济系统角度出发提升生态系统服务的尝试，是直接对生态系统服务的使用者进行约束，有利于提高公众合理利用土地和保护生态系统的法律、道德意识。对于维护土地的社会主义公有制，加强土地资源保护，促进土地资源科学开发，巩固和保护基本耕地，从而有效地利用有限的土地资源，实现社会经济的可持续发展具有重要的现实意义。②将自然保护地生态系统作为中心，结合生态学基本原理和相关知识，开展生态系统服务提升研究，从而促进生态系统向可持续发展的方向改变。目前，大部分研究是从景观生态学角度出发，通过维持景观安全格局来进行区域生态系统服务的维持和提升。景观安全格局是生态安全格局的重要组成部分，是指能保护和恢复生物多样性、维持生态系统结构和功能完整性、实现生态环境问题有效控制和持续改善的景观格局，包括景观组成单元类型、数目及空间分布与配置。景观格局优化是借助相关的软件技术、情景分析、空间优化模型和方法，对景观数量结构和空间布局进行优化调整，形成生态、经济等综合效益最大的景观空间配置方案。

生态系统严重损害和生态系统功能退化的原因主要是在自然保护地发展的建设活动中没有从空间上对土地资源利用和区域功能区划进行科学和合理的规划，导致保护地生态系统退化，社会环境不断发展与生态环境保护之间的矛盾日益加剧。如何建立一个科学的、符合社会发展需要的景观安全格局，从空间上平衡社会发展与环境保护的矛盾，成为当前落实国家生态文明建设战略以及实现可持续发展亟待解决的一个现实问题。景观格局优化是构建景观安全格局、实现区域生态安全的重要手段，是缓和生态保护与社会发展冲突的有效途径，开展自然保护地景观格局优化方面的深入研究和探索具有重要现实意义。

1 空间格局优化建模

本部分介绍了土地利用空间格局优化的数学表达、生态系统服务提升的目标函数和限制性条件、土地利用优化配置理论和方法，为制定提升生态系统服务的土地利用优化配置方案奠定理论基础。

（1）空间格局优化的数学表达

空间格局优化可以具体化为自然保护地土地利用优化配置，自然保护地生态系统格局优化问题具体为自然保护地内生态系统类型的组合和数量关系。生态系统格局优化配置的目的是将各种生态系统类型分配到合适的位置，以便获得更大的生态效益。生态系统格局优化配置的问题分为 4 个组成部分：

$$M = (T, A, L, F)$$

式中，T 表示空间单元上的生态系统类型；A 表示不同情境下的生态系统空间配置；L 是约束限制条件，包括空间位置和数量限制；F 是生态系统服务提升的目标函数。生态系统空间配置的目标是从方案中寻找最优解：

$$F(A_{\text{best}}) > F(sA), \forall sA \in A$$

（2）空间格局优化的目标函数

生态系统空间优化配置的目标函数是对自然保护地优化目标的公式化、定量化刻画（赵志刚等，2017）。目标函数是否能够精确地表达生态系统服务提升的含义，会影响结果的可靠性。借助 GeoSOS-FLUS 软件等可以方便地计算自然保护地土地利用在多层次生态系统服务提升水平情境下的空间格局或者布局方案，为选择多样化的生态系统布局方案提供方法和技术基础。

（3）空间格局优化的限制性条件

自然因素的约束条件范围广泛，下至岩石圈表层，上至大气圈下部的对流层，包括全部的水圈和生物圈。在确定了自然因素约束条件的前提下，以各种土地利用类型的优化配置方案作为参数，使定性转换为定量，位置由不确定转化为一定范围。另外，也可以在定量不同层次的生态系统服务提升水平和确定了自然因素约束条件的前提下，反推出不同的土地利用类型优化配置方案。社会经济因素约束条件包括：人口数量、民族、宗教、农业、工业、交通、商业、相关的规划或者政策、区域经济发展状况、区域经济结构、居民收入、消费者结构等多方面。社会经济系统是一个以人为核心，包括社会、经济及生态环境等领域，涉及各个方面和生存环境的诸多复杂因素的巨型系统。它与物理系统的根本区别是社会经济系统中存在决策环节，人的主观意识对该系统具有极大的影响。社会经济因素约束条件体现的是社会经济系统中人类活动对生态系统及其服务水平的影响。自然因素约束条件和社会经济因素约束条件体现了可持续发展理念中重要的两方面。

2　空间格局优化的实施

以自然保护地土地利用数据及预测数据为基础，依据不同二级生态系统类型提供的主要生态系统服务不同，以提升综合生态系统服务水平为目标，基于元胞自动机（cellular automata，CA）的原理，利用 GeoSOS-FLUS 软件，对自然保护地生态系统空间分布格局开展优化，得到不同情境下生态系统服务水平提升后的自然保护地生态系统空间分布数据。元胞自动机（CA）模型是一种通过定义局部的简单的计算规则来模拟和表示整个系统中复杂现象的时空动态模型。它是一种在多个尺度内部呈离散状态的整体化系统，元胞遵循一种固定的演化规则，并根据这种独特的规则，对元胞的状态进行持续性更新，从而达到动态模拟某一系统过程的目的。CA 模型主要采用"自下而上"的研究方式，具有自动化的复杂计算功能及动态的情景模拟能力，这些优势让它在模拟生态系统的时空动态演变方面拥有速度快、精度高的能力。CA 模型和其他模型综合使用，能够融入宏观的政策等因素，更加全面和科学地开展土地利用变化的模拟与预测，从而为自然保护地持续保护提供强有力的基础数据和技术支撑。CA 模型通过与其他模型相结合，在综合考虑各种限制因素和转换规则的前提下，通过反复迭代综合空间分析与非空间分析，模拟土地利用变化情景，在国内外已经形成了较为成熟的研究模型。

　　FLUS 模型是用于模拟人类社会活动与自然环境影响下的土地资源利用变化发展以及未来土地利用情景的模型。该模型的原理是以传统元胞自动机（CA）为基础，进行较大的改进以便开展未来情景模拟。首先，FLUS 模型可以采用人工神经网络算法（artificial neural network，ANN）通过一期土地资源利用信息数据与包含一个人为管理活动与自然环境效应的多种驱动力因子（气温、降水、土壤、地形、交通、区位、政策发展等方面）获取各类用地类型在研究范围内的适宜性概率。其次，FLUS 模型采用从一期土地利用分布数据中采样的方式，能较好地避免误差传递的发生。另外，在研究土地发展变化特征过程中，FLUS 模型提出了一种基于轮盘赌选择的自适应惯性竞争市场机制，这种机制能非常有效地处理多种土地资源利用数据和信息。在自然环境影响作用与人类社会生产、生活活动共同影响下，能够处理土地利用类型发生相互转化时所产生的不确定性与复杂性。因此，FLUS 模型分析结果具有相对较高的模拟精度，能获得与现实生产过程中土地开发利用分布相似的结果。GeoSOS-FLUS 软件是根据FLUS 模型的原理开发的多类土地利用变化情景模拟软件，是在其前身——地理模拟与优化系统（GeoSOS）基础上的发展与传承。GeoSOS-FLUS 软件可以为用户提供相关的数据，从而实现发展空间土地资源利用变化模拟的功能。然而在对未来土地开发利用变化情况进行分析模拟时，需要让用户先应用研究其他方法（系统动力学模型或马尔可夫链），或者使用预设情景来确定未来土地利用变化的数量，作为基础数据输入 GeoSOS-FLUS 模型中。GeoSOS-FLUS 软件能较好地应用于土地利用变化模拟与未来土地利用情景的预测和分析研究中，是进行地理空间模拟、参与空间优化、辅助决策制定的有效工具。在本研究中，自然保护地生态系统服务提升的步骤如下。

　　（1）设定发展情景

　　考虑到自然保护地的土地利用结构及土地资源的空间配置受自然状态影响较大，根据分级指导和宏观控制相结合、生态环境保护和土地资源利用并举、实事求是与因地制宜等基本原则，设定情景。

　　发展情景 1（本底发展情景）：根据自然保护地过去和当前发展趋势，在没有人为的宏观政策调控下，遵循自然演变规律，实现发展。

　　发展情景 2（协调发展情景）：在宏观政策调控下，在保持区域经济稳定发展的前提下，充分开展土地利用空间格局优化，实现经济效益与生态效益协调发展。

（2）设定目标函数

在本研究中，以自然保护地几种主要生态系统服务的综合水平提升为目标，生态系统服务提升的目标函数设定如下。

$$\text{EST} = \sum_{1}^{n} \text{ES}_n$$

式中，EST 为自然保护地生态系统服务总量；n 为生态系统服务类型数，在本研究中为 3。对某种生态系统服务类型总量进行归一化：

$$\text{ES}_n = \frac{\text{ES}_{n,i} - E_{n,i-\min}}{\text{ES}_{n,i-\max} - ES_{n,i-\min}}$$

式中，n 为生态系统服务类型总数，在本研究中为 3；i 为生态系统类型。

$$\text{ES}_{n,i} = k_{n,1}X_1 + k_{n,2}X_2 + k_{n,3}X_3 + \ldots + k_{n,i}X_6$$

式中，$\text{ES}_{n,i}$ 为区域内第 n 种生态系统服务水平总量；i 为生态系统类型；$k_{n,i}$ 为 2015 年相应生态系统类型能够提供生态系统服务的能力；$X_1 \sim X_6$ 分别为 6 种提供生态系统调节服务的生态系统类型，由 Lingo 18.0 软件和 GeoSOS-FLUS V 2.2 计算。

（3）设定生态系统类型分布的约束条件

生态系统类型分布的约束条件根据已发表的相关数据、自然保护地的实际情况以及情景设定，具体从以下几个方面设立约束条件：土地总面积约束条件、不同生态系统类型生长的环境条件（降水量、温度、坡度、海拔）、自然保护地的土地开发强度。约束条件的具体设定参考研究区域的土地政策、资源利用政策以及相关的规划、目标等文件，具体设定如下。

a. 土地总面积约束。各土地利用类型面积的总和应等于研究区的总面积，即

$$A = \sum_{i=1}^{n} A_i$$

式中，A 为研究区域的总面积（km^2），本研究区域的总面积为 1 209 808.33km^2；n 为生态系统类型的数量；A_i 为某种生态类型 i 的面积（km^2）。

b. 各生态系统类型面积约束。

$$T_i = 0.0625 \times N_i$$

式中，T_i 为生态系统类型 i 的最大适宜分布面积（km^2）；N_i 为生态系统类型 i 在最大适宜分布（km^2）情况下的栅格数量。

c. 土地开发强度约束。土地开发强度通常是指建设用地总量占自然保护地面积的比例。根据《全国主体功能区划》《全国土地利用总体规划纲要（2006—2020 年）》的政策要求，自然保护地土地开发强度不超过 5%，开发强度以自然保护地

行政区为单位进行计算:

$$\frac{X_8}{A_j} \leqslant 5\%$$

式中,X_8 为开发用地面积(km^2);A_j 为 j 区域行政区的面积(km^2)。

　　d. 生态系统类型分布的适宜性约束。适宜性约束是生态系统类型对不同自然条件的适宜程度。自然条件主要包括:高程、坡度、坡向、降水、光照、温度、土壤。本研究基于人工神经网络进行适宜性概率计算。

　　人工神经网络(ANN)算法包括预测与训练阶段,由输入层、隐含层、输出层组成,具体计算公式如下:

$$sn(p,i,t) = \sum_j \omega_{j,i} \times \text{sig}\left(net_j(n,t)\right)$$

$$= \sum_j \omega_{j,i} \times \frac{1}{1+\mathrm{e}^{-net_j(n,t)}}$$

式中,$sn(p,i,t)$ 为 i 类型用地在时间 t、栅格 n 下的适宜性概率;$\omega_{j,i}$ 是输出层与隐含层的权重;sig( ) 是二者的激励函数;$net_j(n,t)$ 表示第 j 个隐含层栅格 n 在时间 t 上的信号。适宜性概率总和为 1:

$$\sum_k sq(n,i,t) = 1$$

　　生态系统类型转化概率受到惯性系数、地类竞争、转换成本及邻域密度因素影响。各类型用地具有惯性系数,第 k 种地类在 t 时刻的自适应惯性系数 Ia_i^t 为

$$Ia_i^t \begin{cases} Ia_i^{t-1} & \left|D_i^{t-2}\right| \leqslant \left|D_i^{t-1}\right| \\ Ia_i^{t-1} \times \dfrac{D_i^{t-2}}{D_i^{t-1}} & 0 > D_i^{t-2} > D_i^{t-1} \\ Ia_i^{t-1} \times \dfrac{D_i^{t-2}}{D_i^{t-1}} & D_i^{t-1} > D_i^{t-2} > 0 \end{cases}$$

式中,D_i^{t-1}、D_i^{t-2} 分别为 $t-1$、$t-2$ 时刻需求数量与栅格数量在第 i 种类型用地的差值。使 CA 模型迭代确定各生态系统类型分布。在 t 时刻,栅格 n 转化为 i 用地类型的概率为

$$T_{n,i}^t = sn(n,i,t) \times \phi_{n,t}^t \times Ia_i^t \times (1-sc_{c \to i})$$

式中,$sc_{c \to i}$ 为 c 生态系统类型改变为 i 生态系统类型的成本;$1-sc_{c \to i}$ 为转换困难度;$\phi_{n,t}^t$ 为邻域效应,其公式为

$$\phi_{n,t}^{t} = \frac{\sum_{N \times N} T\left(C_n^{t-1} = i\right)}{N \times N - 1} \times \omega_i$$

式中，$\sum_{N \times N} T\left(c_n^{t-1} = i\right)$ 表示在 $N \times N$ 的邻域窗口，第 i 种生态系统类型的栅格总数，本文中 N=3；ω_i 为邻域权重，几种情景下取值相同。

（4）多层次的生态系统服务提升

在 GeoSOS-FLUS 软件中，使用人工神经网络模拟和计算在自然、管理等土地利用变化驱动力下自然保护地各生态系统类型在每个单元上的分布概率。

附录三　多类型自然保护地生态资产评估技术指南

引　言

随着生态文明建设的加快，现在我国自然保护地数量与面积在世界上均已达到较高水平，但由于经济快速增长和制度约束，人类对生态环境影响巨大、自然保护地的保护效力和科学价值正在降低。自然保护地是一个集地质、水文、土壤、气候、生物和文化的自然综合体，具有典型性、稀有性、脆弱性、多样性、自然性和科研潜力。人类不能只顾一时的经济利益而忽略自然资源存在的巨大价值潜力。然而，我国关于自然保护地生态资产的定量化还缺少统一的科学体系，评估的技术方法还不能满足我国生态文明建设的实际需求，不能直观判断生态实时情况。因此，为了评估多类型自然保护地生态资产现状、进一步加强自然资源的保护，为区域生态功能定位以及生态文明的建设提供重要的科学依据，注重考虑自然资源价值以及生态环境效益的实质性转变，对多类型自然保护地的生态资产进行生态资产评估，制定本指南。调查自然资源并建立档案，组织环境监测，保护多类型自然保护地内的自然环境和自然资源；基于文献调研、观测与统计资料，结合相关数据，从物质量与价值量的角度，应用生态经济学方法进行模型运算，提供相对全面的综合评估方案，保证自然资源和生态系统服务的生态基线。

1　适　用　范　围

自然保护地是由各级政府依法划定或确认，对重要的自然生态系统、自然遗迹、自然景观及其所承载的自然资源、生态功能和文化价值实施长期保护的陆域或海域，即是指受国家法律特殊保护的各种自然区域的总称。多类型自然保护地包括自然保护区、风景名胜区、森林公园、地质公园、湿地公园、国家公园等区域。目前，我国各类自然保护地已达 1.18 万处，国家级自然保护地 3766 处，陆域自然保护地总面积占我国陆地面积的 18% 以上，超过世界平均水平。其中，包括国家公园体制试点 10 个，世界自然遗产 13 项，世界地质公园 37 处，国家级海洋特别保护区 71 处。

本指南分别制定适用于中华人民共和国管辖的自然保护区、风景名胜区、森林公园、地质公园、湿地公园、国家公园 6 类保护地的生态资产评估。

2 编制依据

《中共中央 国务院关于加快推进生态文明建设的意见》

《生态文明体制改革总体方案》

《中华人民共和国环境保护法》

《中华人民共和国国家安全法》

《中华人民共和国水土保持法》

《中华人民共和国土地管理法》

《中华人民共和国森林法》

《关于划定并严守生态保护红线的若干意见》

《中华人民共和国自然保护区条例（2017 年修订）》

《全国土地利用总体规划纲要（2006—2020 年）》

《中国自然保护纲要》

《自然保护区功能区划技术规程》

《自然保护区总体规划技术规程》

《中共中央 国务院关于全面加强生态环境保护 坚决打好污染防治攻坚战的意见》

《风景名胜区条例》

《风景名胜区规划规范》

《国家级风景名胜区管理评估和监督检查办法》

《国家级森林公园管理办法》

《国家级森林公园总体规划规范》

《中华人民共和国森林公园总体设计规范》

《国家地质公园规划编制技术要求》

《地质遗迹保护管理规定》

《中华人民共和国矿产资源法》

《湿地保护管理规定》

《关于特别是作为水禽栖息地的国际重要湿地公约》

《建立国家公园体制总体方案》

3 术语和定义

自然保护区：自然保护区是指对有代表性的自然生态系统、天然集中分布的珍稀濒危野生动植物物种、有特殊意义的自然遗迹等保护对象所在的陆地、陆地水域或海域，依法划出一定面积予以特殊保护和管理的区域。

风景名胜区：风景名胜区是指具有观赏、文化或者科学价值，自然景观、人文景观比较集中，环境优美，可供人们游览或者进行科学、文化活动的区域。风景名胜包括具有观赏、文化或科学价值的山河、湖海、地貌、森林、动植物、化石、特殊地质、天文气象等自然景物和文物古迹，以及革命纪念地、历史遗址、园林、建筑、工程设施等人文景物和它们所处的环境以及风土人情等。

森林公园：是指森林景观优美，自然景观、人文景观集中，且具有一定的规模，可供人们游览、休憩或者进行科学、文化、教育等活动的场所。

地质公园：地质公园是以具有特殊地质科学意义、稀有的自然属性、较高的美学观赏价值、一定规模和分布范围的地质遗迹景观为主体，并融合其他自然景观与人文景观而构成的一种独特的自然区域。

湿地生态系统：湿地生态系统是湿地植物、栖息于湿地的动物、微生物及其环境组成的统一整体。湿地具有多种功能：保护生物多样性，调节径流，改善水质，调节小气候，以及提供食物及工业原料，提供旅游资源。

国家公园：国家公园是指由国家批准设立并主导管理，边界清晰，以保护具有国家代表性的大面积自然生态系统为主要目的，实现自然资源科学保护和合理利用的特定陆地或海洋区域。

生态资产：生态资产从广义来说是一切生态资源的价值形式；从狭义来说是国家拥有的、能以货币计量的，并能带来直接、间接或潜在经济利益的生态经济资源。

自然资源：自然资源就是自然界赋予或前人留下的，可直接或间接用于满足人类需要的所有有形之物与无形之物。资源可分为自然资源与经济资源，能满足人类需要的整个自然界都是自然资源，它包括空气、水、土地、森林、草原、野生生物、各种矿物和能源等。

生态系统服务：生态系统服务是指人类从生态系统获得的所有惠益，包括供给服务（如提供食物和水）、调节服务（如控制洪水和疾病）、文化服务（如精神、娱乐和文化收益）以及支持服务（如维持地球生命生存环境的养分循环）。

水源涵养：水源涵养是指植被、土壤及草根层对降水的渗透和贮蓄作用；对地表蒸发的分散、阻滞、过滤作用；保护积雪、延缓积雪消融、调节雪水地表径流的作用。

水土保持：水土保持是指防治水土流失，保护、改良与合理利用山区、丘陵区和风沙区水土资源，维护和提高土地生产力，以利于充分发挥水土资源的经济效益和社会效益，建立良好生态环境的综合性科学技术。

固碳释氧：固碳释氧是指植物通过光合作用将二氧化碳转换为氧气，同时将二氧化碳中的碳固定到植物体内的过程。

生物多样性：生物多样性是生物及其环境形成的生态复合体以及与此相关的各种生态过程的综合，包括动物、植物、微生物和它们所拥有的基因以及它们与其生存环境形成的复杂的生态系统。

生态文明：从人与自然和谐的角度，生态文明是人类为保护和建设美好生态环境而取得的物质成果、精神成果和制度成果的总和，是贯穿于经济建设、政治建设、文化建设、社会建设全过程和各方面的系统工程，反映了一个社会的文明进步状态。

生态旅游：以有特色的生态环境为主要景观的旅游，是指以可持续发展为理念，以保护生态环境为前提，以统筹人与自然和谐发展为准则，并依托良好的自然生态环境和独特的人文生态系统，采取生态友好的方式开展的生态体验、生态教育、生态认知并获得心身愉悦的旅游方式。

4　评　估　原　则

生态资产评估的工作原则如下。

真实性原则：真实性原则是指在生态资产评估中，本着一切从实际出发的原则，在充分占有资料的基础上，根据生态系统的自然状态，通过调查研究和定量、定性分析，借助与参考生态经济等相关科学的评估方法和指标体系，得出真实的评估结论。

重要性原则：重要性原则是指在资产评估中，不是将所有生态资产不分巨细、一概加以定量和定性分析，而是依据评估现实情况和评估对象，考虑到不同评估区域中生态系统的重要程度，确定评估的重点，建立合理的评估体系。

科学性原则：科学性原则是指在评估过程中，应依据评估的目的和不同的评估对象，采用科学的分类原则和定性、定量分析方法，制定符合客观实际的生态资产评估方案，从而使评估的方法和结果具有一致性，使其准确合理。

公平性原则：生态资产评估的公平性原则是指在评估过程中，要以掌握的资料为依据，尊重客观事实，不带有主观随意性，尽量减少其他因素对生态资产价值的干扰，也不迁就任何单位或个人的片面要求。

5　制定工作方案和技术方案

依照本指南的要求，基于生态经济学、环境经济学、生态学、经济学、管理学等学科的相关知识制定相关工作方案，量化自然保护地的自然资源价值与生态系统服务价值，针对不同类型的自然保护地合理地运用评估技术，建立技术流程与相应的评估体系。明确职责分工，合理运用相应的评估体系，揭示并量化生态资产为人类提供的自然资源基础与福祉。

6 开展评估工作

自然保护地管理部门依据工作方案组织工作，参照指南，根据实际情况与生态系统的自然状态，建立区域性评估现状清单，通过调查研究确定评估的重点，与各相关主管部门对接联系。了解专项评估的编制要求及注意事项，建立合理的评估体系，确定评估工作事宜，形成专门工作小组从而开展生态资产评估工作，形成工作方案和技术方案，进行定量分析。对各区域进行调查摸底，深入了解自然资源分布、生态系统服务情况，结合实际，按照自然保护地规划及相关政府管制要求，选择可推进实施的评估事项先行开展评估工作，依据评估大纲，开展各项工作，评估各项生态资本，编制自然保护地生态资产评估报告。

7 评估技术流程

现将多类型自然保护地分为自然保护区、自然公园、国家公园、资源可持续利用保育区四大类别。自然保护区主要包括荒野保存地、动植物栖息地、具有典型自然遗产价值与生态系统的自然保护区、海洋生态保护地。国家公园是自然和文化资源的杰出代表、精神象征。自然公园包括具有突出普遍价值的对人类文化、历史有重要意义的风景优美的陆地、河流、湖泊或海洋景观，人类或民族文明进程中有重要价值的遗址遗迹以及国家森林公园、国家地质公园、国家湿地公园等。资源可持续利用保育区包括农业、林业种植资源保护区及其传统农业、林业生态景观。

7.1 自然保护区生态资产评估

在自然保护地体系中，自然保护区建设是我国自然保护地建设的重要部分。2018 年，我国新增国家级自然保护区 11 处，总数已达 474 处。自然保护区范围内保护着 90.5% 的陆地生态系统类型、85% 的野生动植物种类、65% 的高等植物群落。自然保护区主要包括荒野保存地、动植物栖息地、具有典型自然遗产价值与生态系统的自然保护区、海洋生态保护地等。

自然保护区生态结构完整，是由代表性生物群落和非生物环境共同组成的生态系统。中国的自然保护区内部大多划分成核心区、缓冲区和外围区 3 个部分。核心区是保护区内未经或很少经人为干扰的自然生态系统的所在，或者是虽然遭受过破坏，但有希望逐步恢复成自然生态系统的地区。区域以保护种源为主，又是取得自然本底信息的所在地，还是为保护和监测环境提供评价的来源地。核心区内严禁一切干扰。缓冲区是指环绕核心区的周围地区，只允许进入从事科学研究观测活动。外围区，即实验区，位于缓冲区周围，是一个多用途的地区。实验室可以进入从事科学实验，教学实习，参观考察，旅游以及驯化，繁殖珍稀、濒危野生动植物等活动，还包括一定范围的生产活动，有少量居民点和旅游设施。

生态资产包括存量的物质资产和生态系统服务带来的福祉：一方面生态系统与生态景观实体是生态资产的基础；另一方面生态系统提供的间接贡献和由此增加的福祉是生态资产增值的方式。生态资产应是自然资源价值及其生态系统服务价值以及文化社会价值的货币化综合集成，同时具备时间和空间双重属性，是存量与流量、动静结合的状态。针对自然保护区的自然生态情况，生态资产价值大致可以分为两类：一类是自然资源存量的价值；另一类是生态系统服务价值。具有实物形态的资产包括存量自然资源和流量生态产品的存量价值；流量价值包括生态系统服务价值、科研价值、旅游价值等。

结合自然保护区实际情况和生态系统类型构成，基于存量与流量价值分类，生态资产的价值包括区域范围内自然资源，即森林、草地、水体生态系统以及相应的自然产品本身的实物价值，还包括水土保持、固碳释氧、水源涵养、生物多样性等无形生态系统服务价值，在保护的基础上进行科学研究的价值，以及基于自然保护区在指定的区域内开展的生态旅游价值。为保证指标的独立性、避免重复计算，确立了自然资源价值、自然产品价值、生态系统服务价值、科研价值、旅游价值5个价值类别，包括14个详细分类的指标作为生态资产评估的指标。贯彻"先实物量、后价值量"的核算思路，通过细化评估指标、明确对象，寻找相对科学的核算方法，对自然保护区的生态资产进行核算。

人类在认识自然、利用和改造自然时需要始终贯彻坚持可持续发展的理念，才能促进生态系统服务的可持续发展。结合生态学与经济学概念，针对自然保护区建立生态资产价值评估体系和评估方法，通过评估价值来确定生态功能供给关系、自然保护区生态现状。广泛收集现有的生态资产价值评估方法与成果，依据多种理论方法进行集成、精炼。根据生态环境功能的不同、自然资源提供服务的方式不同，相应价值评估的方法不同，以此设计适合于各个自然保护区的生态资产评估体系。通过结合实际情况、产品价格、公众意愿与旅游现状，获取自然保护区生态资产不同指标类型的数据资料，利用建立的指标与模型构成完整的评估体系，妥善估算生态资产价值。

7.1.1 自然保护区自然资源存量价值评估

生态资产存量价值包括自然资源、生态系统服务提供的有机质和生产产品等价值。自然资源具有维护生态完整、保持系统稳定和平衡的作用，对生态系统整体有着重要价值。自然资源是生态资产的重要基础组成部分，其丰富度越高、结构越稳定，产生相应的存在价值、生态系统服务价值越大。因此一般通过生态系统自然资源和相应产品来实现其价值，即自然资源与产品可以通过拟商品化或市场化来进行估算。例如，以活立木价值代替林地资源进行价值评估，按照目前市场上原木的单位价格计算自然保护地森林活立木蓄积量价值，加上其他林地按相应折旧价值计算得到的价值量，最终得到林地资源总价值。

在一定可活动范围内，自然保护地产出的农产品因其丰富且独特的价值有着一定的市场，有力地促进了农业增效、农民增收。生态系统的生产与产品所产生的价值具有数量特征和市场价值，可以直接投入经济生产过程，其价值会转化为产出价值的一部分而包含在产品价格中。利用市场价格可对具有实际市场的生态系统产品和服务的经济价值进行核算，应选取具有代表性的林产品、农产品、矿泉水产品价值，掌握周边相关产品的单位价值，通过物质量转化成价值量。存量生态资产总价值等于各类自然资源与相关产品价值之和。

7.1.2　自然保护区生态系统服务价值评估

生态系统服务价值一般以间接市场价格的形式体现出来，多种生态系统具有涵养水源、保育土壤、营养物质积累、固碳释氧、保护生物多样性、净化大气环境、森林防护等多种功能。对于自然保护区内主要的生态系统服务价值，主要包括土壤保持、固碳释氧、涵养水源、生物多样性4个方面产生的服务与改善生态环境的价值，结合相关研究与分析方法，研究人员分别应用市场价值法、替代市场法、影子工程法以及单位面积价值当量因子法进行估算。

7.2　国家公园生态资产评估

十九大报告提出"构建国土空间开发保护制度，完善主体功能区配套政策，建立以国家公园为主体的自然保护地体系"。由此看来，以国家公园为载体来保护自然资源、发展可持续的生态旅游已经成为新的发展趋势。国家公园在保护人文资源的同时，带动自然资源的保护和建设，达到人文与自然资源协调发展的目标，通过整合周边各类自然保护地，形成统一完整的生态系统。国家公园的使命是保护未经损害的自然资源和文化遗产，以使当代人和后代人都可以享用、受到教育和得到启发。

国家公园不仅可以作为人们休憩娱乐的场所，也是开展文化传播的重要介质。文化遗产保护理念和中国实践的有机结合，所实现的是文化遗产保护与当地经济社会协同发展，建设类型多样的国家公园，以"国家所有、全民共享、世代传承"为原则，实现对文化遗产的多元化保护利用。区域内生态资产的总量是一个随时间动态变化的量值，它是区域内所有类型生态系统提供的所有服务功能及其自然资源价值的总和，并随着区域内所含有的生态系统类型、面积、质量的变化而变化。从宏观生态学角度进行区域生态资产核算，需要注重所获取数据的准确度和可行性，基于遥感技术对国家公园的生态资产进行核算。生态资产遥感测量技术的数据来源包括气象数据、遥感数据、地面观测与统计资料获取数据几个方面，各项量化的生态效益均在生态参数遥感测量的基础上获得，最后通过市场价值法、机会成本法、替代价值法等转换成生态系统服务价值。

7.3 自然公园生态资产评估

自然公园主要包括国家风景名胜区、国家遗址纪念地、国家森林公园、国家地质公园、国家湿地公园等。其中生态系统类型主要包括森林生态系统、草原生态系统、水体生态系统、湿地生态系统。

7.3.1 自然公园自然资源存量价值评估

根据自然公园的特点，主要将自然公园的生态资产评估分为两部分：一部分是指自然公园内的各种自然资源的价值；另一部分则主要针对其生态系统服务价值。自然公园内自然资源的价值包括生物资源和非生物资源两部分。在自然公园内，生物资源主要有森林资源、灌木资源、草地资源、动物资源等；非生物资源主要有水资源、地质资源、矿产资源等。例如，国家森林公园生态资产自然资源存量价值主要是指森林公园范围内自然资源的价值。贯彻"先实物量、后价值量"的核算思路，通过细化评估指标、明确对象，寻找相对科学的核算方法，对其进行核算。在森林公园内，生物资源主要有森林资源、灌木资源、草地资源等，但基于所研究的自然保护地特点，仅计算森林资源的生态资产，主要包括林木价值和林下产品的价值两部分；非生物资源主要有水资源、地质资源等。但在严格保护区内，矿产资源是不允许开发利用的，并且不同公园内的存量情况不尽相同，基于此，这部分价值不在此评估计算中。

（1）生物资源价值

生物资源的经济价值评估可采用市场价值法，具体计算方法则是根据现有自然公园内各种生物资源的蓄积量（即生态资产评估中的存量）加上现有生物资源的蓄积量乘以天然成熟林的年净增长率（得到的是年净增长量），将它们的加和乘以各生物资源当年在市场上的平均价格，即可得到自然公园内各生物资源的价值。

（2）非生物资源价值

自然公园多是一类自然与文化价值集一身的重要自然保护地类型，其包括具有观赏、文化或科学价值的山河、湖海、地貌、森林、动植物、特殊地质、天文气象等自然景物和文物古迹，以及革命纪念地、历史遗址、园林、建筑、工程设施等人文景物和它们所处的环境等。以自然公园内水资源价值为例，区域内水资源价值可由物质量与居民生活用水、行政事业用水、矿泉水等每立方米产出的单位价格进行计算。在实际价值评估时，还要根据具体的研究地点选择合适的研究指标进行分析与计算。

7.3.2 自然公园生态系统服务价值评估

根据自然公园的特点，选取了具有代表性的生态系统服务价值进行分析与研究，并初步确立了各项指标的评估方法，评估的各指标主要包括水源涵养价值、土壤保持价值、固碳释氧价值、空气净化价值、养分循环与积累价值、科研文化价值以及维持生物多样性价值。然而由于自然公园的类型多种多样，在具体计算时应该选取合适的指标进行计算。

7.4 资源可持续利用保育区生态资产评估

资源可持续利用保育区包括农业、林业种植资源保护区及其传统农业、林业生态景观。资源可持续利用保育区拥有丰富的自然与文化景观资源。在农业、林业种植过程中，传统知识蕴含在当地居民生活的各个方面，维持他们的日常生活。一方面，居民对于自然资源管理、传统技艺等传统知识的妥善利用，使得农业生产系统循环可持续；另一方面，传统知识所具有的自我更新性在保证其自身随时间不断进行自我更新和完善的同时，也帮助当地生态系统成为一个活态的、有生命力的系统。传统知识不仅是地方社区内居民与自然环境长期适应中所积累的经验智慧，也是农业文化遗产的结构性存在，对可持续利用和保育生态系统具有支持作用。因此，传统知识的传承保护是农业文化遗产保护工作的重要内容，也是资源可持续利用保育区不可或缺的重要组成。保育区内主要包括森林、草原、水体、农业、林业生态系统。生态系统为人类提供生活所需和福祉，支撑了区域经济发展。所提供的生态系统服务主要包括土壤保持、固碳释氧、涵养水源、空气净化、文化服务。

资源可持续利用保育区自然资源存量价值评估内容主要包括自然资源与人工生态产品资源。自然资源具有维护生态完整、保持系统稳定和平衡的作用，对生态系统整体有着重要价值。资源可持续利用保育区自然资源是生态资产的重要基础组成部分，其丰富度越高、结构越稳定，产生相应的存在价值、生态系统服务价值越大。在一定的可活动范围内，基于可持续发展理论，资源可持续利用保育区产出的生态产品因其丰富且独特的价值有着一定的市场，为当地居民提供生活、生产基础，为当地区域经济发展奠定基础，有力地促进了农业增效、农民增收。

生态系统的生产与产品所产生的价值具有数量特征和市场价值，可以直接投入经济生产过程，其价值会转化为产出价值的一部分而包含在产品价格中。利用市场价格可对具有实际市场的生态系统产品和服务的经济价值进行核算，即直接价值贯彻市场价值优先的原则。应针对研究区域选取具有代表性的林产品、山产品、矿泉水产品价值，掌握周边相关产品单位价值，先进行物质量的核算，通过物质量转化成价值量，最终资源可持续利用保育区自然资源存量价值等于各类自然资源与相关产品价值之和。

8　技术实施后的目标及说明

自然保护地有着丰富的生态、环境、科学、经济、文化等多重价值。本指南通过将自然资源价值与生态系统服务价值之和作为生态资产价值进行评估核算，在经济社会绿色转型发展中，设定具体的可持续发展决策状态或情景，细化评估指标、明确决策对象，并对其生态资产进行价值评估，这一系列过程具有独特的代表性和示范意义。生态资产的价值量表征是衡量区域可持续发展的重要评价工具，有助于自然保护地处理好保护与开发的关系、合理利用自然资源、客观审视当前面临的生态问题，为未来自然保护地绿色发展提供思路。

本指南利用常见的生态学统一指标，拟订相关考核标准，提供了一个可适用于各类自然保护地生态环境的综合量化评估体系，并支持指标中的各种生态资产纳入主流标准宏观经济账户，建立全民所有自然资源资产统计制度。在未来需要进行更多的工作，在各级自然保护地进行广泛研究。生态资产评估的最终目标是将研究结果应用到保护及管理决策领域。例如，建立空间规划体系与国土空间规划相关政策；组织编制全国国土空间规划和相关专项规划并实施监督；拟订全民所有自然资源资产和土地储备政策。

9　成　果　展　示

9.1　文本

以文字形式表述自然保护地生态现状，以及自然资源分布情况，确定生态功能供给关系。对于不可再生资源进行严格把控，并书写科学的管理条例。考虑自然保护地重要的旅游影响，对于可能对生态环境产生较大影响的活动进行合理限制。对于不同功能分区、不同保护目标的生态资产采用不同的管控措施。

9.2　登记

自然保护地登记和记录区内自然资源基本情况，包括资源类型、面积、区划情况、功能分区、生态功能以及基本单元的生态资产价值，建立标准宏观经济账户，对生态资产实施监督管控。

9.3　技术报告

分析各类自然保护地生态资产的价值构成及其区域性特点。针对不同自然保护地的评估思想、基本原则、重点评估对象，选择涵盖全国自然保护地的一般参数，构建评估指标、评估体系。生态资产评估作为衡量区域可持续发展的重要评价工具，实际技术方案易于推广应用。

附录四　多类型保护地生态资产评估技术标准

引　言

为贯彻《中华人民共和国环境保护法》，落实中共中央办公厅、国务院办公厅《关于建立以国家公园为主体的自然保护地体系的指导意见》的要求，指导和规范多类型保护地生态资产评估技术工作，制定本标准。

本标准规定了多类型保护地生态资产评估技术的基本流程、主要内容和技术方法等的要求。

本标准为首次发布。

本标准与 xxx 等同属于系列标准规范。

本标准由生态环境部自然生态保护司、法规与标准司组织制订。

本标准主要起草单位：中央民族大学。

本标准生态环境部 20□□年□□月□□日批准。

本标准自 20□□年□□月□□日起实施。

本标准由生态环境部解释。

多类型保护地生态资产评估标准

1　适用范围

本标准规定了多类型保护地生态资产评估的流程、主要评估内容和技术方法等的要求。

本标准适用于中华人民共和国管辖的自然保护区、国家公园、自然公园、物种与种质资源保护区、生态功能保护区 5 类保护地生态资产评估。

2　规范性引用文件

下列文件中的条款通过本标准的引用而成为本标准的条款。凡是不注日期的引用文件，其最新版本适用于本标准。

《自然保护区管理评估规范》（HJ 913—2017）

《风景名胜区总体规划标准》GB/T 50298—2018

《国家森林公园设计规范》GB/T 51046—2014

《地质公园建设规范》DB61/T 989—2015

《国家湿地公园建设规范》LY/T 1755—2008

《国家公园设立规范》GB/T 39737—2020

《生态保护红线监管技术规范生态功能评价》HJ 1142—2020

《生态环境状况评价技术规范》HJ 192—2015

《地表水环境质量标准》GB 3838—2002

《森林生态系统服务功能评估规范》LY/T 1721—2008

《中共中央　国务院关于加快推进生态文明建设的意见》

《生态文明体制改革总体方案》

3　术语和定义

下列术语和定义适用于本标准。

3.1　自然保护区

自然保护区是指对有代表性的自然生态系统、天然集中分布的珍稀濒危野生动植物物种、有特殊意义的自然遗迹等保护对象所在的陆地、陆地水域或海域，依法划出一定面积予以特殊保护和管理的区域。

3.2　国家公园

国家公园是指由国家批准设立并主导管理，边界清晰，以保护具有国家代表性的大面积自然生态系统为主要目的，实现自然资源科学保护和合理利用的特定陆地或海洋区域。

3.3　森林公园

森林公园是指具有一定规模和质量的森林风景资源与环境条件，可以开展森林旅游，并按法定程序申报批准的森林地域。

3.4　地质公园

地质公园是以具有特殊地质科学意义、稀有的自然属性、较高的美学观赏价值、一定规模和分布范围的地质遗迹景观为主体，并融合其他自然景观与人文景观而构成的一种独特的自然区域。

3.5　湿地公园

湿地公园是拥有一定规模和范围，以湿地景观为主体，以湿地生态系统保护为核心，兼顾湿地生态系统服务功能展示、科普宣教和湿地合理利用示范，蕴含一定文化或美学价值，可供人们进行科学研究和生态旅游，予以特殊保护和管理的湿地区域。

3.6　风景名胜区

风景名胜区是指具有观赏、文化或者科学价值，自然景观、人文景观比较集中，环境优美，可供人们游览或者进行科学、文化活动的区域。风景名胜包括具有观赏、文化或科学价值的山河、湖海、地貌、森林、动植物、化石、特殊地质、天文气象等自然景物和文物古迹，以及革命纪念地、历史遗址、园林、建筑、工程设施等人文景物和它们所处的环境以及风土人情等。

3.7　生态资产

生态资产是指在一定时间、空间范围内和技术经济条件下可以给人们带来效益的生态系统，包括森林、草地、湿地、农田等。

3.8　自然资源

自然资源是在一定时间、地点、条件下能够产生经济价值，以提高人类当前和将来福利的自然环境因素和条件。

3.9　生态系统服务

生态系统服务是指人类从生态系统获得的所有惠益，包括供给服务（如提供食物和水）、调节服务（如控制洪水和疾病）、文化服务（如精神、娱乐和文化收益）以及支持服务（如维持地球生命生存环境的养分循环）。

3.10　水源涵养

水源涵养是指植被、土壤及草根层对降水的渗透和贮蓄作用；对地表蒸发的分散、阻滞、过滤作用；保护积雪、延缓积雪消融、调节雪水地表径流的作用。

3.11　水土保持

水土保持是防治水土流失，保护、改良与合理利用水土资源，维护和提高土地生产力，以利于充分发挥水土资源的生态效益、经济效益和社会效益，建立良好生态环境的综合性科学技术。

3.12　固碳释氧

固碳释氧是指植物通过光合作用将二氧化碳转换为氧气，同时将二氧化碳中的碳固定到植物体内的过程。

3.13　生物多样性

生物多样性是生物（动物、植物、微生物）与环境形成的生态复合体以及与此相关的各种生态过程的总和，包括生态系统、物种和基因 3 个层次。

3.14　生态文明

生态文明是指人类遵循人、自然、社会和谐发展这一客观规律而取得的物质与精神成果的总和；是以人与自然、人与人、人与社会和谐共生、良性循环、全面发展、持续繁荣为基本宗旨的文化伦理形态。

3.15　生态旅游

生态旅游是以生态学原则为指针、以生态环境和自然资源为取向所展开的一种既能获得社会经济效益又能促进生态环境保护的边缘性生态工程和旅行活动。

4　评　估　原　则

4.1　真实性原则

真实性原则是指在生态资产评估中，本着一切从实际出发的原则，在充分占有资料的基础上，根据生态系统的自然状态，通过调查研究和定量、定性分析，借助生态经济等相关科学的评估方法和指标体系，得出真实的评估结论。

4.2　重要性原则

重要性原则是指在资产评估中，不是将所有生态资产不分巨细、一概加以定量和定性分析，而是依据评估现实情况和评估对象，考虑到不同评估区域中生态系统的重要程度，确定评估的重点，建立合理的评估体系。

4.3　科学性原则

科学性原则是指在评估过程中，应依据评估的目的和不同的评估对象，采用科学的定性、分类原则和定量分析方法，制定符合客观实际的生态资产评估方案，从而使评估的方法和结果具有一致性，使其准确合理。

4.4　公平性原则

公平性原则是指在评估过程中，要以掌握的资料为依据，尊重客观事实，不带有主观随意性，尽量减少其他因素对生态资产价值的干扰，也不迁就任何单位或个人的片面要求。

5　评 估 目 的

评估多类型保护地生态资产现状、进一步加强保护地自然资源的保护和管理，为区域生态功能定位以及生态文明的建设提供重要的科学依据。

6　评估工作程序

多类型保护地生态资产评估一般分为 3 个阶段，分别为存量资产调查阶段、生态系统服务分析阶段、生态资产核算阶段，评估流程如附图 4-1 所示。

根据实际情况与生态系统的自然状态，建立区域性评估现状清单，通过调查研究确定评估的重点，与各相关主管部门对接联系。了解专项评估的编制要求及注意事项，建立合理的评估体系，确定评估工作事宜。形成专门工作小组，开展生态资产评估工作，形成工作方案和技术方案，进行定量分析。对各区域进行调查摸底，深入了解自然资源分布、生态系统服务情况，结合实际，按照保护地规划及相关政府管制要求，选择可推进实施的评估事项先行开展评估工作，依据评估流程，开展各项工作，评估各项生态资本，编制保护地生态资产评估报告。

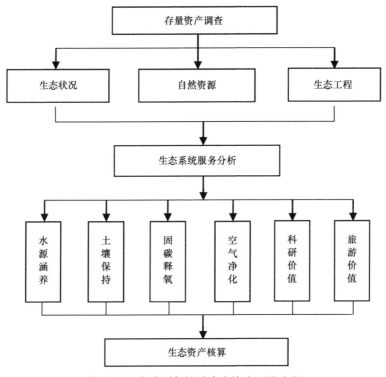

附图 4-1　多类型保护地生态资产评估流程

7　自然保护地分类及评估内容

　　将多类型自然保护地分为自然保护区、国家公园、自然公园、物种与种质资源保护区、生态功能保护区五大类别，分别进行生态资产评估。

　　第 I 类为自然保护区，包括自然保护区和自然保护小区。

　　第 II 类为国家公园，包括国家公园和将来要建立的国家公园。

　　第III类为自然公园，包括风景名胜区、地质公园、森林公园、湿地公园、水利风景区、矿山公园、沙漠公园、海洋特别保护区（含海洋公园）等。

　　第IV类为物种与种质资源保护区，包括水产种质资源保护区和农作物种质资源原位保护区。

　　第 V 类为生态功能保护区，包括重点生态功能保护区、饮用水水源保护区、国家一级公益林等。

7.1　自然保护区生态资产评估

　　自然保护区的功能定位为严格保护具有原始状态或极少受到干扰的珍稀濒危

动植物物种栖息地、对人类活动高度敏感的生态系统和自然遗迹。管理目标是严格保护，尽可能排除保护地范围内的人类活动，所以无旅游价值。自然保护区包括生态系统保护区、野生生物保护区与自然遗迹保护区3个二级类型。

7.1.1　自然保护区自然资源存量价值评估

生态资产存量价值是指某区域内在一定的时间和空间内，自然资产和生态系统服务增加的以货币计量的人类福利。

应选取具有代表性的林产品、山产品、矿泉水产品价值，掌握周边相关产品单位价格，通过物质量转化成价值量。自然资源存量价值等于各类自然资源与相关产品价值之和。

7.1.2　自然保护区生态系统服务价值评估

对自然保护区内主要的生态系统服务价值进行估算，主要包括土壤保持、固碳释氧、涵养水源、生物多样性4个方面产生的服务与改善生态环境的价值。

7.2　国家公园生态资产评估

国家公园的功能定位是保护具有国家代表性的自然生态系统、自然景观和珍稀濒危野生动植物生境原真性、完整性而划定的严格保护与管理的区域，目的是为子孙后代留下珍贵的自然遗产，并为人们提供亲近自然、认识自然的场所。管理目标是严格保护大面积自然生态系统及具有国家代表性的自然景观，推动生态教育和生态旅游。

7.2.1　国家公园自然资源存量价值评估

掌握周边相关产品单位价值，通过物质量转化成价值量。自然资源存量价值可利用各类自然资源与相关产品价值之和来计算，最终得到国家公园自然资源存量总价值。

7.2.2　国家公园生态系统服务价值评估

对国家公园内主要的生态系统服务价值进行估算，主要包括固碳释氧、营养物质循环、涵养水源、水土保持、空气净化、生物多样性、旅游、科研8个方面产生的服务价值。

7.3　自然公园生态资产评估

自然公园主要保护自然资源与自然遗产，包括森林、草地、湿地、海洋等自然生态系统与自然景观，以及具有特殊地质意义和重大科学价值的自然遗迹，为人们提供亲近自然、认识自然的场所，同时为保护生物多样性和区域生态安全做出贡献，并为公众提供地质与地理知识的科普场所。自然公园包括森林公园、湿地公园、草原公园、沙漠公园、海洋公园、地质公园、风景名胜区、水利风景区等二级类型。

7.3.1　自然公园自然资源存量价值评估

采用市场价值法，针对自然公园，选取具有代表性的林产品、山产品、矿泉水产品价值，掌握周边相关产品单位价值，先进行物质量的核算，通过物质量转化成价值量。最终物种与种质资源保护区自然资源存量价值等于各类自然资源与相关产品价值之和。

7.3.2　自然公园生态系统服务价值评估

对自然公园内主要的生态系统服务价值进行估算，主要包括水源涵养、土壤保持、固碳释氧价值、空气净化、养分循环与积累、旅游、科研文化以及生物多样性8个方面产生的服务价值。

7.4　物种与种质资源保护区生态资产评估

物种与种质资源保护区主要保护包括农作物及其野生近缘植物种质资源、畜禽遗传资源、微生物资源、药用生物物种资源、林木植物资源、观赏植物资源，以及其他野生植物资源等。其功能定位为保护和管理各类种质资源及其栖息地，为未来农业、畜牧业、林业、渔业和中药材发展与品种改良提供必需的遗传基因资源。物种与种质资源保护区包括水产种质资源保护区和农作物种质资源原位保护区2个二级类型。

7.4.1　物种与种质资源保护区自然资源存量价值评估

采用市场价值法，针对物种与种质资源保护区，选取具有代表性的林产品、山产品、矿泉水产品价值，掌握周边相关产品单位价值，先进行物质量的核算，通过物质量转化成价值量。最终物种与种质资源保护区自然资源存量价值等于各类自然资源与相关产品价值之和。

7.4.2　物种与种质资源保护区生态系统服务价值评估

对物种与种质资源保护区内主要的生态系统服务价值进行估算，主要包括生物多样性、土壤保持、固碳释氧、涵养水源、科研文化5个方面产生的服务价值。

7.5　生态功能保护区生态资产评估

生态功能保护区是指在水源涵养、水土保持、洪水调蓄、防风固沙、海岸带防护、生物多样性保护等方面具有重要作用的保护地，目的是保护区域重要生态功能，保障生态系统产品与服务的持续供给，防止和减轻自然灾害，保障国家和地方生态安全。生态功能保护区包括重点生态功能保护区、饮用水水源保护区、国家一级公益林等。

7.5.1　生态功能保护区自然资源存量价值评估

生态资产存量价值是指某区域内，在一定的时间和空间内，自然资产和生态系统服务能够增加的可以用货币计量的人类福利（李真等，2017；谢高地，2017）。应选取具有代表性的林产品、山产品、矿泉水产品价值，掌握周边相关产品单位价值，通过物质量转化成价值量。自然资源存量价值等于各类自然资源与相关产品价值之和。

7.5.2　生态功能保护区生态系统服务价值评估

对生态功能保护区内主要的生态系统服务价值进行估算，主要包括水源涵养、土壤保持、生物多样性、空气净化、营养物质循环 5 个方面的服务价值。

8　评 估 方 法

8.1　生态系统存量资产评估方法

8.1.1　木材产品

木材产品价值的估算采用市场价值法，即

木材价值（元/年）=木材生产量（m^3/年）×木材市场价格（元/m^3）

8.1.2　非林产品

主要根据当年市场产品的收购价和销售价（在缺少收购价时）和当年各类产品的估计收购量和销售量，乘以市场产品数量和价格，同样采用市场价值法，即

某类非林产品的价值=本产品市场收购量（或者销售量）×该产品市场价格

8.1.3　水环境产品

水体中的主要污染物选取化学需氧量（COD）、氨氮（NH_3-N）、总磷（TP）

3 种，若研究区水体中 COD 和氨氮的实际监测值都处于Ⅱ类，则 TP 是研究区水体的主要污染物。假设研究区水体为Ⅲ类水体，以Ⅲ类水体 COD 浓度为基准，将Ⅲ类水体中 COD 浓度处理为Ⅰ类水体中 COD 浓度时所需要的处理费用为本研究区水环境产品的价值，计算公式如下：

$$\text{WEP} = \text{WS} \times \left(P_{\text{WS}} + P_{\text{We}} \right)$$
$$= \sum_{i=1}^{6} \text{WS}_i \times \left[P_{\text{WS}} + \frac{C_0 - C_i}{C_r} \times \left(\text{IC} + \text{OC} \right) \right]$$

式中，WEP 为水环境产品价值（元）；WS 为各类水体中的总水资源量（m³）；WS_i 为第 i 类水体中的水资源量（m²）；P_{WS} 为单位水资源的价格（元/m³），以计算年份的当地水资源费作为资源水价；P_{We} 为单位水环境的价格（元/m³）；C_0 为水体中 TP 的基准浓度（mg/L），来源于《地表水环境质量标准》（GB 3838—2002）；C_i 为第 i 类水体中 TP 的实际浓度（mg/L）；C_r 为污水处理厂 TP 去除量（mg/L）；IC 为污水处理厂吨水投资费用（元/m³）；OC 为污水处理厂吨水运行成本（元/m³），以计算年份的当地价格为准；i 为水质类别。

8.2　生态系统服务价值评估方法

8.2.1　科研价值

一是以科研项目投资额来进行估算；二是以科研经费为基础，再加上国家对科研院所、高校的人均年事业费、公共福利费和基建投资费；三是环保投资。这三者之和作为基础科研和应用开发研究的价值。

$$V = F + I + E$$

式中，F 为科研经费；I 为教育投入；E 为环保投资。

8.2.2　文化教育价值

文化教育价值=教学实习价值+论文研究选点价值+图书、画册价值+影视产品价值

教学实习价值主要采用每年实习人数乘以国家培养一名大学生的四年总投资，再乘以野外教学实习中的知识含量占学生四年学习知识结构的百分含量比（研究生占 50%～60%，本科生占 20%，中学生占 5%）就可以得到。

图书、画册等出版物的价值可以用发行量和图书定价来计算。

影视产品的价值估计可以根据每年实际的拍摄时间乘以拍摄费用来估算。

8.2.3　旅游价值

旅游价值采用旅行费用法进行计算，通过对游客的来源、旅行花费和影响人

们外出旅游的社会经济特征等因素的调查，计算个体到评估地点的旅行次数及相关旅行费用，以及从每个区域到评估地点旅行的平均成本，并以此拟合旅行需求曲线，计算每个区域的消费者总剩余价值，从而推算评估地点的经济价值。

若需评估地点游客人数目前相对较少，采用旅行费用法进行评估可能导致旅游价值总量偏低，则应选用费用支出法和机会成本法。旅游价值应包括旅行的费用支出、旅行时间花费价值以及其他费用，其中：

旅行费用=支出交通费+食宿费+门票及保护地内的服务费用

旅行时间花费价值=游客旅行总小时数×游客每小时的机会工资成本

其他费用=购物、拍照、摄影等其他相关费用

机会工资成本实际上是游客因为旅游休闲而失去获得工资等价值的形式，旅行时间花费价值可以用机会工资成本来代替。

8.2.4　水源涵养价值

森林涵养水源的总量可以根据森林区域的水量平衡法来计算，该方法能够较好地反映实际情况（侯元兆，1995），计算公式如下：

$$V_{涵} = W \times P = (R - E) \times A \times P$$

式中，$V_{涵}$为我国森林年涵养水量的经济价值（元/a）；W为涵养水源量（m³/a）；R为各气候带平均降水量（mm/a）；A为保护地森林面积（hm²）；E为保护地森林平均蒸散量（mm/a）；P为单位蓄水费用（元/m³）。水价的确定用影子价值替代。森林拦蓄降水的价值，相当于等容量水库的价值，核算价格采用水库拦蓄1m³水的建造成本。

8.2.5　固碳释氧价值

由植物光合作用的方程式可以推算出植物固定有机物质与吸收 CO_2 和释放 O_2 之间的关系，即植物体每积累 1g 干物质，可以固定 1.63g 的 CO_2，释放 1.19g 的 O_2，由此可估算出自然保护地每年固定 CO_2 与释放 O_2 的数量。

对于固定 CO_2 的经济价值的计算，采用市场价值法，公式如下：

$$V_C = R_{CO_2} \times 1.63 \times P_{CO_2} + R_{O_2} \times 1.19 \times P_{O_2}$$

式中，V_C为固碳释氧价值；R_{CO_2}为生态系统固碳储量（t）；R_{O_2}为生态系统释氧量（t）；P_{CO_2}为单位固定 CO_2 的价值；P_{O_2}为单位释放 O_2 的价值。

8.2.6　土壤保持价值

森林保护土壤的价值主要体现在减少了水土流失，减少了因水土流失形成江河湖泊和水库的泥沙淤积，还减少了因水土流失造成的土壤肥力丧失。

首先算出保护地保土量，并折算成土地面积，再乘以适当的工程造地成本，得到森林土壤保持价值；然后算出流失土壤带走的氮、磷、钾等营养物质，乘以化肥的平均价格，得到保护地保持土壤肥力价值。化肥价格从中国农业信息网获得。最后计算出减轻泥沙淤积价值。

（1）减少土地损失价值

将土地用于林业生产所获得的平均年收益算作其减少废弃土地的机会成本，采用机会成本法来对减少土地损失价值进行评估。

$$A_c = S(M_0 - M_i)$$

式中，A_c 为减少土地损失物质量；M_0、M_i 分别为有、无林地情况下的侵蚀模数。

设表层土平均厚度为 0.6m，则减少土地损失的价值为

$$V_t = \frac{A_c}{0.6 \times 10\,000 \times \rho} \times G$$

式中，V_t 表示减少土地损失的价值；G 为林业收益的年平均值；ρ 为土壤容重（t/m³）。

（2）保持土壤肥力价值

生态系统对土壤肥力的保持功能是指其能减轻土壤中的有机质，如氮、钾、磷等的流失。这一价值的计算可以采取市场价值法，即按照市场上富有同等肥力的化肥的价格等价于土壤中所含的元素及有机质。具体公式如下：

$$V_f = A_c \left(\frac{Np_1}{U_1} + \frac{Pp_1}{U_2} + \frac{Kp_2}{U_3} \right)$$

式中，V_f 为保持土壤肥力的价值（元/a）；N、P、K 分别为土壤中氮、磷、钾的平均含量；p_1、p_2 分别为磷酸二铵和氯化钾的市场价格（元/t）；U_1、U_2 分别为磷酸二铵化肥含氮量、含磷量；U_3 为氯化钾化肥含钾量。

（3）减轻泥沙淤积价值

减轻泥沙淤积价值是运用替代工程的方法来衡量对水库容量进行扩大的成本。以江河湖泊中淤积的泥沙量与水库的工程造价为标准进行计算，公式为

$$V_n = \theta \times \frac{A_c}{\rho} \times C$$

式中，V_n 为减轻泥沙淤积价值（元/a）；θ 为泥沙淤积系数；C 为水库工程费用（元/m³）。

土壤保持价值为

$$V = V_t + V_f + V_n$$

8.2.7　净化空气价值

净化空气的服务功能是森林生态系统服务功能的重要组成部分，因此，主要

针对保护地中森林生态系统吸收污染气体 SO_2 和阻滞粉尘的价值进行计算。

（1）吸收污染气体 SO_2 价值的评估方法

吸收污染气体 SO_2 价值的计算采用面积-吸收能力法，即利用单位面积森林吸收 SO_2 的平均值乘以森林面积，可以得到每年保护区森林吸收的总量，再根据防治污染工程中减少单位质量 SO_2 的投资额度，估算出森林吸收污染气体 SO_2 所产生的经济价值。计算公式为

$$V_s = B_1 \times A \times C_1$$

式中，V_S 为吸收 SO_2 的价值（元/a）；B_1 为单位面积森林吸收 SO_2 的平均值 [t/（hm²·a）]；A 为保护地内森林的面积（hm²）；C_1 为防止污染工程中削减 SO_2 的成本（元/t）。

（2）阻滞粉尘价值的评估方法

森林生态系统具有强大的阻滞粉尘能力，阻滞粉尘价值采用森林年滞尘量乘以治理价格计算，公式为

$$V_f = B_2 \times A \times C_2$$

式中，V_f 为森林阻滞粉尘的价值（元/a）；B_2 为单位面积森林的平均滞尘能力 [t/（hm²·a）]；A 为保护地内森林的面积（hm²）；C_2 为防治污染工程中削减粉尘的成本（元/t）。

8.2.8 营养物质循环和养分积累价值

营养物质循环和养分积累的经济价值的计算公式为

$$V = \sum_{i=N}^{K} G_i \times \frac{C_i}{R_i (i = \text{N, P, K})}$$

式中，V 为林分年积累营养物质的价值（元/a）；G_i 为林分固定 i 中元素量（t/a）；R_i 为化肥的营养元素含量（%）；C_i 为化肥价值（元/t）。

8.2.9 生物多样性价值

维持生物多样性价值的评价在世界上仍然是一个难题。现今可采用的方法有：物种保护基准价法、支付意愿调查法、香农-维纳指数（Shannon-Wiener index）法、收益资本化法、费用效益分析法、直接市场价值法、机会成本法等。最常用的是支付意愿调查法。

（1）支付意愿调查法

根据《中国生物多样性国情研究报告》一书了解我国公民为维持生物多样性每人每年的支付金额，通过查阅资料了解我国某年的人口数量便可估算出中国生物多样性保护支付意愿的价值。再根据《中国濒危动物红皮书》所记载的中国一

级保护动物中生境为森林生态系统的保护物种所占比例，可估算出森林生态系统维持生物多样性功能的支付意愿价值。

维持生物多样性的价值，包括机会成本、政府经费投入、公众支付意愿和珍稀濒危物种保护四方面的价值。

（2）香农-维纳指数法

香农-维纳指数法是计算保护地不同生态系统的物质丰富度指数，每个级别给予一定赋值后，再乘以保护地面积，即可得到自然保护地生物多样性保护的年综合效益价值。

根据附表 4-1 即可确定单位面积的价值量，再乘以保护地面积，即可得到自然保护区物种多样性保育年效益，计算公式为

$$B = \sum_{i=1}^{n} S_i A_i$$

式中，B 是自然保护地物种多样性保护年效益（元/a）；S_i 为单位面积物种多样性保育价值量[元/（hm²·a）]；A_i 为保护地面积（hm²）。

附表 4-1　物种保育 Shannon-Wiener 指数分级价值表

等级	Shannon-Wiener 指数	单价[元/（hm²·a）]
I	指数≥6	50 000
II	5≤指数<6	40 000
III	4≤指数<5	30 000
IV	3≤指数<4	20 000
V	2≤指数<3	10 000
VI	1≤指数<2	5 000
VII	指数≤1	3 000

数据来源：《森林生态系统服务功能评估规范》（LY/T 1721—2008）

8.2.10　有机物生产价值

植被可以直接吸收和转化太阳能，产生有机物质。因此，净初级生产力（NPP）是反映有机物质生产的一个重要指标，它是指植物在一定时期内产生的有机物质总量。生态系统产生的有机物质价值的计算公式如下：

$$V_n = \sum V_n(x)$$

$$V_n(x) = \mathrm{NPP}(x) \times T(x)$$

式中，$V_n(x)$ 是每年在像素空间位置 x 产生的有机物的价值（元）；NPP(x)表示每年在像素空间位置 x 产生的有机物质量（g）；$T(x)$是像素空间位置 x 的单位有机物价值（元/g C）。V_n 是该地区每年生产的有机物的价值。NPP(x)采用 CASA

（Carnegie-Ames-Stanford approach）模型计算。

CASA 模型（朱文泉等，2005；Potter *et al.*，1993）中植被净第一性生产力主要由植被所吸收的光合有效辐射（absorbed photosynthetically active radiation，APAR）与实际光能利用率（ε）两个变量来确定，计算公式如下：

$$\text{NPP}(x, t) = \text{APAR}(x, t) \times \varepsilon(x, t)$$

式中，t 表示时间；x 表示空间位置；APAR（x, t）表示像元 x 在 t 月吸收的光合有效辐射（MJ/m²）；$\varepsilon(x, t)$ 表示像元 x 在 t 月的实际光能利用率。

APAR 的估算：植被吸收的光合有效辐射取决于太阳总辐射和植物本身的特征，计算公式如下：

$$\text{APAR}(x, t) = \text{SOL}(x, t) \times \text{FPAR}(x, t) \times 0.5$$

式中，$\text{SOL}(x, t)$ 表示 t 月在像元 x 处的太阳总辐射量（MJ/m²）；$\text{FPAR}(x, t)$ 为植被层对入射光合有效辐射的吸收比例；常数 0.5 表示植被所能利用的太阳有效辐射（波长为 0.38～0.71μm）占太阳总辐射的比例。

对于 FPAR 的计算采用 Potter 等（1993）提出的计算公式：

$$\text{FPAR}(x, t) = \min\left[\frac{\text{SR} - \text{SR}_{\min}}{\text{SR}_{\max} - \text{SR}_{\min}}, 0.95 \right]$$

式中，$\text{SR}_{\min}$ 取值为 1.08，$\text{SR}_{\max}$ 的大小与植被类型有关，取值为 4.14～6.17。$\text{SR}(x, t)$ 由 $\text{NDVI}(x, t)$ 求得

$$\text{SR}(x, t) = \left[\frac{1 + \text{NDVI}(x, t)}{1 - \text{NDVI}(x, t)} \right]$$

光能利用率的估算如下。

Potter 等（1993）认为在理想条件下植被具有最大光能利用率，而在现实条件下的最大光能利用率主要受温度和水分的影响，其计算公式如下：

$$\varepsilon(x, t) = T_{\varepsilon 1}(x, t) \times T_{\varepsilon 2}(x, t) \times W_{\varepsilon}(x, t) \times \varepsilon_{\max}$$

式中，$T_{\varepsilon 1}(x, t)$ 和 $T_{\varepsilon 2}(x, t)$ 分别为低温和高温对光利用率的胁迫作用；$W_{\varepsilon}(x, t)$ 为水分胁迫影响系数，反映水分条件的影响；$\varepsilon_{\max}$ 是理想条件下的最大光能利用率；$T_{\varepsilon 1}(x, t)$ 反映在低温和高温时植物内在的生化作用对光合的限制而降低净初级生产力，计算公式如下：

$$T_{\varepsilon 1}(x, t) = 0.8 + 0.02 \times T_{\text{opt}}(x) - 0.0005 \times \left[T_{\text{opt}}(x) \right]^2$$

式中，$T_{\text{opt}}(x)$ 为某一区域一年内归一化植被指数（NDVI）值达到最高时的当月平均气温（℃）。

$T_{\varepsilon 2}(x, t)$ 表示环境温度从最适温度 $T_{\text{opt}}(x)$ 向高温和低温变化时植物光能利用率逐渐变小的趋势，这是因为低温和高温时高的呼吸消耗必将会降低光能利用率，

生长在偏离最适温度的条件下，其光利用率也一定会降低。计算公式如下：

$$T_{\varepsilon 2}(x,t) = \frac{1.184}{1+\exp\left\{0.2\times\left[T_{\text{opt}}(x)-10-T(x,t)\right]\right\}}$$

$$\times \frac{1}{1+\exp\left\{0.3\times\left[-T_{\text{opt}}(x)-10+T(x,t)\right]\right\}}$$

当某一月平均温度 $T(x,t)$ 比最适温度 $T_{\text{opt}}(x)$ 高 10℃或低 13℃时，该月的 $T_{\varepsilon 2}(x,t)$ 值等于月平均温度 $T(x,t)$，为最适温度 $T_{\text{opt}}(x)$ 时 $T_{\varepsilon 2}(x,t)$ 值的一半。

水分胁迫影响系数 $W_{\varepsilon}(x,t)$ 反映了植物所能利用的有效水分条件对光能利用率的影响。随着环境中有效水分的增加，$W_{\varepsilon}(x,t)$ 逐渐增大。取值为 0.5（在极端干旱条件下）～1（非常湿润条件下），计算公式如下：

$$W_{\varepsilon}(x,t) = 0.5 + 0.5 \times \frac{E(x,t)}{E_p(x,t)}$$

式中，$E(x,t)$ 为区域实际蒸散量（mm），根据区域实际蒸散模型求取，公式如下：

$$E(x,t) = \frac{P(x,t)\times R_n(x,t)\times\left\{\left[P(x,t)\right]^2+\left[R_n(x,t)^2+P(x,t)\times R_n(x,t)\right]\right\}}{\left[P(x,t)+R_n(x,t)\right]\times\left\{\left[P(x,t)\right]^2+\left[R_n(x,t)\right]^2\right\}}$$

式中，$P(x,t)$ 为像元 x 在 t 月的降水量（mm）；$R_n(x,t)$ 为像元 x 在 t 月的太阳净辐射量。

$E_p(x,t)$ 为区域潜在蒸散量（mm），计算公式如下：

$$E_p(x,t) = \frac{E(x,t)+E_{po}(x,t)}{2}$$

式中，$E_{po}(x,t)$ 为局地潜在蒸散量（mm），可由桑思韦特（Thornthwaite）的植被-气候关系模型计算。

9　评　估　周　期

多类型保护地生态资产评估每 5～10 年开展一次。

10　组　织　实　施

本标准由县级以上人民政府环境保护主管部门组织实施。